本成果得到北京高校中国特色社会主义理论研究协同创新中心（中国政法大学）资助

光明社科文库
GUANGMING DAILY PRESS:
A SOCIAL SCIENCE SERIES

·政治与哲学书系·

美国环境主义与
环境运动研究

王雪琴 | 著

光明日报出版社

图书在版编目（CIP）数据

美国环境主义与环境运动研究 / 王雪琴著 . -- 北京：
光明日报出版社，2021.6
ISBN 978 - 7 - 5194 - 6101 - 0

Ⅰ . ①美… Ⅱ . ①王… Ⅲ . ①环境保护—研究—美国
Ⅳ . ①X - 017. 12

中国版本图书馆 CIP 数据核字（2021）第 094797 号

美国环境主义与环境运动研究
MEIGUO HUANJING ZHUYI YU HUANJING YUNDONG YANJIU

著　　者：王雪琴

责任编辑：李壬杰　　　　　　　　　　责任校对：傅泉泽
封面设计：中联华文　　　　　　　　　责任印制：曹　净

出版发行：光明日报出版社
地　　址：北京市西城区永安路 106 号，100050
电　　话：010 - 63169890（咨询），63131930（邮购）
传　　真：010 - 63131930
网　　址：http：//book. gmw. cn
E - mail：lirenjie@ gmw. cn
法律顾问：北京德恒律师事务所龚柳方律师

印　　刷：三河市华东印刷有限公司
装　　订：三河市华东印刷有限公司
本书如有破损、缺页、装订错误，请与本社联系调换，电话：010 - 63131930

开　　本：170mm × 240mm
字　　数：314 千字　　　　　　　　　印　　张：17.5
版　　次：2021 年 6 月第 1 版　　　　　印　　次：2021 年 6 月第 1 次印刷
书　　号：ISBN 978 - 7 - 5194 - 6101 - 0

定　　价：95.00 元

内容简介

环境问题是全球共同面临的问题。在对环境问题的认识不断深入的过程中，美国环境主义思潮逐渐形成并引发规模浩大的环境运动，对全球产生了深远影响。目前已有很多文章对美国环境主义思潮及运动展开不同视角的研究，本书主要从宏观角度对美国环境主义和环境运动进行整体性研究。文章共分四部分：环境问题与本文研究方法、美国环境主义及环境运动的批判性建构、从权利哲学传统对环境主义的拓展、环境运动的影响及面临的挑战。作者按照建构主义方法，对美国环境主义的产生、形成与发展过程进行建构，并对环境主义思潮对西方传统伦理学、哲学的突破进行分析和评述。

美国环境主义的批判性建构开始于超验主义者对美国荒野的赞美，并在美国"进步主义"时代发展成为环境保护主义和自然保护主义，在思想和行动上对西方机械论哲学传统进行了批判。20世纪30年代"尘暴"之后，美国环境主义在生态学的支持下，经由利奥波德的环境保护实践，进入"大地伦理学"阶段。大地伦理学不仅拓展了西方的伦理传统，而且为环境主义的发展提供了理论指导。第二次世界大战结束后，环境污染成为主要问题，卡逊用《寂静的春天》唤起人们对生活环境的注意，从而引发了20世纪70年的"地球日"活动以及现代环境运动，环境主义思潮不断深化。奈斯提出的"深层生态学"思想使环境主义发展到人类与自然和谐的新阶段，从而在更深层次上对西方哲学传统提出挑战。

环境主义的拓展性建构于20世纪70年代开始在美国出现，西方学者按照美国自由主义传统，从自由主义和天赋人权等观念出发，接纳生态学和环境科学的最新成果，把权利、价值等观念从人向动物、植物，最后向自然万物、生态系统进行拓展，肯定自然万物也应有与人类相同的平等权利，从而强调人与自然的和谐。这种建构主要是在学术、理性的层次上进行论证，并试图将其理论化、学科化乃至体系化。两种建构方法相互渗透、相互补充，使环境主义和环境运动不断走向深入。相比之下，前者在自身思想构成的深度和广度上超过后者，对美国社会的影响也更广泛和久远。

美国环境运动存在的主要问题是没有重视环境运动带给少数民族及弱势群体的影响，忽视了"环境公正"，同时也面临着美国企业集团组织起来的"反环境运动"。因为西方长期以来缺乏人与自然和谐统一的传统，始终以征服自然为主流思潮，环境主义的出现就意味着对传统观念的突破与颠覆。尽管环境主义者从自由主义传统方面对环境主义进行拓展性建构，但美国至今仍缺乏一种深厚而完备的人与自然和谐统一的观念，这是美国环境主义面临的主要挑战，也是美国走向可持续发展道路的重大障碍。建立"天人合一"的和谐世界观，是美国环境主义和环境运动的前进方向，也是可持续发展的最终目标。对美国环境主义和环境运动进行整体性研究，可以使我们对美国环境主义和环境运动有进一步的了解，使我们在实施可持续发展战略、建设生态文明过程中有所借鉴和参照。

序

　　环境问题是当今全球共同面临的问题。作为人类历史上一个新兴国家，美国是在对自身环境问题的认识不断深入的过程中产生环境意识的。随着美国历史的不断发展，美国人对环境问题的认识不断加深，思考不断深入，在欧洲启蒙运动和浪漫主义的影响下，美国环境主义思潮逐渐形成并引发规模浩大的环境运动，对全球环境保护运动产生深远影响。广义上，环境主义是一种强调环境因素的重要性，主张保护、尊敬环境的意识形态，为保护环境而掀起的运动即环境运动。目前国内外已有许多文章对美国环境运动展开不同视角的研究。本书研究主要利用建构主义方法，对美国环境主义的产生、形成与发展过程进行批判性与拓展性建构，并就环境主义思潮和环境运动对西方思想传统的突破进行分析，进而对美国环境主义和环境运动进行整体性研究，时间上大约始于 18 世纪末，结束于 20世纪末。

　　建构主义研究方法着重于环境及环境问题什么时候、在什么背景下、以什么方式进入美国人的视野、影响美国人的思想及生活。本书首先从 18 世纪以来理性主义和浪漫主义对西方文化传统的批判开始建构美国环境主义和环境运动，探讨美国思想界在欧洲文化的影响下，如何结合美国自然环境的特点展开对自然环境的探索和保护，逐渐形成具有美国特色的环境主义思潮和环境保护运动，直至20 世纪 70 年代达到高潮。其次，从西方天赋权利观念和自由主义思想传统的不断拓展中建构美国的环境主义和环境运动。探讨天赋权利观念和自由主义思想传统如何在美国特有的环境中进一步得到政治学和伦理学的拓展，为美国环境主义思潮和环境运动提供思想理论基础。本书从对传统的批判和对传统的拓展两个角度探讨环境主义的建构过程及结果，重点说明环境问题出现的时代背景、环境问题在西方文化中的理论建构过程及建构结果，环境主义思潮和环境运动在美国出现的背景及过程。分层次说明环境问题的社会学建构、哲学伦理学建构过程及结果。在此基础上结合国内国外已有研究成果，概括本书的主要结构：

（一）美国环境主义及环境运动的批判性建构

（二）美国环境主义及环境运动的拓展性建构

（三）美国环境主义及环境运动的影响及其面临的挑战

（四）全书结论

　　环境是指人类及其周围的自然世界和人文社会的综合体，它包括人类赖以生存和发展的各种要素。人类在社会经济发展中，利用自然资源改造环境，同时也干扰甚至破坏自然生态，使环境产生了不利于人类生存和发展的变化，从而出现环境问题。20世纪60年代以来，在环境问题的提出、讨论和解决过程中，自然科学一直起着主导作用，但由于自然科学的局限性，加之科学家的认识水平及社会背景的差异等，导致了西方社会对用自然科学解决环境问题方法的批判，催生了环境建构主义方法的诞生。建构主义关注环境问题如何引发人类的关注与思考，如何走进人们的视线、意识之中。强调环境问题并不是客观赋予的，而是通过文化符号建构起来的。环境问题的客观存在是建构主义产生的前提与基础，环境问题的建构过程即是建构主义关注的内容。在环境问题的建构主义研究方面，J. A. 汉尼根的阐述较为系统，他指出，公众对环境的关心并不直接与环境的客观状况相关，而且关心程度在不同时期并不一定一致，环境问题必须经过个人或组织的建构，出现令人担心的状况并且必须采取行动加以应对时，才会构成问题。同时，他在分析中增加了时间变量，从动态角度研究了环境问题建构的历史进程。建构主义重点关注环境问题的建构过程，这一研究方法虽然表现出对环境状况真实性的忽视，但对本书主题的研究具有指导意义，作者在研究过程中也要注意克服该方法的缺点，既要关注环境问题的实际影响，也要关注环境问题的建构过程。一方面要关注环境问题的社会学建构——环境问题的发现以及获得社会关注、认可和引发社会行动的过程；另一方面要分析环境问题产生的根本原因以及解决环境问题的出路。环境问题的根源在于西方社会对人与自然关系问题的基本观念。西方传统文化主张主客二分，从柏拉图时代就开始强调"灵性的提升"，轻视现实世界。近代以来，建立在笛卡儿二元论型自然观上的西方科学，一直局限于物质与能源的世界，科学技术的发展更使西方世界产生了征服万物和自然的雄心，以至环境问题接踵而来。工业革命以来，随着机器的广泛使用、社会生产力的迅速发展，环境污染与生态破坏问题日益严重，逐渐成为西方文明可持续发展的障碍。因此，解决环境问题的出路在于反思与批判西方征服自然的传统观念，构建尊重环境、保护环境的思想观念。环境主义与环境运动在美国的兴起和发展即是这一观念的具体体现。

　　环境运动是指20世纪60年代在美国兴起的与环境关注、环境保护有关的一切活动。虽然"环境主义"一词20世纪70年代才在美国首次出现,但其在美国具有深厚的理论背景和实践基础。按照建构主义研究方法,环境主义与环境运动在美国的兴起与发展可以从两个不同角度进行分析:美国环境主义与环境运动的批判性建构,美国环境主义与环境运动的拓展性建构。二者相辅相成,共同进行环境主义与环境运动的理论与实践建构,具体内容如下。

美国环境主义与环境运动的批判性建构开始于18世纪欧洲理性主义和浪漫主义的影响。由于美国特殊的地理环境与国情,美国政府与人民一直认为美国的自然资源无比丰富,并且地广人稀,因此建国初期过度开发、浪费自然资源的现象十分严重,美国人对此没有内疚,也没有反思与担忧。18世纪理性主义学者林奈等用科学研究提醒美国人关注环境问题,美国学者凯特林、马什等从理性分析的角度呼吁美国人关注环境问题。浪漫主义学者卢梭、华兹华斯、歌德等对自然的赞美与热爱引发新英格兰地区超验主义者爱默生、梭罗等对美国自然环境的赞美和对美国社会文化的反思与批判,逐渐使欧洲的浪漫主义思潮在美国生根发芽。爱默生、梭罗等对美国建国初期征服自然、破坏生态环境的政策和思想进行批判,他们的思想成为现代环境主义和环境运动的重要理论来源。1890年,随着美国边疆的消失、人口的增多以及社会的快速工业化,保护自然环境的观念开始在美国形成并开始影响政府和民间的思想与行动。20世纪初期美国形成了以J.缪尔为代表的自然保护主义思潮,不仅在思想上对西方机械论哲学传统进行批判,同时在行动上影响政府决策。美国开始了保护荒野的国家公园建设。以G.平肖为代表的环境主义保护思想适应当时美国快速工业化的实际,提出对自然资源的合理利用,得到美国联邦政府的认可并被政府采纳,这一思想与T.罗斯福发起的进步主义运动一起掀起美国自然资源保护的浪潮。缪尔坚持自己的自然保护主张,指出自然资源保护的局限性会带来对资源的过度开发。20世纪30年代美国社会经历大萧条,在中西部地区大片农业地带出现遮天蔽日的"尘暴"。随后,生态学开始在欧美迅速发展,美国的环境主义者在生态学的支持下,认识到自然生态环境的系统性,经由A.利奥波德的环境保护实践,进入"大地伦理学"研究阶段。大地伦理学不仅批判了西方的伦理传统,而且也开始了对西方伦理传统的拓展,为环境主义的发展提供了理论指导。第二次世界大战后,随着科技革命的快速发展和美国社会生活水平的不断提高,环境污染、生态破坏、生态灾害成为主要问题,卡逊用《寂静的春天》唤起普通民众对生活环境、生态安全的注意,从而引发以"地球日"为代表的现代环境运动,环境主义思潮不断深化。1973年挪威学者A.奈斯提出的"深层生态学"思想进一步对西方征服自然的传统进行批判,提出人与自然的和谐统一思想,使美国环境主义走向人类与自然和谐的新阶段,从而在更深层次上对西方哲学传统提出挑战。美国环境主义与环境运动的批判性建构基本上与美国社会历史的发展过程相伴随,与美国社会同步成长,可以说美国环境主义与环境运动在塑造美国社会特色的过程中发挥了重要作用。

美国环境主义拓展性建构的出现具有深厚的社会思想基础和背景,同时具有浓厚的美国特色。环境问题的拓展性建构在美国具有深厚的社会思想基础——天赋权利观念和自由主义传统。这些思想基础虽然源于欧洲启蒙运动,但它在美国的发展更加充分且具有美国特色。美国人利用这一思想传统解决了历史遗留的奴隶制、妇女选举权等问题。这一思想基础也为当代欧洲、美国思想界所继承并进行了新的拓展。西方环境伦理学家按照美国自由主义传统,从自由主义和天赋人权等观念出发,同时吸收生态学和环境科学的最新研究成果,首先将权利观念和自由主义传统延伸拓展,把权利、价值等观念从白人拓展到黑人、从男人拓展到女人,再拓展到整个动物,接着拓展到整个植物界,然后拓展至整个大自然乃至整个生态系统,肯定自然万物也有与人类相同的平等权利,自然生态系统有其自身存在的价值,在此基础上强调人与自然的和谐,从而为美国环境主义与环境运动提供哲学思想基础。环境主义的拓展性建构20世纪70年代开始在美国出现,这种建构主要是在学术、理性的层面上进行哲学、伦理学的论证,并试图将其理论化、学科化乃至体系化,催生出作为独立学科的环境伦理学,其代表人物和代表著作不断涌现。A. 利奥波德的大地伦理学在1970年声名远播,佐治亚大学召开了人类历史上首次关于环境问题的哲学会议,P. 辛格提出"动物解放"理论,A. 奈斯的论文《浅层的与深层的、长远的生态运动》引发深层生态运动,H. 罗尔斯顿使得环境伦理学引起主流哲学界的注目。到20世纪80年代后期,高潮迭起,出现多部力作,包括P. 泰勒的《尊重自然》,H. 罗尔斯顿的《环境伦理学》,M. 萨戈夫的《地球经济》,哈格罗夫的《环境伦理学基础》,J. B. 克利克特的《捍卫大地伦理》,B. 诺顿的《为何要保护自然多样性?》和《迈向环境主义者的团结》等。20世纪80年代,以K. 瓦伦为中坚,出现了生态女权运动;M. 布克钦的观点引发了社会生态运动;深层生态学杂志《号手》出版,环境哲学界与激进环境主义者开始联盟。1989年,以可持续发展为重点的《地球伦理学季刊》问世。1990年国际环境伦理学会成立,成员现已遍布全球。1992年,《环境价值观》学报创刊。不到30年时间,环境伦理学的繁荣兴盛,证明了辩证唯物主义的一个基本原理,保护环境的实践需要是推动环境伦理学兴盛的强大动力。正是在不断寻求解决环境问题的过程中,美国人意识到,除了技术的改进、法律的约束、经济杠杆的调控外,人类的观念意识的改变对环境问题的解决更为根本。因此,环境伦理学的发展极大地拓展了西方传统伦理学的思维空间,将伦理学从处理人与人之间的关系拓展到关注人与自然关系的新范围,同时也拓展了西方传统的思维方式,使西方开始走出传统的征服自然观念,认真思考如何走向人与自然的共存与和谐,传统伦理学的理论积累不断丰厚。这一拓展性建构不是要推翻或取代西方几千年形成的伦理传统,而是要更加审慎地拓展人际伦理,使得人际伦理思维能够延伸至人与自然的关系范围。环境伦理学的发展以寻求环境问题的解决为根本,因此带有强烈的现实关注性。虽然都是基于天赋权利和自由主义传统,但是由于学者生存状态的差异和拓展方向、深度的不同,环境伦理学并未形成统一的学派和学说,而是观点各异,见解不同。大多数传统伦理学家主张把道德共同体的范围延伸到家畜;生态哲学家和深层生态学家却将范围扩展到所有的生物;整体主义的伦理学家则主张,把道德的界限划在生物的范围内是毫无理由的,应关怀构成生态系统的所有要素,包括岩石、水、土、大气和生物过程等;"盖娅假说"主张者认为,地球乃至整个宇宙的权利高于生活于其中的最珍贵的生命的权利。泰勒与罗尔斯顿代表客观非人类中心内在价值论者;克利克特继承利奥波德,代表主观非人类中心内在价值论者;诺顿倡导弱人类中心主义,并以实用主义价值概念取代内在价值;哈格罗夫亦属弱人类中心内在价值论者;萨戈夫类似弱人类中心内在价值论者。

在美国环境主义与环境运动的形成过程中,批判性建构与拓展性建构两种建构方法相互渗透、相互补充,特别是在20世纪70年代以后,二者的相互作用促使美国环境主义与环境运动不断走向深入。相比之下,批判性建构由于伴随美国历史的发展过程,在自身思想构成的深度和广度上超过了后起的拓展性建构,对美国社会的影响也更广泛和久远。而20世纪70年代新出现的拓展性建构在学术上、理论上的建构则更为细致、缜密、系统,但仍有进一步系统化的空间。两者之间没有绝对的分野,而是相互影响、相互借鉴,共同为美国环境主义与环境运动的兴起与发展做出各自的特色贡献。因此,美国环境主义与环境运动的发展趋向是要在两种建构主义方法所提出的各种理论和观点上进行理论整合和理论创新,同时重视和吸纳全球各种文化传统特别是东方文化传统中所蕴含的生态思想,最终建立博大而深厚的人与自然和谐统一的环境哲学,实现对西方传统哲学思想的重大突破,实现美国社会人与自然的可持续发展。

同时还要注意,环境主义建构过程中既有理论上的创新,也表现出强烈的实践性特征,因为环境主义与环境运动的目的在于解决实际的环境问题。环境主义者按照各自的理论组建不同的环境组织,既有体制内的环境保护机构和相关工作人员,也有活跃在社会各阶层的非政府环境保护组织。他们展开的环境运动形式各异,影响也不尽相同,但他们促成的环境运动已经取得相当大的成效并对世界各国产生影响。美国自然保护主义运动促成了美国国家公园体系的建立,环境保护运动促成了美国各级政府的一系列环境立法和相关环境保护机构的建立,在全美国社会掀起了以"地球日"为代表的现代环境运动。这些影响在逐渐改变美国人的价值观念,形成有效的环境保护的价值规范,也通过法律和政策的落实取得了一定的保护环境的实际效果。但也要注意到,美国环境主义与环境运动也存在自身的不足以及外部的挑战。随着主流环境组织融入美国政府体制,美国环境主义与环境运动存在的主要问题是忽视了来自社会基层的"环境正义",忽视了少数族群的环境利益,同时也面临着美国企业组织起来的"反环境运动"。完善理论,寻找对策,克服自身的局限性,解决环境问题,迎接来自社会各方面的不同挑战,将是美国环境主义与环境运动的出路所在。

截至本书最后探讨的 20 世纪末,虽然环境主义与环境运动在美国已经取得了较大的成就,也对西方思想传统形成了某些突破,但由于西方社会长期以来受机械论传统等影响较大,长期缺乏人与自然和谐统一的传统,始终以征服自然为主流思潮,这些突破仅局限于环境伦理学领域,而且类型与流派众多,每个派别关注的焦点问题不尽相同,至今没有建立起自己完整的理论体系和实践体系,更没有建构起系统的环境哲学体系。尽管环境主义者从自由主义传统方面对环境主义进行拓展性建构,但美国至今仍缺乏人与自然和谐统一的观念,这是美国环境主义面临的主要挑战,也是美国走向可持续发展道路的重大挑战。建立"天人合一"的和谐世界观,是美国环境主义和环境运动的前进方向,也是可持续发展的最终目标。对美国环境主义和环境运动进行整体性研究,可以使我们对美国环境主义和环境运动有进一步的了解,使我们在实施可持续发展战略,建设生态文明过程中有所借鉴和参照。

美国作为当今世界唯一的超级大国,其全球影响是多方面的,既有军事、政治、经济实力的影响,也有保护环境的影响。如何认识美国的环境保护史,如何了解美国人长期以来形成的环境意识及其保护环境的努力,研究美国的环境主义与环境运动是一个可参照的视角。全书按照建构主义方法对美国环境主义及环境运动的产生及影响进行整体性分析研究,用建构主义方法说明环境主义与环境运动在美国的出现、兴起和发展历程,从而形成对美国环境主义与环境运动的整体认识,为读者认识美国打开一个新的视角。

在分析问题的方法上,本书为读者提供了一个层次较清晰的分析和研究方法。全书着重从两个不同的角度完成对美国环境主义与环境运动的建构:一个是批判性的建构分析,一个是拓展性的建构分析。前者重点在于对西方主客二分、机械论、征服自然等传统哲学思想的批判性突破,后者重点在于对西方文化天赋权利观念和自由主义传统的拓展性延伸。批判性建构几乎与美国历史的发展相伴随，拓展性建构始于 20 世纪 70 年代并在 20 多年时间内获得快速发展，二者相辅相成，前后呼应，在批判性的延伸中共同建构了美国的环境主义思潮与环境运动，丰富了西方的思想文化传统。

从批判性建构方面，本书的第一部分说明环境主义与环境运动在美国发展过程中不断对西方思想文化传统提出批判，使源于欧洲的理性主义和浪漫主义思想在美国找到发展空间，并与美国的自然环境相结合，产生了美国的环境主义思潮和环境运动，提出了一些新的概念系统和理论框架，丰富了西方文化思想，并对世界产生影响。这一批判性建构过程始终与美国历史的发展相伴随，从 18 世纪一直延伸至 20 世纪末，并且还会一直延续下去。通过对美国环境主义与环境运动的整体解读，可以使读者对美国社会思想史的演变、环境观念的演变产生新的认识。

从拓展性建构方面，本书的第二部分说明西方环境伦理学家、哲学家面临环境问题的挑战时，逐渐发展起一门新兴的学科——环境伦理学或环境哲学。这些学者从学术层面展开深入研究，把源自欧洲的天赋权利观念、自由主义传统等思想从"人"一步一步向动物、植物乃至整个生态系统进行拓展，强调大自然拥有与人同样的权利、拥有与人同样的价值，最终目标是要实现人与自然的和谐。通过对美国环境主义与环境运动拓展性建构历程的了解，读者可以看到美国环境主义与环境运动形成发展过程中的欧洲思想渊源、美国自然地理环境特色以及全球其他地区文化的不同影响。

环境主义与环境运动在美国取得了较大成效，既带来了美国环境思想和环境运动的独特发展，也对全球环境保护和环境意识产生了显著影响。世界环境大会的召开、可实现发展观念的提出都与美国环境主义与环境运动的发展密不可分。但是环境主义与环境运动在美国也面临着自身的局限与外部世界的挑战，自身的不足之处便是缺乏整体的环境哲学思想，外部的挑战既有来自基层的环境正义运动，也有来自工业企业的反环境运动。环境主义与环境运动的发展趋向是要在两种建构方法上进行理论创新，同时吸纳各种世界文化传统中所蕴含的生态思想，建立博大、完整、深厚的人与自然和谐统一的环境哲学，实现人与自然的可持续发展，实现美国社会的可持续发展，也使其他国家和地区在实施可持续发展战略中有所借鉴和参照。

目 录
CONTENTS

第二部分　美国环境主义及环境运动的批判性建构

第四部分　环境运动的影响及其面临的挑战

第一部分 01

环境问题与本书研究方法

第一章

环境问题与建构主义研究方法

第一节　环境问题与环境主义

一、环境与环境问题

环境是指人类及其周围的自然世界和人文社会的综合体。它包括人类赖以生存和发展的各种要素,例如,大气、水、土壤、岩石、太阳光和各种各样的生物;还包括经人类改造的物质和景观,例如,农作物、家禽家畜、耕地、矿山、工厂、农村、城市、公园和其他人工景观。前者称为自然环境,是直接或间接影响人类生存和发展的自然形成的物质和能量的总和;后者称为人工环境或社会环境,是人类劳动所创造的物质环境,是人类物质生产和文明发展的结晶。两者密不可分,相互糅合在一起,构成一个多层次、多要素的综合体。

地球表面有4个圈层,即气圈、水圈、土壤—岩石圈以及在这3个圈交会处适宜生物生存的生物圈。这4个圈在太阳能的驱动下进行着物质循环和能量流动,自然界因此呈现出万物竞新、生生不息的景象。人类只是地球环境演变到一定阶段的产物。人体组织的组成元素及其含量同地壳的元素及其丰度之间的相关性表明人是环境的产物。人类出现后,通过生产和消费活动,从自然界获取资源,然后又将经过改造和使用的自然物还给自然界,从而参与自然界的物质循环和能量流动过程,不断地改变着地球环境。人类在社会经济发展中,利用自然资源、改造环境,同时也干扰甚至破坏自然生态过程,影响了生物生产力和生物多样性,使环境产生了不利于人类生存和发展的变化,从而出现环境问题。

环境问题有广义和狭义两种。狭义指环境的结构与状态在人类社会经济活动作用下所发生的不利于人类生存和发展的变化,广义指任何不利于人类生存和发展的环境结构和状态的变化。一般情况下,人们多从狭义上理解环境问题,本

3

书中所说的环境问题也是指狭义上的环境问题。狭义上的环境问题可分为两大类:第一类是环境污染,包括大气污染、水污染、噪声污染、土壤污染等,也包括由这些污染所衍生的环境效应如温室效应、臭氧层破坏、酸雨等;第二类是生态破坏,指各种生物和非生物资源遭到人为破坏及由此所衍生的生态效应,如森林消失、物种灭绝、草场退化、耕地减少、水土流失等。当然,这两类环境问题不是截然分开的,而是相互联系、相互作用并使问题进一步加剧。

　　环境问题是随着人类的进化和发展不断演变发展起来的。虽然在这一漫长的过程中,自然环境及其要素自身在发生着某种改变,从而在一定程度上也可能导致环境状况的恶化,但是从事地学或生态学研究的中外学者一般都认为,环境的大多数变化主要是人为因素引起的。例如,人类使用火的结果,是人类自身的生理素质和抵御侵害的能力得以提高,从而导致了人类的大量繁衍,人口数量不断增多,并且使人类逐渐学会了维持生计和控制自然的本领。从旧石器时代开始,当原始人类懂得使用工具来维持生活,懂得火的作用后,在前农业人类时期,他们一代又一代地有意或无意地通过火烧他们周围的自然环境来获取他们的所需,并且以此来改变环境。这种局面在美洲先于欧洲出现,而印第安人的活动则有上万年的历史。由于总体上缺乏干预,某些人类所需要的植物有时可能就在这些活动中灭失了。自从人类开始有意识地定居生活以来,以人类居住地为中心的环境退化(Environmental Degradation)即告开始,它着重表现在过度捕猎、过度耕作和过度拥挤这三个方面。环境问题在古代就已经存在,但在世界人口数量不多、生产规模不大的时候,人类活动对环境的影响比较小,即使发生环境问题也只是局部性的。正如恩格斯所指出的,人类对自然界的"每一次胜利,在第一步都确实取得了我们预期的结果,但是在第二步和第三步却有了完全不同的、出乎预料的影响,常常把第一个结果又取消了。美索不达米亚、希腊、小亚细亚以及其他各地的居民,为了想得到耕地,把森林都砍完了,但是他们梦想不到,这些地方今天竟因此成为荒芜不毛之地,因为他们使这些地方失去了森林,也失去了积聚和贮存水分的中心。阿尔卑斯山的意大利人,在山南坡砍光了在北坡被十分细心地保护的松林,他们没有预料到,这样一来,他们把他们区域里的高山畜牧业的基地给摧毁了;他们更没有预料到,他们这样做,竟使山泉在一年中的大部分时间内枯竭了,而在雨季又使更加凶狠的洪水倾泻到平原上"①。农业时代是人类改造自然的开端,也是同环境问题做斗争的开端。那时人类已经能够利用自身的力量去影响和改变局部地区的自然生态系统,在创造物质财富的同时也产生了一定的环境

----

① 马克思恩格斯全集:第20卷[M].北京:人民出版社,1979:519.

问题,如地力下降、土地盐碱化、水土流失等,但从整体来看,人类对自然的破坏作用尚未达到造成全球环境问题的程度。

如果说早期的环境问题主要起因于人类对自然资源所造成的人为破坏的话,那么到18世纪工业革命时期及其以后,环境问题的表现还要加上因工业化和城市化、人口的激增、自然资源的消耗和科技的滥用所造成的环境污染现象。首先,机器的使用虽然大大地提高了社会生产力,加快了工业化和城市化进程,增强了人类对环境的改变和控制能力,但是对自然资源和能源的消耗和浪费也大大地增多。其次,世界人口在罗马帝国灭亡时期只有4亿,然而经过约1000年,到1600年开始超过10亿,再经过300年到1900年增加到20亿,又经过50年到1950年达到了30亿。到1990年,世界人口已达52亿。1993年世界人口为53亿,而且还在以每年9300万人的速度增长。R. 马尔萨斯(T. R. Malthus)曾在19世纪初期写下的《人口论》一书中警告,如果人口的增长得不到抑制,那么人口即会呈几何级数增长,从而导致人类对资源等生活必需资料的激烈竞争。最后,科学技术的进步为人类文明的发展做出了巨大贡献,但同时也给人类的生存带来威胁。火药的发明和核裂变的发现使战争武器的杀伤力、破坏力大幅度提高;捕猎工具的改良导致大量自然生物资源濒临灭绝;农业的化学物品使用不仅造成土壤的退化,而且给人类和生物造成积蓄性化学物质危害。总之,从制造业技术、能源技术、交通技术、医疗卫生技术等传统产业技术到现代核技术、生物技术、激光技术、航天技术、新材料技术、通信技术甚至微电子与计算机技术等,它们在促进社会进步的同时,也因为人类对其有意或无意的不合理利用而对人类的生存环境造成危害。如今天在国际上普遍存在的海洋污染、海洋资源破坏、森林破坏和生物多样性破坏、沙漠化、极地污染、臭氧层破坏、温室效应、大气酸化、太空垃圾、核污染、危险废弃物及其转移等环境问题,可以说都是人类在过去多个世纪的行为所积累的结果。

从环境问题的沿革和发展看,它经历了从一国国内某地区向其他地区发展的国内环境问题阶段,再从国内环境问题向该国所在地区、洲发展的区域环境问题阶段,又从区域环境问题向整个世界发展的国际环境问题阶段。现在,环境问题已经跨越国界发展到全球环境问题阶段。既然环境问题的产生和发展经历了几个世纪,并且它的范围和程度也在不断扩大和加深,那么,为什么日益文明的人类没有及早采取有效的对策和措施去遏制环境问题的发展呢?其中的关键是人们对环境问题的认识有一个逐步深入的过程。

二、对环境问题的认识

对环境问题的认识可以追溯到公元前5000年,中国在烧制陶器的柴窑中应用热烟上升原理用烟囱排烟;公元前2300年,中国开始使用陶质排水管道;公元前2000年,古印度城市中专门建立了地下排水道。公元前3世纪中国的荀子在《王制》一文中阐述了保护自然的思想:"草木荣华滋硕之时,则斧斤不入山林,不夭其生,不绝其长也。鼋、鳖、鳅、鳝孕别之时,罔罟毒药不入泽,不夭其生,不绝其长也。"人类在寻求自身的发展过程中,逐渐积累了防治污染、保护自然的知识和技术。20世纪50年代以来,随着环境问题日益突出,人们开始认识到应该通过深入的科学研究来了解环境问题、解决环境问题。许多科学家,包括生物学家、化学家、地理学家、医学家、工程学家、物理学家和社会科学家等纷纷对环境问题进行了大量调查研究,运用原有学科的理论和方法研究环境问题,并在此基础上孕育产生了环境科学。

最早提出"环境科学"这一名词的是美国学者,当时指的是研究宇宙飞船中人工环境问题的科学。20世纪60年代兴起的环境运动唤起了民众对环境的关注,促进了环境科学的发展。1968年国际科学联合会理事会设立了环境问题科学委员会,标志着环境科学成为一门独立的学科。① 20世纪70年代以来,随着对环境问题的研究和认识逐步深入,人们开始对传统的发展观、伦理道德观、价值观提出了挑战,认识到环境问题不仅仅是排放污染物所引起的危害人类健康问题,而且包括自然保护、生态平衡以及维持人类生存发展的资源问题。这一时期开始出现环境科学的综合性专著。

地球环境存在着资源枯竭、森林破坏、沙漠化、水土流失、臭氧层破坏、温室效应、酸雨、放射性污染、化学污染等各种危机,这些环境危机都相互关联。例如,臭氧层的破坏是由于氟利昂使用引起的。为了防止它的危害,便使用替代氟利昂的物品,而这一物品另一方面又引起了地球的温室效应。又如,沙漠化和水土流失与森林破坏有关,而森林破坏又是酸雨引起的,酸雨是使用化石燃料的工厂排烟引起的,为了防止危害,使用化石燃料的替代燃料——核燃料,这又引起放射性污染。可见,地球的环境问题相互关联,相互引发。因此,"仅仅依靠个别性的环境对策,绝不能解决环境问题。并且某一环境问题的解决对策往往又引发新的环境问题。为了根本地解决环境问题,必须找出所有与环境问题相关联的共同原因,并在这一基础上学际性、综合性构建解决对策。为了根本解决环境问题,不仅依靠科学、技术的解决对策,涉及人类生存方式和人类社会未来趋势的哲学的、宗教的、伦理的、社会的、政治的等方面的研究十分必要"②。

---

① 中国大百科全书·环境科学[M].北京:中国大百科全书出版社,2002:序言.
② 岸根卓郎.环境论:人类最终的选择[M].南京:南京大学出版社,1999:276-277.

　　环境问题的多学科研究以及环境管理的实践,促进了人类对环境问题在更深一个层次上的认识。到 20 世纪 80 年代以后,整合性的环境理念在经历了几十年的环境管理实践的基础上,已经基本形成,这就是可持续发展的思想。在 1992 年里约联合国环境与发展大会上,可持续发展已经成为指导环境保护领域的国际分工与合作的关键词。西方国家在现代环境伦理思潮的指导下,通过对传统伦理观的深刻反思和对东方自然伦理观的借鉴,在总结人类发展的经验和教训的基础上,结合生态系统的基本规律和科学技术的新进展,以及对环境问题的经济、制度分析,终于认识到环境问题的解决植根于更深层的人类改革中,它包括对经济目标、社会结构和民众意识的根本变革。环境问题也是一个发展问题,是一个社会问题,是一个涉及人类社会文明的问题,其本质是人与自然的关系问题。人们必须在各个层次上去调控人类的社会行为和改变人类的思想。这种认识的转变促进了关于环境问题的社会科学研究,经济学、社会学、政治学、人类学、心理学和哲学(伦理学)等主要社会科学学科都介入环境研究中来,环境问题越来越呈现出多学科研究的特征。

　　从哲学观点来看,环境问题的实质是人与环境即人与自然界的关系问题。严重的环境问题说明人与自然的矛盾出现了尖锐化的危机状态,这是人类自身不适当的活动造成的。要解决这个矛盾就必须改变人对自然的态度,必须着眼于人与自然界的和谐,用中国哲学家的话来说就是追求“天人合一”的境界 。因此,解决环境问题的实质,在于人与自然界的和谐相处,共存共荣。

三、环境主义与环境运动

　　“环境主义”(Environmentalism)一词 1971 年在美国首次出现。① 但至今人们对“环境主义”一词的含义并没有取得共识。卡洛(P. Calow)把环境主义解释为一种保护、尊敬环境的意识形态,而且是与工业驱动的资本主义社会相对立的意识形态。② 也有人认为,环境主义就是关心环境及对环境的保护,环境主义者就是关心环境保护并致力于保持环境健康的人们。③ 怀曼(B. Wyman)等人认为,环境主义就是对与人口增长、污染、技术和资源利用有关的环境问题进行积极、公开、

---

① CATANZARO M. J. Conservative Spotlight Human Events[J],1997,53(30).

② CALOW P. The Encyclopedia of Ecology and Environmental Management[M]. Carton, Victoria:Blackwell Science,1988:245 – 246.

③ COLLIN P H. Dictionary of Ecology[M]. Chicago:Fitzroy Dearborn Publishers,1988:83.

详尽的说明,并利用环境问题来提出特别的社会、经济或政治议程。①

环境主义内部有各种流派和不同的分支,它们之间壁垒森严,有的观点相互矛盾甚至相互对立。在西方,人们通常把环境主义分为改良环境主义(Reformal Environmentalism)和激进环境主义(Radical Environmentalism),它们都关注环境问题,把环境问题视为人类生存与发展的大事,并试图改变人类目前的环境状况。但在环境问题产生的根源以及治理途径上,两者的认识却存在着根本的分歧。改良环境主义持有的是人类中心主义立场,认为人类能够通过修改对待自然的人类中心主义态度,通过修改法律、政策,改变法人行为和个人生活方式,使他们对自然给予更多的关怀,如此便能解决环境危机。激进环境主义者所持观点则恰恰相反,认为要达到人与自然的和谐,就必须进行哲学和发展策略上的深刻而系统的变革。

目前,与环境主义联系较密切的词是生态主义(Ecologism)。布克钦(M. Bookchin)提出要把环境主义与生态主义区分开来,认为前者是改良主义者而后者是革命性的。前者更多地对现有体制、社会关系、技术和价值观进行胡乱修补而不是变革。同样,杜波森(A. Dobson)认为环境主义就是一种对保护自然的改良主义的管理方法,环境主义者认为不对当前的价值观或生产与消费方式进行根本变革就能解决环境问题。而生态主义意指反对改良主义的激进思想,主张对西方生活方式进行重大改变。这种根本的分裂来源于奈斯(A. Naess)1973年提出的关于"浅层"和"深层"生态学的区别,他认为浅层生态学是改良主义的而深层生态学是激进主义的。此后,其他相关术语也加入了这一讨论,泼利特(J. Porritt)在1984年对"轻的"(Light)(改良主义的)和"重的"(Dark)(激进的)大写绿色进行了区分。杜波森在1990年使用小写的"绿色"(改良主义的)和大写的"绿色"(激进)说明其中的不同,埃克斯利(Eckersley)在1992年给"生态主义"下的定义与环境主义等形成鲜明对比,他们试图说明,早期的环境保护主义和自然保护主义的思想及实践对人与自然的关系的分析是有限的,没有提倡紧急行动和社会变革;而新的大绿色的生态学观点超越了这些局限,认为要解决当前的环境问题,就需要对当代社会流行的生活方式进行激进的重新建构。正是这种特点使生态主义与"环境主义"分别开来。②

---

① WYMAN B. & Stevenson L. H. The Facts on File Dictionary of Environmental Science[M]. New York:Facts on File,2001:135.

② SUTTON P W. Explaining Environmentalism:In search of a new social movement[M]. Aldershot,Hampshire:Ashgate Publishing Company,2000:1.

在人与自然关系的分析上,环境主义只强调人类的福利,企图通过技术手段来校正环境危害和污染。但对生态主义来说,这些努力远远不够,因为它们并没有追寻生态破坏的根源,没有提出重大的社会变革。这种策略可能在短期内保护了某些野生生物,但建立"沙漠中的绿洲"不能防止商业和工业活动在全球带来的对自然的大规模破坏,这将使地方性的环境主义者的努力显得无足轻重。而且,一些生态激进主义者认为,人类能够按照自身的利益"管理"自然存在的生态系统是现代人傲慢自大的明显标志,这种思想本身就是全球环境破坏的根源之一。在这个意义上,改良主义的环境组织正在复制着当代对自然界的破坏性态度,其自身的存在就趋向于妨碍"生态中心"观点的发展。这样,激进生态主义就不仅反对进一步的工业现代化,而且还反对管理型环境主义组织的建立。①

环境主义和生态主义在含义上有着重大分歧,生态主义一般是站在生态中心主义立场上的,强调对自然生态的不以人的利益与趣味为转移的珍视与看护,而环境主义集中在对具体生态破坏和环境污染的整治上。但环境主义和生态主义在美国是可通用的概念。我国学者在引进这两个术语时最初是按照苏联的称谓,如生态伦理学、生态哲学等。后来随着西方环境文化的不断传入,特别是受西方影响较大的《环境伦理学》杂志、环境哲学书籍的影响,开始把这两个术语通用。本文也不想对二者术语进行明确区分,而把它们看作同义词,原因如下:第一,环境运动的组成人员自己并没有对这种细微差别表示异议,他们交替地使用"环境的""生态学的"等术语。对他们来说这些术语意味着相同的意义,因而没有必要在术语的使用上拘泥形式。第二,如果术语摇摆不定,那么它所指称的组织实体也会如此。评论家也不知道如何明确地区分环境运动的范围和有关的环境组织。② 按照最新版的《中国大百科全书:环境科学》的解释,广义上,环境主义是指社会科学中环境因素的重要性的理论或意识形态;狭义上,指现代环境运动的意识形态,这种意识形态将健康、和谐和自然环境的整体性置于人类关注的中心。③

环境主义可以追溯到早期的环境决定论,其代表人物孟德斯鸠认为地理环境决定着人的心理、性格,进而决定着社会制度、社会性质。地理环境决定论虽然坚持了历史唯物主义的基本观点,但没能正确解释社会与环境的关系,它所认为的

---

① SUTTON P W. Explaining Environmentalism:In search of a new social movement[M]. Aldershot,Hampshire:Ashgate Publishing Company,2000:2 – 3.

② HAY P. Main Currents in Western Environmental Thought[M]. Bloomington:Indiana University Press,2002:1 – 2.

③ 中国大百科全书:环境科学[M]. 北京:中国大百科全书出版社,2002:235.

外部自然界,乃是那个尚未置于人的统治之下的自然界,不是原始自然和人文自然的统一,仅是一种所谓的"自在自然"。这种理论造成的一个直接的错觉就是认为,随着人类科技的进步,随着社会生产力的发展,地理环境对社会的发展越来越不起什么作用了,甚至可以忽略不计。但是,即使在现代,无论人类对自然的统治权如何扩大,人类还是生活在自然中,要越出自然的界限是不可能的。同时,一些人类学家、心理学家和哲学家的理论出现了环境主义的思想,如文化人类学家博厄斯(F. Boas)、米德(M. Mead)、罗维(R. H. Lowie)、克罗伯(A. L. Krobor),行为主义的代表沃森(J. B. Watson),实践哲学家杜威(J. Dewey)等,他们从各个方面论述环境对人和社会的作用与意义。这些理论探讨环境与人类及人类社会的形成发展的关系,为后来的环境主义提供了理论背景。20世纪前期的缪尔(J. Muir)、利奥波德(A. Leopold)等人是现代环境主义的前驱,他们反对工业化和城市化对自然景观的破坏,呼吁保护有价值的自然地带,主张建立大量自然保护区。第二次世界大战后,"环境主义"一词已经获得了特别的内涵,特指现代社会生活对乡村、城市、家居和工作环境的关心,或者更进一步,指通过与环境相连的审美和宗教经验以适应自我认同的需要。当工业化和城市化巨大的负面影响与对牧歌式的乡村生活的罗曼蒂克幻想之间出现不可弥补的鸿沟时,环境主义的影响也就越来越大。

　　现代环境主义活跃于各国政治舞台,原因大体有三:第一,一系列严重的全球生态环境灾难事件相继出现,沙漠化、森林缩减等也日趋严重,这使公众的环境意识不断加强;第二,迅猛的工农业发展给生活质量带来的影响,牵涉面极广,几乎很少有人能逃脱,其中那些受过良好教育,有表达能力和愿望并且对社会有一定影响的人对此日益不满;第三,媒体不断宣传人类活动对全球环境的破坏,如核污染、臭氧层空洞、全球变暖和酸雨等。虽然大多数公众并没有直接经历过,但由于媒体的频繁曝光,公众似乎已经亲自感受到了。在某种程度上,环境主义已经改变了社会、经济、政治和文化的每一个方面,几乎所有的学科都直接或间接涉及环境,环境主义和宗教、神学以及当代的精神状况紧密相连,人类社会的核心价值已经为环境主义有所改变,将来还会继续改变。①

　　环境运动(Environmental Movement)是指20世纪60年代在美国兴起的与环境关注、环境保护有关的一切运动。环境运动通常包括公民环境组织及其活动、用来证明并提高对环境事务的注意的一般意识形态以及由政治行动导致的国家政策等。环境运动20世纪60年代在美国作为大众运动出现,在1972年的斯德哥

---

① 中国大百科全书:环境科学[M].北京:中国大百科全书出版社,2002:235.

尔摩联合国人类环境大会上获得了政治和国际合法性。① 也有人认为"环境运动"是个多少有点使用不当的名称，把它看成许多不同的组织、由不同的目标激发的运动更准确些。② 环境运动也是一个动态的、发展的有机体，有些组织在消退而新的组织在形成；有些组织十分成功地保持了成员和支持，而其他组织的声望却在下降。很多组织是为了应对特殊问题如臭氧层损耗、热带雨林破坏而形成的。环境运动作为一种社会运动，它在基层、社区表现得最强烈。③ 虽然环境运动自第一个地球日以来变得非常多种多样和复杂，有许多组成部分、不同的议程和制度的扩散，其组成部分经常出现混乱有时甚至发生冲突，但仍然是一个连贯的社会和文化运动，在世界观、全球最基本的问题以及这些问题的原因上有广泛认同。就像环境社会学家邓拉普（K. Dunlap）所说，环境运动是美国和西欧当代最成功的运动之一。④

目前，对环境运动的兴起有各种不同的解释，大多数研究都认定其兴起于20世纪60年代。因而多数研究基本上以20世纪60年代后的发展为主，很少把当代环境运动与以前的发展情况联系起来，没有对环境运动进行深入研究，较多的只是关注当代运动。⑤ 集中关注20世纪60年代以来的环境运动并不能形成对美国环境主义和环境运动的完整理解，要对美国环境主义和环境运动进行深入了解，还要以更全面的角度关注20世纪60年以前的历史。本书采用全面的、历史性的建构方法，为理解当代环境主义与环境运动的出现和发展提供不同的框架。

---

① DUNLAP R E. and Mertig A. G. American Environmentalism：The U. S. Environmental Movement，1970 – 1990［M］. New York：Taylor & Francis，1992：64.

② BENTON L M. and Short J. R. Environmental Discourse and Practice［M］. Malden，Massachusetts，Blackwell Publisher Inc. ，1999：113.

③ BRYNER G C. Gaia's Wager：Environmental Movements &the Challenge of Sustainability［M］. Boston：Roman & Littlefield publishers，Inc. ，2001：32 – 33.

④ SHABECOFF P. Earth Rising：American Environmentalism in the 21ʳᵗ Century［M］. Washington，D. C. ：Island Press，2000：30.

⑤ SUTTON P W. Explaining Environmentalism：In search of a new social movement［M］. Aldershot，Hampshire：Ashgate Publishing Company，2000：43 – 48.

第二节　环境问题的社会学建构

一、建构主义方法

　　20 世纪 60 年代以来,在环境问题的提出、讨论和解决中,自然科学一直起着主导地位,而社会科学则处于边缘学科的地位。社会科学对自然科学的成果有着极大的依赖性,正是因为这种依赖性,社会科学在研究环境问题上不得不突破自己的学科限制,求助于自然科学的知识和技能。这样,社会科学不仅处于环境问题探讨学科中的边缘地位,而且,社会科学的研究也必然要置于这样的前提下,即我们需要假定自然科学提供给我们的有关环境的知识必然是真实的、客观可靠的,在此基础上,社会科学才能做出准确的分析。否则,一切分析都是建立在错误的基础上,也就无所谓有正确的成果。但是,实际情况却往往与此种假设不相一致,自然科学知识,包括发布这些知识的自然科学家,并不如人们想象的那样是客观和真实的代表。他们也属于社会的一部分,也无法逃脱社会的法则。出于种种原因,如技术的差错、不同人的认识水平、他们所处的社会背景,以及科学的怀疑本质等,他们得到的所谓知识,很难说是客观和真实的。对这种环境问题"现实主义"的批判,导致了环境"建构主义"的产生。

　　建构主义普遍关心的是人们怎样理解他们的世界。建构主义者与现实主义者不同,他们并不关心环境是否真的日益恶化,甚至故意将这样的疑问和关注悬置一边。他们关注的问题是,环境问题是如何走入人们的视线、意识之中的,他们关注环境问题是如何被世人所意识到的,也就是环境问题的建构过程。这一视角与环境现实主义的不同,实际上反映了一个古老的哲学命题:客观现实和主流意识之间的关系问题。与环境现实主义相反,建构主义强调,自然的意义并不是客观赋予的,而是通过文化符号建构起来的。正如德国社会学家克劳斯·埃德(K. Eder)所说:"自然只是'符号化的',将自然描绘为'符号'的是社会自己,在自然的符号化中,社会为理解和经历世界设置了基本的规则。为理解和经历世界,这样的符号化习惯于调节基本的计划。"①另外,建构主义者一直致力于对环境知识的建构。由于科学知识越来越成为环境问题建构中的重要组成部分,在有关环境

---

① 　LIDSKOG R. The Re - Naturalization of Society, Environmental challenges for Sociology, Current Sociology[J]. 2001,49 (1):113 - 136.

危机和环境问题的讨论中,不管是疯牛病、酸雨还是污染,科学无不扮演着重要的角色。每一个主张,都是以科学和"真实的事实"为依据的。在当今世界的环境问题中,科学证据已经成为辨识环境危险信号、测量危害范围和评估解决办法的先锋,尤其是当这些问题涉及的危机规模已经超出了人们日常经验的时候。例如,对核电站的危险评价、氟利昂对臭氧的损耗、吃了受到污染的食品导致的疾病等,尤其需要"知识"和"科学"出来解除人们心目中的迷惘,为人类指出方向。但正如我们前面所提到的,科学并不是如我们所想象的那样客观。而当科学的"无知"和不确定性表现出来的时候,不同的社会集团、环境主义者、政府官员和企业联盟,就会利用对自己有利的"科学知识"来作为评价环境问题的依据。所以,环境建构主义者的研究认为,我们依据所谓的"科学知识"所认识到的环境问题,有的时候不过是一个社会建构的结果。在这个建构的过程中,充满了不同政治派别、不同利益集团、不同组织和个人之间的竞争。我们看到的所谓"环境问题",也就不可能是真实和客观的,或者说根本就不存在客观的环境问题。斯必科特和肯兹尤斯认为社会问题不是静止的,而是在一系列定义基础上发展的"连续的事件"。因此,他们将社会问题定义为"群体不满情绪的宣泄和向组织、机构和制度要求某些条件的行为"。从这种观点出发,了解产生要求的过程被认为比评价这些要求正确与否更为重要。他们极力主张社会问题分析应集中于这些问题是怎样从对社会不满的人群中产生并被他们保持下来的,以及社会是怎样对此做出反应的。

20 世纪 80 年代中期尤其是 20 世纪 90 年代以来,用建构主义的视角研究环境问题的文章越来越多,著名环境社会学家巴特尔(F. Buttel)及其同事较早地采用了源自科学社会学的社会建构的视角,以分析全球环境变迁(GEC)的出现。①其他如安嘎(S. Unger)②以及马卓(A. Mazur)和李(Lee)③等人,也都在环境问题研究上采取建构主义视角。特别是安嘎采用社会问题研究中的定义或建构的视角,强调了主张制造者(Claims Makers)和媒体在激起对全球变暖的社会注意方面的重要作用。但是,汉尼根(J. A. Hannigan)对建构主义研究视角以及环境问题之建构过程的阐述最为系统,他在分析中还增加了时间变量,研究了环境问题建构

---

① BBTTEL F H. , et al. From Limits to Growth to Global Change [J]. Global Environmental Change,1990,1(1):57 – 66;Buttel,F. H. Taylor,P. Environmental Sociology and Global Environmental Change:a Critical Assessment [J]. Society and Natural Resource,1992;5.

② UNGAR S. The Rise and (Relative) Decline of Global Warming as a Social Problem [J]. Sociological Quarterly,1992,23(4).

③ MAZUR A. and Lee,Jinling. Sounding the Global Alarm:Environmental Issues in the U. S. National News[J]. Social Studies of Science,1993,23(4).

的历史进程。汉尼根指出,公众对环境的关心并不直接与环境的客观状况相关,而且,公众对环境的关心程度在不同时期并不一定一致。事实上,环境问题并不能"物化"(Materialize)自身,它们必须经由个人或组织的"建构",被认为是令人担心且必须采取行动加以应付的情况,这时才构成问题。在这一点上,环境问题与其他社会问题并没有太大的不同。因此,从社会学的观点看,这里的关键任务是弄清楚为什么某些特定的状况被认为是成问题的,以及那些提出这种声称的人是如何唤起政治注意以求采取积极行动的。汉尼根认为,现代社会中的两个重要社会设置——科学和大众媒体,在建构环境风险、环境知识、环境危机以及针对环境问题的解决办法方面,发挥着极其重要的作用。

当然,建构主义者的研究视角也受到了很多的批评。最为常见的批评是,环境建构主义关心的只是社会问题的相对性和条件性,极有可能导致否认严重"真实生活"问题具有的有害性,这就意味着,自然环境只有在人类赋予其意义以后才是存在的。这样关注的结果,很有可能走向忽视自然环境的真实性,甚至"断言环境(及我们和环境的关系)纯粹是一个社会建构","仅仅是一个语言、论述和力量表演的产品"①。另外一种批评是,建构主义者尽管并没有否认环境问题严重性的"真实"和"客观存在",但他们也主张在研究过程中,应该将真实的情况暂时悬置,也就是说,环境社会学的目的在于解释这样一种社会过程,而不是评价环境问题的真实与否。所以即使他们并不否认环境问题的客观存在性,至少也表现出对现实环境状况的一种冷漠和不关心,这是建构主义学说应当注意的问题。

二、建构主义的特点及过程

建构主义的一个重要特点是从过程的、动态的角度看待社会现象,在建构主义者眼里没有一成不变的"社会事实"。所谓社会事实,基本上是人们经由特定过程建构出来的,并且总是处于不断的变化之中。大体上,建构主义阐释环境问题的要点可以概括如下:(1)对于人类社会与自然环境之间关系的理解是一种文化现象;(2)这种文化现象总是通过特定的、具体的社会过程,经由社会不同群体的认知与协商而形成;(3)由于具有不同文化与社会背景的人对环境状况的认知不一样,所以"环境问题"一词本身基本上是一个符号,是不同群体表达自身意见的一个共同符号;(4)特定的环境状况最终被"确认"为环境问题,实际上反映的是

---

① DUNLAP R E. The evolution of environmental sociology: a brief history and assessment of the American experience, in The International Handbook of Environmental Sociology [M]. edited by Redclift M. and Woodgate G. Cheltenham, UK: Edward Elgar, 1997: 21 - 39.

不同群体之间意见交锋产生的暂时结果,这种结果的出现源于一系列互动工具与方法的使用,并且涉及权力的运用;(5)我们与其关注目前环境究竟出了什么问题,不如分析是谁在强调环境问题,对"环境问题"进行解构很有必要;(6)解决特定环境问题的关键是利用科学知识、大众传媒、组织工具以及公众行动成功地建构环境问题,并使之为其他人群所接受,进入决策议程,最终转变为政策实践。

建构主义虽然不否认环境问题的客观存在,但是,它更注重探讨以下类型的问题:为什么一些环境问题早就存在,但只是到了特定时候才引起人们的广泛注意?为什么有些环境问题引起了广泛注意,而有些环境问题却默默无闻?宣称某种环境状况是"问题"的究竟是什么人?他们又是如何使其宣称合法化的?就当代世界关于环境问题的论争以及蓬勃兴起的环境运动而言,建构主义模式想要揭示的正是其复杂的阶级的、意识形态的、制度的以及组织的背景,并希望由此探讨正在变化中的权力特性。通过引用萨斯肯德(L. E. Susskind)①的文献,汉尼根指出了在建构环境问题时所面临的一些关键任务,参见表1-1。汉尼根的研究从建构主义的范式出发,关注自然环境变量的社会化过程在意义层面的建构过程,特别是注意到了环境问题的社会化建构过程,并且揭示出这种环境变量建构的社会化机制,从而为探寻环境问题的社会原因(因果关系)提供了社会学支持。

表1-1　建构环境问题的关键任务

	集合	表达	竞争
初步活动	·发现问题 ·命名问题 ·决定声称的基础 ·建立参数	·引导注意 ·使声称合法化	·采取行动 ·动员支持 ·保护所有权
中心论坛	·科学	·大众媒体	·政治
支配性依据	·科学的	·道德的	·法律的
主导性的科学角色	·动向监测者 ·理论检验者	·传播者	·应用政策分析者
潜在陷阱	·条理不清晰 ·意义不明确 ·相互抵触的科学证据	·可视性低 ·关注度低 ·可读性下降	·赞助性流动(吸纳) ·对所提问题感到麻木和厌倦 ·存在相互抵消的声称

① SUSSKIND L E. Environmental Diplomacy:Negotiating more Effective Global Agreements[M]. New York and Oxford:Oxford University Press,1994.

续表

	集合	表达	竞争
成功的策略	·创造经验性焦点 ·制造合理的知识声称 ·科学的劳动分工	·与流行的其他问题相关联 ·采用动人的词汇和逼真的图像 ·运用修辞技巧	·建立网络 ·开发技术知识 ·打开政策之窗

三、环境问题的社会学建构

所谓环境问题的社会学建构就是环境问题的发现及社会定义、获得社会关注、认可和引发社会行动的过程。尽管他一再声称并不否认环境问题的客观存在,但是,汉尼根实际上回避了对于环境问题之客观性以及环境问题的客观原因的分析,而集中分析环境问题的社会建构过程,分析如何才能成功地建构环境问题。① 环境问题是由环境状况的现实或可能的变化给社会共同生活带来的障碍或环境与社会关系的失调而引起的,有自身的物质基础。但从社会学的观点来看,此类物质现象必须经过社会性的建构,被认定为令人担心且必须采取行动加以应付的情况,才能构成一个现实的社会问题,这是一个多因素决定的过程。汉尼根认为环境问题的社会建构过程包括三个阶段。

1. 环境问题的发现和形成

环境问题的最初发现可能来自工作或业余爱好与自然环境密切相关的农民、渔民、保护区管理员、垂钓者等,有些环境问题则直接来自科学发现。在为问题定名,将它从其他相似或混杂的问题中区分出来,确立关于环境问题的科学、技术、道德、法律基础,估计采取改善行为的责任人的问题形成过程中,科学的权威确认和环境主张立论者的创造性努力具有十分重要的作用。新的全球环境问题尤其如此。现代环境主张立论者多以专业研究和管理人员、环境保护团体的形式出现,他们具有选择和精心制作环境问题的能力,并与立法者和大众媒体保持密切的制度化联系。

2. 环境问题的提出

环境问题传送到公共舞台具有高度竞争性。它有两个重要任务,一是使问题获得关注,二是使之合法化。为了引起注意,一个环境问题必须看上去新奇、重要

① HANNIGAN J A. Environmental Sociology：A Social Constructionist Perspective［M］. London and New York：Routledge，1996.

和容易理解。一个有效方式是使用图解唤起言辞或视觉想象。环境问题有时因为一些特别事变和事件而产生特殊情境和效果,如大规模的社会经济和政治事件、全国性的灾害或流行病、工业事故和核事故、一项重要政策的出台等。具备以下条件的事件可能成为一个环境问题:能够引起媒体注意,卷入部分政府权力,需要政府决策,不被公众作为反常事件或偶然事件而忽略,与大量市民的个人利益有关等。这些条件部分是事件自身的功能,但有些也依赖被环境促进者成功利用。科学发现和证据本身只是合法化的必要条件,合法化过程的完成还需要其他条件的配合。环境问题的合法化需要借用专门知识和声望,需要重新确定范围,如从一个道德问题变成一个法律问题,以保持独特性和知名度。

3. 环境问题的竞争

环境问题获得合法性,并不会自动保证采取行动。在世界环境保护实践中,环境问题列入政策议程但未获得进一步政策行动的例子很多,如果需要从大规模资本利益和政府部门拿出资源,就更是如此。许多因素都可以对一个问题被搁置在决策点或行动点产生影响,如国家经济危机的开始可以导致问题被拖延,然后一起放弃;一个问题可以被转化为一个不太重要的政策事务;政府部门内的建议者可用各种策略保证一个问题不会立即采取行动,如拖延讨论、提出一个需要进一步研究或修改的项目等。作为后果,在一个环境问题上唤起行动需要继续进行竞争,以寻求有效的法律和政策变化。尽管科学支持和媒体关注继续构成必要条件,但问题主要在政策舞台内竞争。一个能够有效存在的政策方法必须使决策者相信它在技术上可行,至少在开始时要表现出科学和政策上的可行性;另外还必须符合决策者的价值观。投入竞争注意力,和其他立论者结成联盟,选择支持资料,说服持反对意见者,扩大责任范围,是环境问题竞争阶段需要完成的主要工作。

同时,环境问题的社会建构过程要注意三个关键任务:环境主张的形成、提出和竞争。

1. 环境主张的形成

形成环境主张涉及对早期问题的发现和深入了解。在这个阶段,首先应该开展以下工作:给问题命名,将它与其他类似的问题相区别;决定主张的科学、技术、道德或法律基础;确定谁应负责改善该问题的行动。在研究环境主张的起源时,研究者要问这个主张从何而来,谁提出和使用它,主张制定者代表的政治和经济利益是什么,他们为主张形成的过程带来什么类型的资源。在提出一个环境问题时,并不是所有的解释都被同样接受。很难理解的概念如"熵"一般不会被主张所吸收,核心概念主要由更易理解的成分如"灭绝"或"人口膨胀"等构成。有时环境主张的基本内容只有在政治、经济或地理"危机"爆发的情况下才会清晰起来。

2. 提出环境主张

在提出环境主张时,制定者有双重目的,既需要争取关注,也要让其要求合法化,这是两项独立的没有什么联系的工作。引起社会关注的一个有效途径是提出者使用生动的、通俗的以及能使人想象的文字。另一个做法是引证一些特殊事件,使环境问题变得引人注目。汉尼根认为这些戏剧性的事件很重要,因为它们为问题的性质、发生的环境、原因和影响、活动本身以及参与这些问题的社会组织提供了政治上的有力证明。只有当环境问题在媒体、政府、科学界和公众等领域都具有合法身份时,才算达到了目的。实现环境主张合法化的一个途径是修辞策略。环境问题的修辞策略已不断分化:生态中心主义者倾向于采用"公正的修辞",坚持认为在严格的道德基础上考虑环境问题是对的;相反,环境实用主义则提倡各种版本的可持续发展模式。例如,"绿色商务"就是建立在环境主义既可以有利于社会发展又可产生利润的假设之上。此外,当环境主张的发起人成为合法的和权威的信息来源时,环境主张也会合法化。例如,"绿色和平"组织曾通过许多方式不断成功地做到这一点,如充当科研团体和媒体之间传播科学新发现的通道;迅速发布与环境保护有关的事件和信息,提供在公众争论中有用的知识和信息。

3. 环境主张的竞争

环境问题的声称获得合法性后,并不能保证改善的行动和措施会得到实施。环境运动在争取把环境问题列入广泛的政治议程上的工作取得了一定的成功,但要使他们的政策或声称制度化或得到贯彻执行,仍然需要不懈的努力,尤其是当这些政策要在大财团之间和政府官员中进行利益和资源再分配时,问题变得更加棘手。

除以上三点外,争取较多的关注者也是环境主张取得成功的重要一环。一种环境主张的成功除了与制定者的技巧和问题本身的潜在条件有关外,还与该声称的关注者的数量有关,庞大的关注人群的支持不仅标志着该问题受到的重视程度,而且在引起政治关注上也构成了很有价值的资源。①

---

① HANNIGAN J A. Environmental Sociology：A Social Constructionist Perspective [M]. London and New York：Routledge，1996.

第三节 环境问题的伦理学(哲学)建构

一、西方伦理学(哲学)传统与环境问题

环境问题一经提出并引起社会关注后,人们必须深入分析环境问题产生的根本原因。西方国家首先从人自身的行为失范查找原因,并于 20 世纪 70 年代在"宇宙飞船地球号的设想"中提出环境伦理。这一设想将地球无限边界的观念,改变为地球有限边界的观念,即以封闭的地球为前提。人类今天所面临的生态环境恶化,首先是人类行为失范——社会环境恶化的结果。所以对于保护生态环境的实质来说,一方面是强调生物体和客观自然环境的关系,但更重要的应该是人类抑制自身的贪欲性自私行为。这样便自然地引出了环境伦理学存在的哲学基础,及人类生境系统存在的科学意义。保护环境归根结底是调控人类的失范行为。

但西方传统伦理学却以人与人的关系为本位,即善恶只相对于人与人的关系而言,其中缺少了自然界的其他生命物质。20 世纪 50 年代以来,由于科学技术向宏观方向发展,环境科学揭示了人类对生态系统的影响,以及环境污染和自然资源破坏给人类和所有生命物质及其生境——地球带来严重危机等问题,从而在西方出现了人和周围的自然环境、地球、宇宙关系的道德问题,相应地产生了以自然的固有权利作为价值观、以人类与自然的道德以及对自然的责任等问题为对象进行研究的环境伦理学。现代环境伦理学家纳什(R. Nash)指出:"在道德中,应当包括人类与自然之间的关系。"

中国古代哲学始终将自然观、认识论、人生观和伦理观融为一体。与西方伦理观相比较,中国古代哲学(伦理学)具有浓厚的自然和环境色彩,例如,"天人相应""天人合一""天人和谐"等儒家和道家思想都蕴含着浓厚的生态伦理观。与此相反,在西方过去 2000 年的哲学(伦理学)理论中,几乎没有像中国古代哲学那样的环境思想。从柏拉图时代开始,西方哲学所强调的就是"灵性的提升",认为现实世界只是理想世界的翻版,因此比较轻视现实世界。到近现代,科学技术的发展则更使西方世界产生了征服万物和自然的雄心,以至于环境问题接踵而来,甚至开始动摇我们生存的地球环境。到 20 世纪初,西方伦理学家才开始关注人与环境关系的伦理,并且伴随着环境科学研究的进程,环境伦理的理念进一步发展并对环境立法产生重要影响。对此,冯沪祥评述道:"20 世纪西方环保思想的演进,一言以蔽之,就是逐步发觉与肯定'机体主义'(Organicism)的哲学。具体而言,就是肯定万物含生的自然观,并且发现物物相关,彼此融贯,因而需要尊重万物众生的内在价值与生命平等,凡此种种,正与中国传统哲学的特性,充分能够汇通。"①纳什也认为环境伦理学的发展经历了这样一个过程,首先人类的伦理思想是从创世纪的人类对植物及动物保有支配权开始的,经过人类思想发展的历史过程,到现在形成了所有生物之间都具有平等性的环境伦理思想。

哲学是最基本的世界观,环境哲学将世界划分为人与环境,从人与环境的关系出发,重新审视环境问题产生的根源。在人与自然的关系问题上,西方文化主张主客二分,凭逻辑抽象能力取同去异,追求普遍统一性,促使科学技术发达,增强了人类对自然的实际认识和改造能力。但主客二分使主客彼此隔绝,人与环境无法交融,心灵难得自由,实际生活亦可能引致环境的破坏性反作用。② 虽然其中也有例外,如莎士比亚、华兹华斯、歌德、雪莱,也能透过一种诗情意境的奔放,体会出亲切昂然的自然观,但通常这些并不被视为哲学思想,而当作超乎现实的诗歌,所以基本上仍未被广泛接受。自然在后期希腊哲学中,是指一个没有价值意义或否定价值意义的物质素材,希腊哲学家看地球,同样觉得没有生命价值,像柏拉图便认为这个世界只是上界的模仿,因而没有什么意义与价值。希伯来宗教思想认为,一个堕落的人受虚荣的欲望、自私的恶念和虚伪的知识等愚妄所迷惑,而任罪恶摆布,这就叫作自然,所以特别要压抑自然,并且把这个现实世界与另一个天上世界分隔对立起来。自然界也充满诱惑,不值得留恋。《圣经·创世记》中便更明白地强调,上帝按照自己的形象造人,治理这地,并且也要管理海里的鱼、空中的鸟和地上的各种行动的生物。另外,地上一切结果的蔬菜和一切树上所结有核的果子全赐给人类做食物,至于青草则赐给各种飞禽走兽为食物。凡此种种,均显示人类之外的万物都被认为低人一等,这也形成对环境保护的负面影响。

在近代科学主义时代,自然是指整个宇宙的机械秩序,这种秩序即遵从数学物理定律支配的数量化世界,是纯然中性的,而无任何真善美或神圣价值的意义。"这些基本上是近代西方科学唯物论与机械论的错误看法,它们共同的问题就是把活跃的大自然化约成机械僵化的物质表象。虽然后来有黑格尔的辩证法笼罩整体世界,但基本上还是建立在'二律背反'之上,通过正、反、合的相互对立,再以螺旋形上升,其中仍然没有讨论生命现象,更没有统贯生命价值。所以整个自然界在一些肤浅的科学主义者来看,仍然是价值中立的,仍然是受数量化所支配的

---

① 所谓"机体主义",乃指环境伦理学的中心思想,它所强调的是以生命为中心的自然观,而超越了人本主义、自然主义以及唯心论、唯物论。参见冯沪祥. 环境伦理学——中西环保哲学比较研究[M]. 台北:学生书局,1991:590.

② 陈国谦. 关于环境问题的哲学思考[J]. 哲学研究,1994(5):32-37.

机械宇宙,而不是活跃创造的生命现象,因此就不会有尊重自然以及尊重万物生命的观念。"①特别是17世纪以来,建立在笛卡儿物心二元论型自然观(机械论自然观)上的西方科学(尤其是物理学),以及以此为对象的领域,一直被局限于物质与能源的世界。"因此,近代以后的西方科学,不能允许进入神的世界(心的世界)。笛卡儿的自我,产生了孤立的我,这一孤立的我滋生了个人主义,进一步发展,产生了与国家、人种、宗教、自然的对立,最终成为导致自然破坏的原因。现在,深刻化的地球规模的环境破坏的真正原因,在于将物质与精神完全分离的物心二元论自然观,及其席卷全球的势头。"②到18世纪,以牛顿力学和技术革命为先导的工业文明使一部分人认为人类能够彻底摆脱自然的束缚,成为大自然的主人。所谓科学主义,就是认为科学是唯一真理,奉科学为新的上帝,而否定一切精神价值。这是西方19—20世纪的流行思潮。因其明显贬抑人文与社会科学的研究,也抹杀了艺术精神与宗教情愫,所以其结果不但贬抑了人类生命尊严,也破坏了自然万物的生命尊严,更造成今天全球性的生态危机。③ 人们片面追求经济发展和技术文明的进步,而没有意识到人类同环境之间存在着协同发展的客观规律。工业革命以来,随着人类工业化、城市化进程的进一步加快,人类对环境的破坏越来越严重,环境问题的人为因素也越来越重。产业革命后,机器的广泛使用、社会生产力的迅速发展为人类创造了大量财富,而工业生产排出的废弃物却造成了环境污染。随着工业革命的扩展,环境污染与生态破坏逐渐严重,尤其是比利时马斯河谷烟雾事件、美国多诺拉烟雾事件、伦敦烟雾事件、洛杉矶烟雾事件、日本米糠油事件等20世纪中叶八大公害事件的出现,标志着环境问题已发展到了威胁人类生存与发展的程度,人类对环境的破坏逐步成为人类文明延续的障碍。环境危机已经成为世界各国人民共同关心的全球性问题。④

　　如果按照西方传统,在直线思想下,对自然彻底地利用下去,那么,人类终究将掠尽自然。因此,必然发生自然破坏,并且走向尽头。"显然,以万有在神论为思想背景的西方文明,必然地向着自然对抗型自然破坏型文明发展。根据是,培根说:'人类被神赋予了支配自然的权利。因此,克服怠惰的精神,彻底地利用自然吧。'由于将自然视作单纯的物质,因此,对西方人而言,在支配自然方面,没有任何心理障碍,夺取自然也是极其简单的事。并且,由于这种无神论自然观以及

① 冯沪祥. 环境伦理学——中西环保哲学比较研究[M]. 台北:学生书局,1991:31-34.
② 岸根卓郎. 环境论:人类最终的选择[M]. 南京:南京大学出版社,1999:195,199.
③ 冯沪祥. 环境伦理学——中西环保哲学比较研究[M]. 台北:学生书局,1991:15.
④ 中国大百科全书:环境科学[M]. 北京:中国大百科全书出版社,2002:1.

以它为背景的自然对抗型自然支配型西方文明席卷全球,从而引发了现代地球性的深刻的自然破坏。但是,从前一直站在自然破坏前列的西方人,为什么高声疾呼'自然保护',理由是他们注意到,如果继续在西方支配自然的自然观下破坏自然,那么总有一天自己所能支配的自然将消失,自身也会无法生存下去。"①

二、环境问题的伦理学(哲学)建构

西方传统哲学对环境伦理的观念很缺乏,其传统中不但缺乏人与自然应该和谐相处的看法,而且相反,往往采取征服自然、奴役自然的立场,因此近代虽然发展了科学,却也破坏了环境生态。直到 20 世纪,环境问题才逐渐受到重视,对传统的自然观念也才逐渐开始反思与批评。② 一般认为,西方环境伦理学的先驱者是曾任教于美国密歇根大学,后赴德国的伊文斯(E. P. Evans)③,他在 1894 年发表题为《人类与兽类的伦理关系》的论文,从心理学、伦理学的角度简要论述了人类中心主义的假说。他认为,宗教的基础源于人类中心主义,宗教学说认为人类的存在只比天使低一等,而实际上人类仅仅比猴子高几分。此后,环境伦理学思想在科学发现和生态学研究的引导下,不断走向深入。当代西方对其传统自然观进行批评的,有两位先哲。一是利奥波德,他从 20 世纪初就积极参与生态环境保护,并有系统的理论基础,因而成为当代西方环境主义的代表性人物,他的《大地伦理学》是当代西方最早的环境伦理学。这本书发表于 20 世纪 40 年代,他当时就已经沉痛呼吁,人类必须及早重视大地伦理与环境保护,否则以后悔之晚矣。④这是以往西方传统哲学与宗教中很少提到的空谷足音。第二位是哈佛大学地质学家席勒(N. S. Shaler),他从本行地质学开始反思,认为西方传统思想对环境方面多为负面影响,不能处理当今的环境问题。他在《人与地球》中特别呼吁,希望哲学家们能够建构一套新的环境伦理学基础,以作为新时代的环境保护共识。他强调,虽然他身为科学家,但他甚至愿意支持一种相当极端的哲学,那就是把大地"拟人化",看成人类生命的延伸。⑤ 事实上,正是因为他能跳出科学主义的局限,所以符合现在环境哲学的中心精神。⑥

---

① 岸根卓郎. 环境论:人类最终的选择[M]. 南京:南京大学出版社,1999:205 - 206.

② 冯沪祥. 环境伦理学——中西环保哲学比较研究[M]. 台北:学生书局,1991:501.

③ NASH R. The Rights of Nature, A History of Environmental Ethics[M]. Madison:The University of Wisconsin Press,1989:50 - 51.

④ LEOPOLD A A Sand County Almanac[M]. New York:Oxford University Press,1949:209.

⑤ SHALER N S. Man and Earth[M]. New York:Duffiled and Company,1917:228 - 229.

⑥ 冯沪祥. 环境伦理学——中西环保哲学比较研究[M]. 台北:学生书局,1991:502.

20 世纪 70 年代,环境问题成为时代危机,催产出作为一门独立学科的环境伦理学。"经过塞拉俱乐部的宣传,利奥波德的'大地伦理'学在 1970 年声名广播。1972 年,佐治亚大学召开了人类历史上首次关于环境问题的哲学会议。同年,科布(J. B. Cobb)发表专著《为时已晚? ——生态神学》。1973 年有三篇重要文章问世,一是辛格(P. Singer)的《动物解放》,载于《纽约书评》;二是劳特利(R. Routley)的《需要一种全新的、环境的伦理吗?》在第十五届国际哲学大会上宣读;三是奈斯(A. Naess)的《浅层的与深层的、长远的生态运动》,发表在他本人创刊的《探索》学报,发起了深层生态运动。翌年,帕斯莫尔(J. Passmore)创作《人对自然的责任》,根本否认环境伦理的必要性,引发哲学界长达十余年的争论。1975 年,罗尔斯顿在《伦理学》杂志上发表《确有生态伦理吗?》一文,使得环境伦理学引起主流哲学界的注目。在 20 世纪 70 年代,有关环境伦理的文章主要发表在《探索》杂志;直到 20 世纪 79 年,哈格罗夫(E. C. Hargrove)创刊《环境伦理学》。创刊后的头五年,《环境伦理学》重点在于自然的权利和动物权利、动物解放;后一领域发展很快,变得相对独立,于是有了自己专门的刊物,初名《伦理与动物》,后更名为《物种之间》。20 世纪 80 年代,科布与伯奇(H. Birch)合作,基于怀特海的有机哲学,创作《动物解放》;艾特菲尔德(R. Attfield)发表《关注环境的伦理学》,对帕斯莫尔的观点进行系统性的批评;席勒(D. Scherer)和艾提格(T. Attig)编撰文献目录《伦理与环境》。到 20 世纪 80 年代后期,高潮迭起,出现多部力作,包括泰勒(P. Taylor)的《尊重自然》,罗尔斯顿(H. Rolston)的《环境伦理学》,萨戈夫(M. Sagoff)的《地球经济》,哈格罗夫的《环境伦理学基础》,克利克特(J. B. Callicott)的论文集《捍卫大地伦理》,诺顿(B. Norton)的《为何要保护自然多样性?》和《迈向环境主义者的团结》等。20 世纪 80 年代,以瓦伦(K. Warren)为中坚,出现了生态女权运动;布克钦(M. Bookchin)的观点引发了社会生态运动;深层生态学杂志《号手》出版,环境哲学界与激进环境主义者开始联盟;1989 年,以可持续发展为重点的《地球伦理学季刊》问世,颇受大众欢迎。1990 年国际环境伦理学会成立,成员现已遍布全球;1992 年,《环境价值观》学报创刊。对于环境伦理学的理解,尚多分歧甚至矛盾。几乎大家都认同,伦理规范只是人的自律;其他生命形式可以是道德的主体,但在精神能力上不能判断行为的对错,不能与人类建立互惠的道德关系。人类有决定获得道德关怀的资格,并且分配各种权利。根本的分歧在于,环境伦理是基于功利主义的、工具性的,还是大自然本身就具有独立于人类的价值、利益和人类必须无条件尊重的权利? 具体到获得道德关怀的资格问题,亦莫衷一是:道德共同体包括所有存在物吗? 如果不是,界限何在? 基于天赋权利和仁慈主义的传统,大多数传统伦理学家主张把道德共同体的范围延伸到家畜。但是,生态哲学家和深层生态学家却将范围扩展到所有的生物;整体主义的伦理学家则主张,把道德的界限划在生物的范围内是毫无理由的,应关怀构成生态系统的所有要素,包括岩石、水、土、大气和生物过程等;盖娅假定主张者更认为,地球乃至整个宇宙的权利高于生活于其中的最珍贵的生命的权利。归纳起来,泰勒与罗尔斯顿代表客观非人类中心内在价值论者;克利克特继承利奥波德,代表主观非人类中心内在价值论者;诺顿倡导弱人类中心主义,并以实用主义价值概念取代内在价值;哈格罗夫亦属弱人类中心内在价值论者;萨戈夫近乎弱人类中心内在价值论者,尽管他不大提及内在价值一词。"①

所有这些学派都从各自关注的对象的立场来对环境伦理学进行建构,也分析其中的哲学基础,但基本上仍以务实态度为主,而对环境哲学的根本问题探讨不足。迄今被公认为全球对"环境伦理学"研究最有名的学术期刊《环境伦理学季刊》,对环境哲学论文固然刊登较多,但因受篇幅限制,仍然未能建构出环境伦理学的完整构架,每篇论文多半仍以单一观点为主,不够全面与完备。

环境伦理学是一门新兴的学问,却是与今后整体人类命运休戚相关的极重要学问。人们对自然与万物是否能够尊重,正是今后衡量一个国家道德是否进步的标准,也是衡量今后整体人类文明程度的标准。基本上,当代西方环境伦理思想的发展仍然在摸索之中,并未形成很完备的体系。由于西方传统哲学长期以来缺乏环境保护精神,甚至一直以征服自然、破坏环境为主流思想,西方等于要重新构建环境保护哲学,一切从头开始,极为辛苦与艰难。所以,虽然他们有相当敏锐的省思与环境保护心得,但至今却仍非常缺乏深厚而完备的环境伦理学。虽然当代西方有心之人也很想重建环境伦理,然而只能从零碎的经验或个别的教训中,陆续摸索出一些思索原则,但从整体而言,却缺乏体大思精的哲学架构为后盾。②而真正的环境伦理学必须有哲学的基础。如何从主客二分走向主客一体,从人与环境分离走向人与环境相融,这是环境哲学的根本问题。

---

① 陈国谦,赵锋,涂又光,叶文虎.中西环境哲学的源流与发展[J].中国人口·资源与环境,2002(3):7-10.

② 冯沪祥.环境伦理学——中西环保哲学比较研究[M].台北:学生书局,1991:2-5.

第二章

美国环境主义与环境运动研究现状
与本书结构

第一节　研究现状

一、国际研究现状

对美国环境主义与环境运动的研究,国内图书资料中所见到的最早研究环境主义的是美国学者皮图拉(J. M. Petulla),他在 1980 年对环境主义的价值、策略等进行了研究,并把环境运动分成三部分:生物中心(自然保护主义者)、经济学(环境保护主义者)、生态学(认为正是第三类人为当代环境主义提供了智力基础和领导力量)。① 1981 年,奥里奥丹(T. O'Riordan)出版的《环境主义》一书,从经济资源保护方面分析了现代环境主义的发展史。② 库兹麦克(D. T. Kuzmiak)探讨了从荒野保护以来美国环境运动的演变,认为环境运动从社会许多方面获得了广泛支持,环境关注正在改变个人习惯并对决策程序产生影响。③

进入 20 世纪 90 年代,为庆祝第 20 个地球日,美国召开了"环境主义 20 周年"研讨会,这次会议是由美国科学进步协会(American Association for the Advancement of Science)举办的,召集了环境主义几个方面的主要分析专家参会,其目的是研究环境运动在过去 20 年的演变并对当前情况进行评估。这次研讨会论文的修订本在 1991 年以《社会与自然资源》(Society and Natural Resources)特刊出版。研究者大都把环境运动描述为无数的"新社会运动"之一(主要关注非经济目

---

① PETULLA J M. American Environmentalism:Values[M]. Tactic,Priorities,College Station,Texas A&M University Press,1980.

② O' RIORDANT. Environmentalism[M]. London:Pion Limited,1981.

③ KUZMIAK D T. The American Environmental Movement[J]. The Geographical Journal,1991(3):265－278.

标),主要是受到第二次世界大战后富裕社会出现的后物质主义价值观的激发;而其他人则强调环境问题的独特性所引起的谋求解决环境问题的集体行动。① 柯林(P. H. Collin)认为环境运动起源于19世纪对自然环境的不断关注,其主要兴趣在于保护自然资源,采用的形式是创建国家公园、国家森林保护地和禁猎区。② 此外还出版了讨论环境组织缺点及存在问题的著作,如1995年道威(M. Dowie)在《失败的战场》(Losing Ground)中对环境主义的成功与失败进行了分析,伊斯特布鲁克(G. Easterbrook)在《地球上的一刻》(A Moment on the Earth)中批评了环境主义者的悲观态度。③

进入21世纪后,研究环境主义的著作层出不穷。《纽约时报》记者沙别科夫(P. Shabecoff)认为,环境运动现在正在成为我们这一时代最强大的政治和文化力量之一。④ 布莱纳(G. Bryner)也认为美国环境运动是一个连贯的社会和文化现象,是美国历史上最成功的运动之一。它对人们思考自然世界以及人类对自然世界的影响方式产生了重大影响,创建了环境法律、规章,保护环境的计划和管理机构的主要基础。⑤ 社会学家邓拉普按照社会运动范式对1970—1990年环境运动的发展过程、组织情况进行了研究。霍桑斯基(D. Hosansky)对环境运动的解释是:现代环境运动是20世纪70年代出现的强大的政治力量,但有时显得无组织管理,只是零星地对石油泄漏、杀虫剂中毒以及其他环境灾害予以关注。⑥马丁内斯－阿来尔(J. Martinez－Alier)叙述了环境运动的成长,认为环境运动的成长就是对经济增长的反动。当然,并不是所有环境主义者都反对经济增长,有些人甚至赞成经济增长,因为技术会给人带来希望与承诺,因而环境主义者的言行有时并非一致。⑦ 费歇尔(F. Fischer)指出,作为一场社会运动的环境运动,它的主要任务就是组织群众参与。启发公民参与环境运动的手段就是政治。环境运动必

① DUNLAP R E. and Mertig A. G. American Environmentalism:The U. S. Environmental Movement,1970－1990[M]. New York:Taylor & Francis Inc,1992:XI.
② COLLIN P H. Dictionarry and the environment[M]. Chicago III:Fitzroy Dearborn Publishers,1998.
③ NETZLEY P D. Environmental Literature[M]. Santa Barbara,ABC－CLIO,1999:81－82.
④ SHABECOFF P. Earth Rising:American Environmentalism in the 21ˢᵗ Century[M]. Washington,D. C. :Island Press,2000:. xi.
⑤ BRYNER G C. Gaia's Wager:Environmental Movements & the Challenge of Sustainability[M]. Boston:Roman & Littlefield publishers,Inc. ,2001:32.
⑥ HOSANSKY D. The Environment A to Z[M]. Washington D. C. :CQ Press, 2001:81－82.
⑦ MARTINEZ－ALIER J. The Environmentalism of the Poor[M]. Northampton:Edward Elgar Publishing Limited,2002:1.

须在非常短的时间内设法把科学根据转化成引人注意的重大政治问题,从而引起政治行动。① 罗德曼(J. Rodman)在《生态学意识重新思考的四种形式》(*Four Forms of Ecological Consciousness Reconsidered*)中,把环境思想分为四类:第一类是资源保护(Resource Conservation),这一观点与平肖(G. Pinchot)相联系,主张对森林、野生生物、土壤等不顾后果的开发变为明智利用自然资源的伦理与合法需求,认为资源利用应以整个人类的利益而不是仅仅以少数人的利益为出发点,应从长计议而非考虑短期利益。第二类是荒野保护(Wilderness Preservation),这一点与缪尔相似,都认为某些自然区域是神圣的地方,人类能够在此接受到神圣的东西。第三类是道德延伸主义(Moral Extensionism),认为人类直接对某些非人类的自然实体具有义务,这些权利来源于自然实体所拥有的内在的、重要的品质,如智能、知觉或意识等。罗德曼把辛格的动物中心知觉主义(Zoocentric Sentientism)视为这一观点的例证。以上这几类环境主义思想都将随着生态学敏感性(Ecological Sensibility)的到来而消退。②

福克斯把环境思想分为几类:第一是资源保护和发展,坚持人类中心主义传统,只考虑人类利益,自然界的价值只是转化为人类消费的产品。但承认自然不是无穷无尽的,物质增长是有限制的,为了人类世代的利益以及下一代人的利益,人们必须对资源进行管理。这一观点很快就取代了资本主义"无限制开发和扩张"的正统观念。第二类是人类中心主义或工具主义的环境思想,认为非人类世界只有在对人类目标有用时才有价值,才值得保护维护。与管理利用相比,这是寻求维护非人类世界的理性态度,但仍认为人类行动的正确与适当的立足点还是人类的利益。③ 哈珀(C. L. Harper)把环境主义界定为社会运动的新类型,然后在3个宽泛的主题上对它进行讨论:(1)美国环境主义的种类;(2)环境主义与变迁;(3)环境主义是否成功。环境主义既是意识形态,又是行动本身。作为意识形态,它是一套宽泛的信仰,这种信仰相信改变人类与环境的关系合乎时代需要并且具备可能性。环境意识形态植根于更广泛的世界观和信仰系统。环境主义则植根于人们的世界观、社会范式以及人们所认识到的环境。④沃斯特(D. Worster)的

---

① FISCHER F. Citizens, Experts, and the Environment[M]. Durham:Duke University Press, 2000:110.
② HAY P. Main Currents in Western Environmental Thought[M]. Bloomington:Indiana University Press,2002:30 - 31.
③ HAY P. Main Currents in Western Environmental Thought[M]. Bloomington:Indiana University Press,2002:32 - 33.
④ HARPER C L. Environment and Society:Human Perspectives on Environmental Issues[M]. Prentice Hall:Upper Saddle River,2001.

《自然的经济体系：生态思想史》主要从生态学产生和发展及其与环境主义的交汇而形成生态伦理思想来进行审视。纳什的《大自然的权利》从自由主义角度出发，把环境主义解读成自由主义思想在美国的最新发展。

20 世纪 90 年代，环境主义者也对环境主义进行了认真研究，塞拉俱乐部前任董事长、现任主席麦克劳斯基（M. McCloskey）以一个重要参与者的观点考察了环境主义 20 年来的发展历程。他主张环境运动已经成为一场"成熟的"社会运动：高度多样化、被人们广泛接受、一个既得利益集团在维持现有体制下反对污染、保卫公共土地，并与主要的政治和经济团体相联系。① 他认为美国环境运动现在分裂为 3 个阵营：激进派、主流派以及急于与工业调和派。这些派别的目标、对环境和工业的态度以及他们所利用的手段等都有区别。存在问题也很明显，除了自然保护外在其他问题上动员不足、从事活动的能力下降、缺乏明确的远见、环境法令很难得到施行，但成员的增加和行动范围的扩大以及公众支持的增加都掩盖了这些问题。主流组织面临的批评是他们不再通过政府行动带来真正的环境质量改进。减弱这些派别之间紧张状态的办法是主流组织从其他两个派别中借用意见，关注能源绿色消费主义，强调生产领域，直接影响企业行为。②

博士论文方面有以下成就。

1985 年，加利福尼亚大学克鲁兹（S. Cruz）分校的泰勒和门肯（D. Muncan）在他们的历史学博士论文中说明了环境主义与二元论在西方思想史上的影响，认为现代环境主义仍在持续启蒙运动与反启蒙运动的争论。③ 1992 年，加拿大约克大学麦凯（I. T. McKie）的哲学博士论文探讨了激进环境主义与现代性的关系。他认为激进环境主义出现的原因是改良主义者不能或不愿寻求环境退化的根本原因，在激进环境主义者看来，包括环境伦理学在内的改良主义手段都是一种误导，因为这些手段都没有触及环境问题的根源。④ 1996 年，密歇根州大学的肯奇（J. A. Kinch）的环境科学博士论文探讨了美国环境主义与生物多样性的关系及对

---

① SHABECOFF P. Earth Rising: American Environmentalism in the 21st Century[M]. Washington, D. C. : Island Press, 2000:32.

② DUNLAP R E. and Mertig A. G. American Environmertalism: The U. S. Environmental Movement, 1970 – 1990[M]. New York: Taylor & Francis Inc, 1992:77.

③ TAYLOR A. and Muncan D. Environmentalism and Dualism in the History of Ideas, http://www. lib. global. umi. com/dissertations/cart? add = 8520468.

④ MCKIE I T. Radical environmentalism and modernity: Nature, ontology, and meaning in the technological era (Arne Naess, Murray Bookchin), http://www. lib. global. umi. com/dissertations/cart? add = MM72817.

保护生物多样性所做的努力。① 1997 年，马萨诸塞大学尼尔森(G. E. Nilson)的博士论文按照社会运动方式对美国环境主义进行研究。② 2001 年，纽约大学的马赫(M. C. Maher)在其博士论文中说明了罗斯福新政对环境主义的影响，认为新政时期的民间资源护卫队(CCC)扩大了环境主义的影响以及环境运动的范围，是 20世纪 60 年代现代环境主义的萌芽。③ 2003 年，科罗拉多大学的克莱默(J. S. Kramer)在其哲学博士论文中探讨了利奥波德提出的环境价值，认为当代环境主义者的中心任务是重新取得人类与整体自然状态的平衡。④

从上述情况可以看出，1970 年以来，美国各界针对环境主义和环境运动的研究成果不断出现，他们分别从政治、经济、文化、策略、历史、社会运动等角度对环境主义进行了分析和研究。近年来有关的博士论文对环境主义的哲学研究也在逐渐走向深入。这些研究成果对笔者的研究具有重要的参考价值。

二、国内研究现状

国内研究环境史的学者有青岛大学侯文蕙、北京大学历史系的包茂红等人。侯文蕙不但翻译了多本有关环境问题的经典著作，如利奥波德的《沙乡年鉴》、沃斯特的《自然的经济体系》《尘暴：20 世纪 30 年代美国南部大平原》、康芒纳(B. Commoner)的《封闭的循环》等，还出版了我国第一本研究外国环境史的专著《征服的挽歌：美国环境意识的变迁》(东方出版社，1995 年)，并在《世界历史》2000 年第 6 期发表《20 世纪 90 年代的美国环境保护运动》，2004 年第 3 期发表《环境史和环境史研究的生态学意识》等文章，对环境史研究的新视角、环境史研究的生态学意识等进行了介绍和评述。包茂红 2002 年 10 月 27 日在史学评论网发表《环境史：历史、理论和方法》一文，从全球视野对环境史的兴起、发展、理论、方法及其存在的问题进行了初步的分析，并在文中提出第一个真正研究和评介美国环境史学史的是我国台湾学者曾华璧，曾先生 1999 年在《台大历史学报》第 23期上发表了论文《论环境史研究的源起、意义与迷思：以美国的论著为例之探讨》。

环境伦理学方面的研究著作有余谋昌的《生态学哲学》(1991 年)、冯沪祥的

---

① KINCH J A. The biodiversity mission in American environmentalism, http://www. lib. global. umi. com/dissertations/cart? add = 9631300.

② http://www. lib. global. umi. com/dissertations/preview_page/7722040/2.

③ MAHER M C. Planting more than trees：The Civilian Conservation Corps and the roots of the American environmental movement，1929 - 1942，http://www. lib. global. umi. com/dissertations/preview/9997472.

④ KRAMER J S. Natural，wild and free：A discourse on environmental value (Aldo Leopold), http://www. lib. global. umi. com/dissertations/preview/3087559.

《环境伦理学——中西环保哲学比较研究》(1991年)、叶平的《生态伦理学》(1994年)、余谋昌的《惩罚中的觉醒——走向生态伦理学》(1995年)、徐嵩龄的《环境伦理学进展:评论与阐释》(1999年)、李培超的《自然的伦理尊严》(2001年)、雷毅的《深层生态学思想研究》(2001年)、庄庆信的《中西环境哲学——一个整合的进路》(2002年)、何怀宏主编的《生态伦理——精神资源与哲学基础》(2002年)。此外还有大量的研究环境伦理学的论文,如杨通进的《环境伦理学的三个理论焦点》(哲学动态,2002年第5期)、《环境伦理与绿色文明》(生态经济,2000年第1期)、《环境伦理学的基本理念》(道德与文明,2000年第1期)、《人类中心论与环境伦理学》(中国人民大学学报,1998年第6期);陈剑澜的《生态主义及其政治倾向》(江苏社会科学,2004年第2期)、《非人类中心主义环境伦理学批判》《西方环境伦理思想述要》(马克思主义与现实,2003年第3期)等,对西方环境伦理学的发展进行了系统性研究。

环境哲学研究方面的文章有陈国谦的《关于环境问题的哲学思考》(哲学研究,1994年第5期);叶文虎,陈国谦,涂又光的《和谐:可持续发展观的灵魂》(中国人口·资源与环境,1999年第4期);陈国谦,赵锋,涂又光,叶文虎的《中西环境哲学的源流与发展》(中国人口·资源与环境,2002年第3期);陈国谦,赵锋,涂又光的《天人合一观》(天地文化,2002年第4期)等,特别是《关于环境问题的哲学思考》一文曾在哲学界引起极大反响。这些学者提出的环境哲学的根本问题、环境哲学的研究对象、环境哲学的几种境界说等都为环境哲学的研究奠定了基础,堪称环境哲学研究方面的开拓者。博士论文中对美国环境主义和环境运动进行整体性研究的文章很少,上述这些研究成果对本文的研究具有重大的理论指导意义。

第二节　本书结构

本书30余万字,分为环境问题与研究方法、美国环境主义的批判性建构、美国环境主义的拓展性建构、美国环境主义面临的问题和结论四个部分共十章,对美国环境主义的产生、形成、发展过程进行建构,并对其中对西方传统伦理学、哲学的突破进行分析和评述。本书所具有的创新意义在于站在人与自然关系这一哲学角度,对环境主义在美国的出现及发展进行社会学和伦理学(哲学)建构,这种建构过程从反、正两个方面展开。反面建构即批判性建构,因为西方传统思想主张主客二分的人与自然对立观,因而环境主义的出现本身就意味着对美国主流意识形态的批判。批评性建构有着较漫长的历史过程,几乎伴随着美国的整个成长过程。最初,欧洲的浪漫主义带着对自然的赞美来到美国,引发了美国人对新大陆荒野的热爱,并在新英格兰知识分子中兴起超验主义运动;边疆消失后美国人第一次开始了保护环境的运动,虽然其中有功利主义的意图,但毕竟体现了美国人对人与自然关系认识的加深。20世纪30年代以后生态学的发展影响了美国人的世界观,利奥波德提出的"大地伦理学"突破了西方传统的人与自然的对立观,主张人只是大地共同体之中的平等一员。这一观念对后来环境主义的兴起和发展产生了巨大影响。20世纪70年代出现的深层生态学进一步提倡人与自然的和谐一体,所具有的批判色彩彻底走向西方传统思想的对立面。正面的建构表现为拓展性建构,即在美国自由主义传统内按照天赋权利思想,不断扩大权利的主体,使"权利"观念从人扩展到家畜、动物、植物、生命乃至整个生态系统。这一过程主要是20世纪70年代以后开始出现的,与前者不同的是它主要从学术、理论层次展开,因而出现了大量研究环境伦理学、环境哲学的新作。虽然这些新作各自的观点不同,关注的对象不同,但都强调人类应该尊重自然的权利。而且因其从西方自由主义传统发展来,较容易为主流社会所接受。20世纪80年代以后,学界又用"内在价值"取代"权利"概念对环境主义进行拓展,最终目的也是强调人与自然的和谐统一。所以,反、正两方面的建构最终的走向是一致的。两种建构主义方法在环境主义的形成过程中相互渗透、相互补充。相比之下,前者在自身思想构成的深度和广度上超过后者,对美国社会的影响更广泛和久远。后者虽然也对西方主流意识形态进行批判,但很少有颠覆色彩。

此外,批判性建构与扩展性建构虽然出发点不同,但双方都具有行动色彩。对主流意识形态进行批判是为了改变人对自然的态度和行为方式,对传统自由权利的拓展是为了突破人类中心主义的局限性,扩大人的关怀范围,实现人与自然的和谐。在它们的共同影响下,环境运动在美国从各个不同层面展开:既有传统的自然保护,也有反对工业污染和环境公害的斗争,还有保护动物的运动;既有合法的温和的斗争,也有激进的"以暴制暴"的生态暴力斗争。这些思想和行动对全球环境保护产生了巨大影响。

美国环境运动发展中出现的问题是没有重视自身发展带给少数民族及弱势群体的影响,忽视了"环境正义"问题。同时,环境主义还面临着美国强大的企业集团组织起来的"反环境运动"。因为西方长期以来缺乏人与自然和谐统一的传统,甚至一直以征服自然、破坏环境为主流思想,所以,环境主义在美国的发展等于对传统观念的突破与颠覆,它在美国虽然有很多的支持者,在环境保护方面也取得一些经验与成果,但至今仍缺乏一种深厚而完备的人与自然和谐统一的观念,这是美国环境主义面临的主要挑战,也是美国走向可持续发展道路的重大障碍。走向一种人与自然的和解,走向一种"天人合一"的和谐,将是美国环境主义和环境运动的努力方向,也是可持续发展的最终目标。对美国环境主义和环境运动进行整体性研究,可以使我们对美国环境主义和环境运动有进一步的了解,使我们在实施可持续发展战略中有所借鉴和参照。

第二部分

02

美国环境主义及环境运动的批判性建构

第三章

美国环境意识的产生

第一节　发现环境问题

一、对荒野放任自由的开发及后果

欧洲殖民者来到美洲,眼前是一个荒野(Wilderness)面积达 900 万平方英里的大陆。连绵不断的原始森林和灌木丛、成群的牛羊和其他动物,构成北美大陆自然景致的一大特征。虽然北美洲荒野与欧洲地理情况极不相同,但殖民者对荒野的概念并不陌生。17 世纪初期,荒野的概念就具有某种象征意义。古希腊和罗马人认为荒野是各种妖怪和魔鬼混居的地方。《圣经》将荒野描述为贫瘠和荒凉之处,更是强化了天堂与荒野互相对立的观念。亚当和夏娃被逐出伊甸园,来到受诅咒的、长满荆棘的荒野,只能以荒野上的植物为食。这里的象征意义是十分明确的:荒野不仅危险,而且是邪恶所在,是伊甸园的对立面。根据布拉德福(W. Bradford)的描述,当欧洲殖民者乘坐的"五月花"号在 1620 年抵达普利茅斯时,他们面对着的是"危险而荒芜的荒野"。"废弃而凄凉的荒野,空无一人,除了魔鬼和野蛮人,邪恶在此猖獗。"按照纳什的说法,"当布拉德福走出'五月花'号进入可怕的、荒凉的荒野时,便开始了厌恶荒野的传统"①。对殖民者来说,荒野是他们生存的威胁,为了生存,他们必须与荒野进行斗争。单就这一点,就足以使殖民者产生恐惧和憎恨的态度,但清教徒的信仰又使他们对荒野产生困惑的情感。一方面,荒野是个令人恐惧而应尽量避免去的地方,是上帝放弃而魔鬼占据之处,危险而荒芜的荒野是他们忍受痛苦和死亡的所在。另一方面,荒野代表着脱离了压

---

① NASH R. Wilderness and the American Mind[M]. New Haven:Yale University Press,1967:23 −24.

迫,如果不算福地的话,至少是可以建立福地的临时天堂。清教徒相信,他们的信仰将在新英格兰荒野得到考验。荒野是上帝与其选民的圣约(Covenant),清教徒能否成为新的选民就在于他们能否在荒野上过上好生活。在这个意义上,荒野就代表着要克服的困难、要征服的敌人及必须控制的威胁。清教徒的这种信仰鼓励他们驯化荒野、征服新大陆。当清除了森林、排干了湿地、耕作了土壤、建立了永久住处后,土地就被"改善"且升值了。这样,在清教徒眼里,荒野就成了建设美好生活的资源。一旦被人控制,自然就等同于自然资源,荒野就只是未开发的资源库。人类成为征服自然的主人,荒野就不是荒地而是更像是福地了。正如洛克所说,大量无主的边疆正被转变为生产性的有价值的财产,荒野是上帝赐予所有人的,它等待着积极的有激情的人去开发它并在此过程中将它转化为个人的私有财产。洛克(J. Locke)把荒野视为真正的财产,是可以被拥有和利用的物品,荒野不再是令人恐惧的东西,它代表着能服务于人类的极大潜力。于是殖民者有了开发新大陆的强烈愿望,征服荒野就成为殖民者的一个共同目标。一望无际的荒野在拓荒者的眼里只有开发的潜力。①

当然,在殖民者到来之前,在北美居住的印第安人与自然是和谐相处的。在印第安人的观念中,人与自然之间没有明确的疆界,而几乎是浑然一体的。在他们看来,人"是大地的一部分,大地也是我们的一部分"。土地"是神圣的","大地不为人所有,人却是属于大地的"②。这些观念显示出他们对大地及大地上丰富的生命的崇敬。直到美国革命以前,这个大陆的大部分地区还保持着原生状态,美国最早的职业博物学家巴特拉姆(W. Bartram)从家乡费城到南方旅行的时候,向我们提供了一幅这个新大陆最完整的早期地图。他看到了生机勃勃的美,在这个新奇的世界里,如果不发现新的事物,他简直就无法迈步。如马维尔(A. Marvell)便认为群山是"未经过设计的图景",描写了那一时代自然的美丽和秩序。凯特林(G. Catlin)在前往密苏里河的旅途中,露营在一个他所见到的最美丽的小河谷里,它的美丽甚至超过了人类的想象。

但是,欧洲殖民者带着征服自然的观念来到美洲后,不但把大自然看作征服、掠夺的对象,而且认为印第安人是未开化的、愚昧的、落后的民族,因而对其加以征服和屠杀。

这样,"在历史上的大多数时间里,美国人把荒野看作只适合以进步、文明和

---

① ALLIN C. W. The Politics of Wilderness Preservation [M]. Westport, Connecticut: Greenwood Press, 1982:5 – 6.

② 刘耳. 从西雅图的信看美洲印第安人的自然观[J]. 学术交流, 2002(5):123 – 126.

基督教的名义加以征服和使之多产果实的精神和物质的荒地（Wasteland）"，开始对大自然进行开发。① 对北美大陆自然资源的大规模掠夺和破坏始于北美大陆伐木业的兴起。新英格兰沿岸连绵 2000 多公里的原始森林，成为早期北美移民的第一个开发对象，他们大量砍伐树木，用于建房、制家具、做燃料、造船和出售。到 18 世纪 70 年代，全世界悬挂英国国旗的船舶有 1/3 是北美制造的。在 19 世纪以前，由于工具落后、市场和企业规模狭小，当时的移民和美国人对北美森林的破坏不甚严重。19 世纪初，蒸汽机作坊、带锯和木浆造纸技术的出现，加上土地和劳动力价格低廉，极大地刺激伐木业的发展，伐木业迅速成为当时美国的最大产业。伐木业发展的直接后果是北美大陆原始森林的毁灭。当时的伐木者的经营方法是"剥光就走"（Strip - and - run）。伐木公司的老板把一个地方的森林伐尽之后就拆除工厂，移到另一片森林再故技重施。这股以蒸汽机和机械化带锯武装起来的伐木大军，从东北部的新英格兰地区开始，席卷纽约和宾夕法尼亚州，夷平大湖沿岸诸州的松树林，最后到达南部和西部的黄松地带。北美大西洋沿岸的原始森林由此一举被毁。除开乱砍滥伐，由伐木者不慎引起的火灾也是毁灭原始森林的元凶。每年平均有 0.25 亿英亩森林毁于人为林火，到了 20 世纪 20 年代，美国只有 1/5 的原始森林幸存。② 19 世纪，北美大陆的土地由于"采金热"的兴起和过度地耕作、放牧而遭受空前规模的破坏，采金者采用与伐木者同样的经营方法，他们到哪里淘金，就给哪里的地表土层带来灾难。如果说采金者对土地的破坏是突变型的话，农场主和牧场主对土地的破坏则是渐变型的。中西部大平原上的农场主和牧场主对土地的过度耕作和放牧，破坏了土地表层的生态平衡。大面积的土地失去植物覆盖层的保护。当旱季来临，大风把成千上万吨的地表土刮到空中，形成黑色风暴。长期的过度耕作和放牧，导致中西部大平原在 20 世纪 30 年代频繁出现旱季"尘暴"。除了对森林和土地的破坏外，早期移民和美国人对北美大陆的野生动物资源的摧残也是极其严重的。在这方面，北美大陆的河狸、海豹、旅鸽和野牛的命运可为见证。

早期移民利用欧洲大陆流行高礼帽的机会，从北美山区捕获河狸，然后向欧洲出售河狸皮。每年有成千上万船的河狸皮从北美运往欧洲。到 1840 年，由于狸皮高帽在欧洲不再盛行，北美河狸才免于绝种。沙皇俄国 1866 年把阿拉斯加

① NASH R. Wilderness and the American Mind [M]. New Haven：Yale University Press, Ltd. , 1973：. xv.

② UDALL S L. The Quiet Crisis [M]. New York：Holt, Rinehart and Winston of Canada, Ltd. , 1963：56.

卖给美国的时候,阿拉斯加尚存 250 万头海豹,由于滥捕滥杀,到 1911 年美、加、日、俄 4 国签订《北太平洋保护海豹公约》时,阿拉斯加的海豹只剩下约 7.5 万头。旅鸽曾是北美大陆上数目最多的野生动物。19 世纪时,有人估计其数目为 50 亿。1810 年,一位美国动物学家在肯塔基州看到的一群旅鸽竟有 1 英里宽、240 英里长。旅鸽占当时美国鸟类总数的 1/3。旅鸽肉味道鲜美,人们大量捕杀充作食用,加上伐木者对森林的砍伐毁灭了它们的栖息地,旅鸽的数量骤减。到 19 世纪末,旅鸽终于在北美大陆上绝迹。北美大陆最著名的动物当数野牛。1803 年,杰弗逊(T. Jefferson)总统用每英亩不到 3 美分的价格从法国人手中买下路易斯安那,在这片新购买的土地(约相当于现今美国版图的 1/3)上,栖息着无数的野牛。对其数量的估计,从 0.1 亿到 1 亿头不等。1865 年南北战争一结束,野牛的厄运便到来。人们都猎杀野牛——军队为了断绝平原地区印第安人的食源,牧场主为了给自己的牲畜保存更多的草场,铁路公司为了得到更多的牛皮货运量,打猎爱好者为了获得更多的猎物和精神上的快感……根据估计,1872—1875 年,每年约有 200 万头野牛被杀。到 1844 年大平原上的野牛几乎绝迹。今天,整个北美大陆只有怀俄明州的黄石国家公园和加拿大的部分地区尚存少量野牛。①

　　上述几方面例证所表现的不顾后果的掠夺自然之风一直延续到 20 世纪初,与此形成鲜明对比的是美国工业和经济的大发展。19 世纪后半期,既是美国人对北美大陆自然资源的破坏性利用达到极点的时代,又是美国经济发展的"黄金时代"。在这个时期,美国从农业国转变为工业国,1894 年美国的工业生产值跃居世界首位。后来的美国人对这个时期的经济发展的评价至少有一点是共同的,即这个时期的经济发展是以毁灭自然资源为巨大代价的。

　　当一代又一代的移民和美国人夷平原始森林、滥用耕地和草原、滥杀野生动物的时候,他们心中并不感到内疚,而是感到骄傲。这种社会心态有其深刻的经济、政治和文化原因。(1)生存的需要。早期移民和美国人为了生存,必须首先征服大自然。当移民满怀对"新世界"的憧憬来到北美大陆时,他们所看到的不是伊甸园,而是广袤的、尚处于原始状态的土地。从登上北美的海岸开始,就要为维持自己的生存而奋斗。他们生存所需要的一切皆取自大自然。为了保障自身的安全,他们必须砍伐森林、制造适于居住的开阔地。尽管在很多情况下人们对自然资源的攫取大大超过了生存的需要,但生存的需要对大多数人来说仍然是促使他们征服和利用大自然的根本原因。(2)自由资本主义经济制度的推动。自由资本

---

　　①　UDALL S L. The Quiet Crisis [M]. New York: Holt, Rinehart and Winston of Canada, Ltd., 1963:62-66.

主义制度以自由竞争为最高原则,政府对经济活动采取不干涉甚至鼓励的政策。政府尚未认识到它所应当履行的保护自然资源的义务和责任。这一制度非常适合移民疯狂掠夺自然资源以获取高额利润的需要。对利润的贪婪导致北美大陆原始大自然的毁灭。(3)当时的官方政策和法律推动人们对自然资源的无情掠夺。政府的土地政策助长滥用土地之风。从 1785 年国会通过的关于西部土地的勘定和出售的法令到 1862 年的《耕地分配法》,土地政策的发展趋势是逐渐放宽对公共土地的控制。① (4)当时的公众舆论也助长毁灭性地开发自然资源的行为。早期移民和美国人因其对自然和印第安人的强烈进取精神而得到公众赞扬。那些为了获得木材、皮毛和土地而不顾一切向西推进的人被舆论称为"硬汉"和"西进领袖"。社会舆论崇尚那些产业巨头的创业精神和经营方法,却忽略了在那些经济奇迹背后的环境恶化。(5)基督教信仰的推动。信奉基督教的移民把征服荒野看作神圣、光荣的事业,看作人类文明的进步。基督教对荒野的偏见使他们把无情地征服和掠夺自然看作他们的宗教使命。(6)对自然生态规律的无知。美洲殖民者称之为荒野的地方,其实是西方文明之外的另一种文明形态,荒野是文化多样性与生物多样性的交会之处。早期移民对自然生态规律的无知使他们在剥夺自然资源时毫无顾忌。当时人们普遍认为北美大陆的自然资源是取之不尽、用之不竭的,以为上帝特别优待北美人民,"剥光就走"的经营方法就是这种无知的表现。在 20 世纪以前,生态学很不发达,生态学知识鲜为人知。人们既然没有认识自然生态系统的基本原理,当然不会有保护自然的自觉行动。这种无知和愚昧无疑是早期移民和美国人不顾后果剥夺和毁坏北美大陆自然资源的重要原因。以上各种原因形成一股强大合力,驱使美国人毁灭性地剥夺自然资源,对自然界采取极端的功利主义态度,他们把自己看作自然的主宰者,没有想到自己同时也是自然的一员,要受自然生态规律的约束。

二、对自然的赞美

1. 欧洲浪漫主义的影响

18 世纪末至 19 世纪初,欧洲兴起的浪漫主义思潮赋予自然以新的意义,以全新视角看待大自然,赞美大自然并表达对欧美工业化发展道路的不满和担忧。法国启蒙哲学家和文学家卢梭不仅用强有力的文学来讨伐和谴责工业时代的科学与工艺,而且从哲学高度来反思和检讨工业社会的科学和艺术。在他看来,"随着科学和艺术的完善,我们的灵魂受到了毁坏"。他认为自然状态(State of Nature)

---

① 吉尔－伯特·C. 菲特. 美国经济史[M]. 沈阳:辽宁人民出版社,1981:189－191.

代表着纯真(Genuine)、真实及善良(Virtuous)等人类的真正存在,自然状态中的自然人,其理智是简单的、有限的,情感是自然的,秉性是对自身生存的关切和对他人的怜悯。自然状态中所具有的仁慈、友爱、人道、宽大等同情心比在理性状态中更为完整、更为自然。① 作为浪漫主义之父,卢梭倡导"回归自然"。在他看来,自然状态能够恢复人的本性,而理性状态却使人失去了自然本性。不过,他反复申明自然状态是他为了说明事物的真实来源,为了对比现实社会和现实的人所做的"推理"和"猜测",这种状态是"现在已不复存在,过去也许从来没有存在,将来也许永远不会存在的一种状态"②。尽管如此,卢梭的"回归自然"还是触动了后代人的心弦,由他点燃的浪漫主义之火从法国开始蔓延,18、19世纪在英国、德国和美国达到高潮。

在法国,19世纪浪漫派文学继承了卢梭的浪漫主义思想,崇尚个性、情感和自由,充满了对大自然的讴歌。在英国,浪漫主义诗人以歌颂自然为主题,强调自然的活力、自然的整体性以及人与自然的共鸣,欣赏自然的壮观和原始性,赞美粗犷、荒凉的荒野,认为荒野是未开发和未破坏区域最后的保留地,是清白和纯洁的象征。如诗人华兹华斯就常通过生机盎然的诗境,赞叹大自然的神奇奥妙:"让大自然成为你的老师,大自然所带来的学问无限优美……走上前吧,带着一颗同情的心,仔细观察自然,领略大自然的无穷生命。"③他认为,自然是一个整体,"自然界里没有任何东西能够自给自足,每个物体,尽管是一个实实在在的个体,却都对另外的物体负有某种义务;反言之,其他物体又是它生存的条件"④。因此,整体自然是一个由各种依附关系组成的集合体系,是不能用机械论的模式来套用的,工业革命是对自然的破坏。在他看来,自然状态的生命不是卑贱的、野蛮的、低能的,在某些方面,它比文明更完美、更可取,因而他主张重新确认自然和人在宇宙中的地位。在德国,浪漫派诗人和自然哲学家如费希特(J. G. Fichte)、谢林(F. W. J. Schelling)、歌德、席勒等试图营造一种新的自然观念。歌德等浪漫主义哲学家关于自然的最主要观点是,自然是一个成长着的、有创造性的、尚不完美的结构,一个不断进行的生命力的苦心创造。为此,歌德要寻求一种认知方式,这种认知方式要证实自然是运动的和有生命的,同时说明它本身在其整体性上,对它每一个单独的部分都是最重要的。他认为,在有机世界里没有任何东西是不与整

---

① 罗曼·罗兰. 卢梭的生平和著作[M]. 北京:生活·读书·新知三联书店,1996:41.
② 卢梭. 论人类不平等的起源和基础[M]. 北京:商务印书馆,1962:序言.
③ 冯沪祥. 环境伦理学——中西环保哲学比较研究[M]. 台北:学生书局,1991:11-12.
④ 侯文蕙. 征服的挽歌[M]. 北京:东方出版社,1995:34.

体相联系的,每个部分都可以看成整个系统的缩影;人与自然的交流是在一种神秘的气氛中进行的,人进入自然的生命之中,把握它的内在的气息。歌德之所以提出这种自然观,是因为他相信"在人的内在品格和外在现实之间,在灵魂和世界之间,存在着一种完美的一致性"①。在机械论十分猖獗的时期,德国这一有机论传统绵延不绝,一直延续到 20 世纪,成为对工业文明进行反思的强大思想资源。

内战以前,美国没有人关心自然环境,毕竟,驯服荒野才是拓荒者生活的意义和目的。怀特海(A. N. Whitehead)曾评价说,当拓荒者进入"一片空旷的、特别适合于欧洲民族生存的大陆时",美洲便变得伟大起来。② 这话意味着,美洲是一片空旷的、毫无价值的大陆,它只是在等待着准备承载我们在其上创造的价值。洛克曾说,荒芜的美洲是片"废墟","大自然和地球所提供的东西本身几乎就是毫无价值的",欧洲人的劳动创造了 999‰的价值,只有 1‰的价值是自然所提供的。这些看法完全忽视了印第安人在这片大陆上与自然和谐相处的历史事实。在 19世纪工业化发展过程中,征服荒野是美国人的"显然天命"。尽管从 17 世纪初期到 19 世纪末期的时代主流是对自然资源的肆意开发和掠夺,但在此时仍有少数有识之士提出反时代风尚并超越时代的观点。18—19 世纪在欧洲产生并迅速传播开来的浪漫主义思潮是对启蒙运动时期的理性主义和经验主义的反动。这种浪漫主义思潮既反映了西方社会对日益尘嚣的工业化的不满和无奈,又体现了人们对人与自然关系的认识和反思。在美国,这一思潮被惠特曼(W. Whiteman)、库伯(J. F. Cooper)和超验主义者爱默生(R. W. Emerson)、梭罗(H. D. Thoreau)、麦尔维尔(H. Melville)、缪尔等人所继承,他们受浪漫主义思潮影响,提倡尊重自然、保持人与自然的和谐。美国环境史学家弗莱明(D. Fleming)最早指出,美国环境主义起源于梭罗等人的思想。③ 邓拉普说环境主义在美国出现,一是归结于美国人的独特经历,二是欧洲文化的影响。美国人从西欧借用的思想有环境保护、赞赏自然之美、独特的浪漫主义和英国田园诗歌对荒野的热爱等。④

浪漫主义的自然观传到美国,便在美国找到了继续发展的巨大空间,特别是东海岸那些爱好欧洲哲学、诗歌的知识分子,开始用这种新的眼光看待大自然。这种眼光与将荒野看作生存障碍的拓荒者的看法有很大的差异。同时,美国新生

---

① 唐纳德·沃斯特. 自然的经济体系:生态思想史[M]. 北京:商务印书馆,1999:117.

② 怀特海. 对过去的研究——它的用处及其危险[J]. 哈佛商业评论,1932 – 1933(11):436 – 444.

③ FLEMING D. Roots of the New Conservation Movement[J]. Perspectives in American History,1972(Ⅵ):7.

④ DUNLAP T. Communing with nature[J]. History Today,2002,52:3.

的爱国情感又加剧了这种感觉。独立战争后,人们不断追寻具有美国特性的东西。与欧洲相比,那广阔的土地、无边无际的荒野被认为才具有美国特色,于是荒野便成了爱国者的热爱对象。奥杜邦(J. J. Audubon)为寻找鸟类而走遍整个美国国土,并于1827—1838年将此经历编写成册,出版了《美国鸟类》一书。这一举动被认为是将对美国新疆土的向往付诸行动的典范,奥杜邦学会(Audubon Society)的名称就由此而来。另外,文学界也给予美洲的森林景观以新的评价,并在对美国未来的憧憬中酝酿出骄傲与独立,如布莱恩特(W. C. Bryant)的《森林赞歌》(1825年)以及欧文(W. Irving)的作品等。在绘画方面,哈德逊画派的科尔(T. Cole)则将美国的原始自然作为世界的最初形态、具有深刻精神的东西来加以表现。美国历史学家特纳(F. Turner)指出,不断开拓的边疆、西部广袤的自由大地孕育着美国社会所特有的多彩画面,如民主主义、个人主义等精神。因此,美国的民主乃产生于美国的自然环境。从这个意义上说,荒野乃是美国特性的源泉。在这一背景下,形成了在美国具有很大影响的新英格兰超验主义运动,其代表人物是爱默生和梭罗,尤其是梭罗的作品对荒野的浪漫主义观点产生了更大影响。

2. 新英格兰超验主义(Transcendentalism)

超验主义是1820—1860年间在美国发展起来的一个带有宗教色彩的思想运动,表面上它是当时美国东部流行的自由派基督教上帝一位论教派(Unitarianism)内部的一场改革,但是鉴于上帝一位论抛弃传统基督教的三位一体教义,推崇启蒙运动的理性原则和进步理想,以及主张每一个人都能通过经验的研究或理性的运用而发现上帝,因此,超验主义实质上是对19世纪西方理性精神的一种反叛。对于他们来说,寻找上帝既不依赖正统的教条主义,也不依赖合乎理性地实现美德,而在于一个人内心追求心灵上与神性精神的融合。该运动的中心是波士顿及附近的康科德(Concord)。① 超验主义者相信人的善(Goodness),认为荒野是解放人的精神的最好力量。与开拓新土地的清教徒信仰不同,浪漫主义认为荒野远离城市的喧嚣,荒野是天堂、是伊甸园。清教徒从荒野中看到的是威胁和撒旦的诱惑,而浪漫的人们看到的则是可贵的纯真。清教徒将城市看作人类的家园,而浪漫的人们将城市看作丧失了纯真的荒野。在超验主义者那里,自然再次获得了精神力量和中肯,科学时代和启蒙时代流行的机械宇宙观中汇入了对荒野的热爱和赞美。自然不仅仅是为了经济利益的开发而存在,而且被赋予了自己的神性,人类精神与自然之间的相互依赖必须得到尊重。所以,人类没有超过动物或植物的特权并应照此进行活动。人类是自然的产物,在自然的范围内应该实现在文明世

---

① 　KELLERT S. R. The Value of Life[M]. Island Press,1996:6,www. trascendentalists. com.

界里找不到的和谐。在库珀的小说《拓荒者》(*The Pioneers*)里,一位70岁的老人邦博一生居住在森林里,当他发现自己被限制在边疆城镇里时,他的祈求表达了他的信念:"上帝最卑微的创造物都有一些用途,我就是为了荒野而生;如果你们爱我,那就让我去我的灵魂所渴望去的地方!"

超验主义的重要代言人是爱默生,他早年为波士顿上帝一位论教会的传道人,1832年游历欧洲,会见了英国浪漫主义诗人华兹华斯等人,接触了德国唯心主义尤其是康德哲学,1833年回国后逐渐发展出他的超验主义哲学。他从康德先天直观形式的概念出发,反对洛克把所有的知识都归结于感觉经验,认为感官只能认识事物的表象,而不能告诉我们事物的本质,要认识事物之中的更高实在,必须依靠直觉的观点。人要认识上帝,需要最大限度地向精神世界开放自我,打开心灵的窗口,和上帝交流。在人和上帝的交流中,自然起着重要的中介作用。爱默生摒弃了用科学经验主义和理性分析来理解自然的主要方式,对自然的价值有不同的和更深刻的理解。他认为我们一般体验、观察到的经过科学分析的世界大多是人类文化传统的产物,这样的世界只是更为深刻的事实的表象,而真正的事实是不受人类信仰和价值观限制的,只有抓住那更深刻的或"超越的现实",我们才有可能对世界有真正的理解。要抓住这一更深刻的事实,不能只靠科学和技术分析,而得靠直觉和想象来体验自然的整体性。自然的整体性源于创造自然的普遍精神的统一性,"一片树叶、一滴水、一块水晶、一个瞬间,都同整体相连,都分有整体的完美。每一个颗粒都是一个小宇宙,都忠实地表现了世界的相似性"①。荒野是超验现实的最直接代表,是上帝最纯洁的创造。在荒野上,人们可以感觉到最高真理及精神美德。在这个意义上,荒野就代表着从文明到自然的回归。"令人生畏的宇宙本身,不是智慧,不是爱,不是美,也不是力量,而是把所有这些合而为一,且每一种都得以保全,它是万物存在的目的,是万物存在的手段。"②讴歌人与大自然的和谐,提倡人与自然保持原始的和谐关系是爱默生作品中的重要主题。他认为精神(Mind)和自然(Nature)在现实中是同一的,人类以其直觉可以感觉自然的伟大和奥秘。他认为"智慧的标志是在平凡中看到真奇",而发展人的洞察力的最简单的办法,是把人的精神或心智变成"一部风鸣琴并使其音调与自然界的风、声和韵律相协调"。他叙述了人与自然精神交流的体验:"短暂地为自然

---

① EMERSON R W. Nature, in Ralph Waldo Emerson: Essays and Lectures [M]. Washington D. C. :The Library of America,1983:29-30.

② EMERSON R W. Nature, in Ralph Waldo Emerson: Essays and Lectures [M]. Washington D. C. :The Library of America,1983:41.

所怀抱,它的生命之河的洪水包围并渗透我们的身体,诱使我们用其提供的力量以同其和谐的方式行动……森林里有永恒的青春……在森林里,我们返归理智和信仰。……万物生命之激流在我周身流动,我就是上帝的一部分。"在爱默生眼里,自然界或荒野不是神秘、恐怖和邪恶的去处,不是与人类对立的或排斥人类的,而是与人类地位同等的、和谐的存在。人类可以从自然中看到自己并为自己找到通向永恒和上帝的道路,只要人类细心体察自然的韵律并使自己的行为与自然的韵律保持和谐。在疯狂剥夺自然的时代风尚之中,爱默生的观点不同凡响,他看到了自然对人类的精神价值。

在1836年出版的被视为超验主义宣言书的《论自然》中,爱默生对自然的精神化使他和欧洲浪漫主义者一样,把自然视为对人有益的、良性的存在,诗人可以从自然中汲取灵感,忧伤的人可以在自然中得到治疗。他认为"自然绝不会有低俗的外表","世界的存在乃是要满足灵魂对美的渴望"①,因此爱默生欣赏的自然是树林、小溪、晨风、晚霞,而不是荒凉、野性,没有人类涉足的甚至对人类的生存有威胁的自然,如梭罗所见到的缅因森林。但是,爱默生因为过分精神化自然,以致把自然视为"上帝的幽灵",把自然的价值隶属于人的精神价值,所以常常视自然为一种虚幻的、非实在的东西,这是和梭罗肯定自然的思想不同的。梭罗的超验主义思想主要来自爱默生。他在1837年春天曾两次从哈佛大学图书馆借阅爱默生的《论自然》,并且深为其观点所吸引,但他们的真正交往开始于梭罗回到康科德之后。此时,爱默生搬到康科德居住,他的家成了超验主义者的聚会和讨论场所,康科德因而成为当时新英格兰的激进思想的中心。梭罗在爱默生家断断续续一直住到1843年,深受超验主义思想的熏染。梭罗没有爱默生那样系统的哲学论述,他的思想体现在他众多的自然作品和笔记中。他关于自然的基本思想是超验主义的,即认为自然之中渗透着一种宇宙精神,亦即爱默生所谓的"超灵"(Over - Soul)。② 但梭罗的自然观念还受到印度教思想和印第安人的思想的影响。梭罗在爱默生家居住期间接触了印度教以及其他东方宗教的典籍,在《瓦尔登湖》等著作中多次提及印度教的人物和思想。梭罗一生对印第安思想颇为着迷,曾多次考察康科德地区的印第安人的历史,几次缅因森林之游都请印第安人做向导,对印第安人和自然的关系很尊敬。这些因素都加强了他的超验主义思想,使得他断言:"我脚下所踩的大地并非死的、惰性的物质,它是一个身体,有着

---

① EMERSON R W. Nature, in Ralph Waldo Emerson: Essays & Lectures[M]. Washington D. C. : The Library of America,1983 :9,19.

② 梭罗. 瓦尔登湖[M]. 长春:吉林人民出版社,1997 :127.

精神,是有机的,随着精神的影响而流动。"① 梭罗被称为"田野里的浪漫主义学者",他的生态思想集中体现在传世之作《瓦尔登湖》中。② 瓦尔登湖是他家乡康科德东南的一个方圆仅 61 英亩的小湖,离镇只有 2 英里。这是一个极普通的小湖,但却与喧闹的社会保持着一定的距离。梭罗在这里生活了两年多,《瓦尔登湖》就是他对这里自然的描写。他认为,作为一个学者,应当"以自然观察自然",与大自然保持亲密的接触。生活在瓦尔登湖畔的丛林中,他直接感受到了自然界的生命与活力,由此发现了一种如上帝所操纵的内在的"神性"。这种"神性"就是"如果人们能够提高到对树桩和石头表示真正的崇拜,那就意味着人类的新生"。他的这些思想成了深层生态学倡导深层生态意识培养的一条重要途径。深层生态学家奈斯谈到唤起人的生态意识的时候指出:"这是一种越来越深刻地意识到狼、树木、岩石、河流等自然存在物的存在并与之认同的过程。"梭罗的"以自然观察自然"的思想成为此后深层生态学对现代的自然资源研究与管理模式提出批评的一种依据。

　　自然是有生命的,也是有人格的。在梭罗笔下,鸟兽是他的邻居,蚂蚁的厮打是两个帝国的交战,潜水鸟的"狂笑"透着足智多谋,枭的嚎叫是瓦尔登的方言,狐狸会唱小夜曲,"难道禽兽不是跟人类一样,也存在着一种文明吗?"就连瓦尔登湖上的冰裂,也是冰块的咳嗽声,"湖是在康科德这个地方和我同床共寝的那个大家伙,好像他在床上不耐烦,要想翻身"。瓦尔登湖是活生生的,是亲切的,当梭罗从它的水面上又看到了同样的倒影时,他几乎要问:瓦尔登,是你吗?③ 自然是自足的,它的存在并不需要人类旁观者的欣赏,大自然极其寂寞地繁茂生长着,远离着人们居住的乡镇。自然不属于人,而人却属于自然,梭罗从自然的机体构造中看到:"骨骼系统大概就是水里所沉淀的硅质,而我们的肌肉纤维火细胞组织则是更精细的泥土和有机质。人是什么? 难道不是一团溶解的黏土? 人的手指脚趾的关节只不过是凝结了的一滴,手指和脚趾从身体这团溶解的泥土中流出,流到了他们的极限。在更有利的环境之中,谁知道人的身体会扩张和流到如何的程度呢? 手掌,可不也像一张张开的一页片和叶脉的棕榈吗?"④因此,自然和人类在身体和精神方面都有着交感(Sympathy),这种思想在《瓦尔登湖》中表现得尤为明显,"难道我不该与土地息息相通吗? 我自己不也是一部分绿叶与青菜的泥土

①　NASH R. The Rights of Nature, A History of Environmental Ethics[M]. Madison:The University of Wisconsin Press,1989:37.

②　梭罗. 瓦尔登湖[M]. 长春:吉林人民出版社,1997.

③　梭罗. 瓦尔登湖[M]. 长春:吉林人民出版社,1997:182.

④　梭罗. 瓦尔登湖[M]. 长春:吉林人民出版社,1997:286.

吗?"人在与自然的交感中可以得到身心的健康,"在任何大自然的事物中,都能找出最甜蜜温柔,最天真和鼓舞人的伴侣,即使是对于愤世嫉俗的可怜人和最忧悒的人也是一样。只要生活在大自然之间而还有五官的话,便不可能有很阴郁的忧虑"。和爱默生一样,梭罗相信自然还能增进人的道德,因为自然的简朴、纯洁和美是衡量我们的道德自然的参照点,梭罗说,"湖是风景中最美、最具表情的姿容,它是大地的眼睛;望着它的人可以测出他自己的天性的深浅"①。梭罗还把自然看成医治道德罪恶的灵丹妙药,因为道德的恶是在社会中滋生出来的,所以需要自然来解毒,正如印第安人把中毒的羊埋在泥里,让自然或泥土把毒气从羊身上拔出来一样,"我们也应该时不时地挪动挪动,到田野和森林里远足,以晾晒我们的生命,饿死我们身上的罪恶"②。最重要的是,在梭罗的思想里,人和自然的亲近乃是人类的必需,因为人接近自然,就是接近"那生命的不竭之源泉"③。梭罗理解的人是一种整全的人,是肉体和精神都健康的人,这要求人有一种内心的生活即一种灵性的生活,而在梭罗看来,只有在自然之中,人的灵性才能够得到更新和提高,这是梭罗在瓦尔登湖森林的生活中最强烈的体验。"每一个早晨都是一个愉快的邀请,使得我的生活跟大自然自己同样的简单,也许我可以说,同样的纯洁无瑕,忠诚如希腊人。我起身很早,在湖中洗澡;这是个宗教意味的运动,我所做到的最好一件事。"④在梭罗看来,自然之中的生活成为一种宗教生活,对于一个真正能从自然中得到上帝的讯息的人来说,教会的讲道不但是没有必要的,而且是对上帝的违背。难怪梭罗在别人进教堂的时候却在野地里闲逛,因为梭罗的上帝在自然之中,上帝就是自然。梭罗关于自然的基本思想无疑是超验主义的,他和爱默生都强调自然的精神意义的一面。但是梭罗的自然是实在的、具体的,它不只是在精神上服务于人的手段,它本身就是自己存在的目的和理由,梭罗甚至可以说,"它们比起我们的生命来,不知道美了多少,比起我们的性格来,不知透明了多少!我们从不知道它们有什么瑕疵"⑤。与其说自然是按照人的精神被创造的,不如说人是按照自然的样子塑造的。在爱默生看来,完美的自然是和人的精神最相符的自然,而在梭罗看来,不如说最完美的人是最符合自然的人。在致力于保护自然、恢复自然的努力的同时,他也告诫城里人,自然界不是为人类利益

① 梭罗.瓦尔登湖[M].长春:吉林人民出版社,1997;130,124,175.
② 梭罗.日记.第12卷第343页,转引自 Harding W. and Meyer M. The New Thoreau Handbook[M].New York:New York University Press,1980;124.
③ 梭罗.瓦尔登湖[M].长春:吉林人民出版社,1997;126.
④ 梭罗.瓦尔登湖[M].长春:吉林人民出版社,1997;82-83.
⑤ 梭罗.瓦尔登湖[M].长春:吉林人民出版社,1997;189.

产生的,而是自有其自身存在的目的。他非常欣赏自然界的价值,即使有时其对人类毫无用途,也根本谈不上美妙。"最原始的正是最富有生命力的。"充实、丰富的生活只能从自然中直接得到。梭罗的行动目标与方式甚至也为当代激进环境主义者们所仿效。

浪漫主义和超验主义对环境主义产生了重要影响,可以说是美国环境主义的最早形态。在看待自然的方式上考虑的都是自然的关联性、依赖性和整体性,在人与自然的关系上都强调和谐相处。这一点在梭罗身上表现得最为明显。按照沃斯特的看法,"梭罗既是一位活跃的野外生态学家,也是在思想上大大超越了我们这个时代的基调的自然哲学家。在他的生活和作品中,我们会发现一种最重要的浪漫派对待地球的立场和感情,同时也是一种日渐复杂和成熟的生态哲学。我们会在梭罗那里发现一个卓越的、对现代生态运动的颠覆性实践主义具有精神和先导作用的来源"。事实上,浪漫主义要颠覆的并不是人的中心地位,它所反对的是"由科学所形成的既定概念;不断膨胀的资本主义价值和结构;西方宗教反自然的传统偏见"。而对这些目标的攻击,却为以后环境主义和环境运动的形成奠定了思想基础。沃斯特称浪漫主义者为"近代第一批伟大的颠覆者"①。"虽然当代环境运动本质上并非来源于浪漫主义的价值观,也不是浪漫主义运动的简单重复,但环境主义和环境运动内部也还有浪漫主义的成分。这种浪漫主义成分重点强调的是整体的生态主义而不是超验的个人主义(Transcendent Individualism),以生态系统科学为基础而不是以'粗浅的自然研究'审美学为基础;面向社会和政治变革,不满以过时的国家主义为基础的全球体制的生态学的不合理性并要求进行变革。"②因此,现代环境主义和环境运动对西方征服自然传统毫不留情的批判,对资本主义工业化道路的反思和忧虑以及对大自然的热爱,对人与自然和谐的追求等观点最早都来自浪漫主义的影响。浪漫主义的接受者只是那些生活在都市中、作为旅行者在感叹"荒野正在消失"的人,而不是那些与荒野相处的拓荒者,就此来说,现代环境主义的影响更为深远。

3. 理性主义的影响

超验主义者从自然界中看到的是自然的灵性。他们虽然热爱自然,呼吁人与自然和谐相处,但并没有对自己周围发生的环境破坏进行系统的分析,也没有看到对自然的滥用带来的巨大危机,更没有提供任何计划、任何规划来保护自然环

---

① 唐纳德·沃斯特. 自然的经济体系:生态思想史[M].北京:商务印书馆,1999:117.

② HAY P R. Main Currents in Western Environmental Thought[M]. Bloomington:Indiana University Press,2002:11.

境。这个任务留待凯特林、马什(G. P. Marsh)来完成。

1832 年,针对美国工业化进程中出现的环境问题,凯特林写了《关于美洲野牛和印第安人可能灭绝的沉思》一文,提出大自然留下的杰作永远值得我们维护和保护,人类与质朴而美丽的荒野分开越远,文明人类的心智就越想回归自然,为了人类思想的沉思就必须保护这些荒野。在他看来,预防大灾难的方法就是创建国家公园。在一封来自西部的信中,凯特林具体表达了荒野保护的 3 个重要思想:(1)自然资源取之不竭只是一个神话,美国文明如果不受限制,注定要覆盖整个大陆;(2)随着文明在大陆上的推进,后代人如果还能够找到荒野的话,一定会更加欣赏荒野的风景;(3)建议修建国家公园,使之成为伟大的政府保护政策的最终结果。现有资料显示,凯特林可能是美国历史上最早提出"国家公园"这一概念的人。但是,内战前美国的特征是领土扩张、快速的经济增长和西部移民,这些活动都受到扩张主义的土地政策,满脑子开发、获利的平民等的鼓励,没有几个美国人具有凯特林那样的远见。荒野保护观念产生的时机还不成熟。①

马什是一位外交官,与爱默生和梭罗从哲学或文学的角度看待自然不同,马什从自然的角度看待自然。1864 年,他发表了著名的《人与自然:被人类活动改变了的自然地理》,详细阐述了自己对自然尤其是对自然界的生态平衡规律的认识。他认为自然犹如一张巨大的生命之网,自然界的万物都在这张网中占据一定的位置。毁坏这张网的任何部分都可能导致整个网的毁灭。他注意到鸟类、昆虫和鱼类三者之间在数量上的相关性:鸟类制约昆虫数量的增长,而昆虫的大量死亡导致以昆虫卵为食的鱼类数量的减少。他指出,人类不论在自然界的何处都是一个扰乱性的因素。人类到哪里,哪里的自然的和谐就被扰乱。他说:"在小亚细亚、北非、希腊,甚至阿尔卑斯欧洲的许多地方,由人类行为引起的链式因果反应已把地球表面变得与月亮表面几乎一样的荒凉……地球正在迅速地变成一个不适于它的最伟大的居民栖息的地方……"在为人类的巨大工程活动如运河、水坝等惊叹的同时,他关心那些工程对地下水位、野生动物和气候的副作用。他认为人类对自然所做的目的单一的"改善"可能导致对自然的不可预见的损害。"我们绝不能因为测量某种力量的方法尚不为人知,或者甚至因为尚未发现它所引起的物质反应,而假定那种力量是无足轻重或无关紧要的。"他认为只要人类与自然合作起来修复人类所制造的损害,恢复遭受人类扰乱的自然平衡是可能的。在一个人类肆意掠夺自然的时代,马什指出人类在从事可能干扰自然秩序的活动时采取谨慎

---

①　ALLIN C W. The Politics of Wilderness Preservation[M]. Westport:Greenwood Press,1982:13 – 15.

态度的必要性和不谨慎的危险性。他的思想,虽然在当时不为人们所普遍接受,却在后来得到自然保护主义者和环境保护主义者的推崇。后来的人们称马什为"自然保护运动的源头"①。

《人与自然》是用英语写成的第一本全面探讨人类文明对环境的破坏性影响的书。马什会说21种语言,作为外交官,他研究了以往文明的历史,并写出了充满激情的文字。马什用与后来的生态学家相同的方式探讨了大自然的平衡与和谐问题,但没有对人类中心主义提出挑战,他完全赞同人类统治自然的思想,前提是这种统治是细心而有远见的。但人对自然的统治却没有做到细心而有远见——这就是他这部著作的主题。上帝把对地球的用益权赐予他,并不仅仅是为了满足他的消费需要,更不是为了满足他恣意挥霍的需要。马什预见到了20世纪的生态学观点,他警告人们说,动物与植物生命之间的内在联系问题如此复杂,以致人的智力根本不可能予以解决;我们永远也不可能知道。当我们把一粒最小的石子投入有机生命的海洋中时,我们对大自然的和谐的干扰范围究竟有多大。为了纠正人类以往对大自然的粗心行为,马什提出了一项"地球再生"计划,一项以控制对技术的使用为起点的医治地球的伟大工程。这需要发动一场伟大的政治和道德革命。马什的著作是在美国出版的第一本从伦理学角度探讨自然保护问题的书。当然,他的著作没有包含任何与大自然的权利有关的内容。在他的心目中,人的福利一直是最重要的问题。但他确实提到,人对地球的看管是一个伦理或道德问题,而不是一个单纯的经济问题。关心大自然是正确的,滥用大自然是错误的。

马什的《人与自然》因内容首次有系统地研究动物、植物、森林、河川、土地与人类文明进步的互动,所以颇具创义,后来曾由哈佛大学1965年再版,将人文与物理学、地理学相结合,但并未受到应有重视。美国文明刚刚从边疆心理中出现,浪费任何东西似乎都是自然的。就时间上的前后关系来说,由此而引起的对自然过度的、不负责任的利用是很正常的反应。因为供应似乎是没有尽头的,给予每个单位的价值是很小的。节约地使用稀有资源、让富饶的资源自己维护自己只不过是一个常识。关心土地,这在欧洲是不可避免的,但在这里,实在是不划算的。归根结底,这些殖民者总能够向新的、富饶的、更西部的土地上迁移。在300年的时间里,他们以日益加快的速度确实这么做了。美国人所居住的地区资源丰富,对土地的主要兴趣完全在于能够收获的数量和速度。在最初的沿海殖民地,农业

---

① UDALL S L. The Quiet Crisis [M]. New York: Holt, Rinehart and Winston of Canada, Ltd., 1963: 77 – 82.

生产、烟草、皮毛、鱼、木材、树脂、铁等都是最直接可获得的产品。后来，"西进运动"又说明了美国陆地的广阔以及气候和地理的多样性。于是就产生了这些资源用之不尽的思想，持续不断的开发似乎是可行的。

以梭罗、爱默生为代表的美国浪漫主义者所表现出的对荒野的热爱不同于早期美国开拓者对待自然的感情。梭罗、爱默生、凯特林这些早期的自然保护主义者比同时代人先进的原因恰恰在于他们不是典型的美国人，他们是学者，"这种身份在 19 世纪 30 年代和 19 世纪 40 年代就意味着他们与旧世界的知识氛围密切联系在一起。除了梭罗，超验主义者、文人以及其他欣赏自然的人不是那些为了生存被迫与自然做斗争的人，而是受过教育的、文雅的学者，他们拥有休闲时间和生活需要的安全。凯特林与马什也都是比较富裕的人，他们的经济地位使他们能有充足的时间，不像其他人那样要为生存奔波"①。

佩珀（D. Pepper）说浪漫主义与理性主义共同影响了美国环境的历史，前者的代表是梭罗，后者的代表是马什。② 爱默生、梭罗和马什的思想超越了时代，虽然在当时不为人们广泛接受，却为当代美国环境运动奠定了坚实的理论基础。20 世纪 60—70 年代，当美国环境主义者从历史遗产中为自己的主张寻找理论依据时，他们从马什那里找到了生态学的基本原理和法则。马什的《人与自然》在 2003 年由华盛顿大学出版社再版，被普遍认为是发起环境保护运动的经典之作。著名环境历史学家克罗农（W. Cronon）在序言中称这部不朽的著作是创建国家森林、阿迪让达克保护区的推动力，并为美国投身保护自然资源的政治运动奠定了基础。爱默生、梭罗的超验主义思想是对西方宗教、哲学传统的突破，马什则用科学理性证明人与自然密不可分。但是他们是以外人的眼光来看待当时的美国人的。当时的美国人只想在此建立新的伊甸园，所以根本顾不上考虑环境问题，加上地大物博，建立新世界的宏伟蓝图时在鼓励着他们不断前进。但毕竟有人注意到了这样发展会带来的环境问题，虽在当时不被注意，当现代环境运动兴起时，他们会从这里找到精神食粮。果然，随着美国西部的消失，美国人不得不考虑他们的发展方式了。

---

① AllIN C W. The Politics of Wilderness Preservation［M］. Westport:Greenwood Press,1982:24.

② PEPPER D. Modern Environmentalism［M］. London:Routledge,1996:219.

第二节 环境保护主义与自然保护主义

一、边疆消失与荒野意识的变化

19世纪的大部分时间里,美国拥有的大部分领土还是荒野。在独立后的一个世纪中,地大物博一直是美国占统治地位的神话。功利主义的资源保护论甚至都是多余的。1890年边疆消失后,主流意识由放任自由变为平肖的资源保护和科学管理。平肖与缪尔都认识到资源的有限性,但在保护意识上却截然不同。

在西方文化传统中,荒野总是很可怕的,对荒野的令人不快的态度在美国边疆开拓过中表现得尤其深刻。① "原始地区就是敌人。拓荒者把破坏荒野看作自己的使命。为了其风景及娱乐价值而保护荒野是拓荒者最后才考虑的事情。问题是有太多的原始荒野存在。原始土地是他们的生存障碍,因而要与之战斗。树木被彻底清除,印第安人不得不迁移,野生动物不得不消灭。自然的尊严来源于荒野能够转化为文明,而不是为了公共的快乐而保护它。"②19世纪后半期,随着美国不断城市化,关于荒野的观点也开始发生重大改变。特别是"野生自然"的概念由长期以来认定的对人类定居地的威胁而改变为一种新的、热情的浪漫主义描写,荒野的经历是值得赞美的。在美国人看来,荒野不再是一种威胁,而是一种珍贵的财富,原因是边疆正濒临消失。1890年美国人口普查的结果显示边疆已经封闭,一个曾经完全是荒野的大陆到1920年基本上已被征服,一度被认为无限丰富的荒野成为稀缺品。早期美国人曾认为边疆拓荒者是好的,而其所面临的荒野是人的对手,因而是恶的。而在新条件下,美国人认识到,没有荒野就没有能干的、崇尚个人主义的边疆人。荒野在美国获得了新价值。对荒野价值的重新评估是特纳(F. J. Turner)"边疆理论"的核心。1896年,特纳说:"由于它的荒野经历,由于它的机会自由,它形成了社会重建的原则——寻找个人自己的自由。"③这样,特纳就把荒野与美国特征中"好"的一方面联系起来,并对它的不断消失表示沮丧。

---

① HANNIGAN J A. Environmental Sociology,a Social Constructionist perspective [M]. London: Rountledge,1995:110.

② NASH R. The value of wilderness[J]. Environmental Review,1977(1):15 – 16.

③ TURNER F J. The Problem of the West[J]. Atlantic Monthly 78,1896(September):293.

　　随着工业化、城市化的实现，以及经济扩张带来的垄断，工业资本主义也逐渐失去了其迷人魅力。在美国东部，自然景观随着城市发展的进程而迅速消失。反过来，城市的扩展似乎又产生了过多的噪声、污染、拥挤和社会问题。在这种情况下，未损坏的自然环境就具有特别意义，即城市生活的压力在城市中产阶级之间产生了一种怀旧心情，他们希望享受乡村生活和户外生活。美国人第一次感受到工业化也带来一些罪恶，他们开始欣赏荒野，反对进步带来的后果——工业化和城市化。伍兹（R. A. Woods）把波士顿的贫民窟称作"城市荒野"，辛克莱（U. Sinclair）描写芝加哥畜牧围栏的书叫作《丛林》。斯蒂芬斯（L. Steffens）对城市腐败和政党控制的揭露广为流传。工业文明在美国人心中已经失去了部分光环，美国人发现所有闪光的并不都是金子。他们把刚刚经过的所谓工业资本主义的黄金时代称为"镀金时代"，以前的"工业首领"成为"强盗式资本家"。荒野不再是最大的自然威胁。经济增长带来了财富，大多数美国人生活水平的提高意味着更多的休闲时间和对生活必需品关注的降低。增长也意味着专业化和劳动分工以及伴随的城市化。城市人摆脱了其前辈人所要面对的与自然力量的斗争，边疆离他们越来越远。随着工业和城市革命的全速进行，荒野已经从无限丰富变为稀缺资源，而大多数美国人发现他们拥有明显的经济安全和自由时间。对他们来说，荒野现在是与休闲相联系而不是与生存相联系。他们与梭罗、凯特林一样也对美国荒野产生了欣赏意识，也开始意识到美国的经济增长是以荒野的破坏为代价的。

　　收复已经失去的荒野的行动以"童子军"运动的成功最为明显，此外还有罗斯福总统所提倡的"艰苦奋斗的生活"的流行、狩猎运动的发展、城市公园和树林区的修建，还有一系列文学作品如杰克·伦敦（J. London）的《荒野的呼唤》（1903）、巴罗夫斯（E. R. Burroughs）的《猿猴泰山》（1914）等。还出现纳什所说的"荒野崇拜"（Wilderness Cult）：夏天野营、荒野小说、乡村俱乐部、野生生物拍照、度假牧场、风景公园等。在这一过程中，原来令人讨厌的原始自然被赋予了神圣的价值。"荒野崇拜"首先出现一种把荒野与美国边疆、拓荒者联系起来的趋向，而这些是与美国独特性格的形成密不可分的。荒野还是力量、坚韧、野性的源泉，这些都是达尔文主义所定义的健康品性。最后，越来越多的美国人赋予荒野以美学和道德价值，强调荒野为人们提供了沉思和崇拜的机会。① 就像亚当斯（C. Adams）在《美国自然主义者指南》（*Naturalist's Guide to the Americas'*）（1926）中所说，以前荒野就像森林一样，曾经是我们文明的一大障碍，现在，它必须保留下来，因为我

---

① NASH R. Wilderness and the American Mind [M]. New Haven：Yale University Press，1967：145.

们的社会不能没有它。①

二、环境保护主义（Conservationism）

自从 1776 年美国宣布独立以来,直到罗斯福时代,美国人才第一次听到来自政府的关于环境保护问题的警告。罗斯福总统的环境保护政策受到他的下属平肖的巨大影响,平肖实际上是罗斯福自然资源政策的设计者,罗斯福设立内陆水道委员会、举行关于自然资源保护的白宫会议等,皆为平肖提议并协助筹划。

平肖是美国林业和资源保护的先驱,环境保护主义的代表人物。他出身富家,1889 年毕业于耶鲁大学,后去法国南锡国立林业学校以及瑞士、德国、奥地利等国专攻林学。回国后,极力推广欧洲的科学管理经验。1896 年任国家林业调查委员会委员,1897 年成为内政部林业执法官,1898—1910 年在麦金利(W. Mckinley)、罗斯福、塔夫脱(W. H. Talf)3 任总统执政中任农业部林业局局长。他与 T. 罗斯福总统的关系密切,是最受信任的科学顾问。他捐献出自己的家产,在耶鲁大学建立了平肖林学研究院。平肖是一个国家利益至上主义者,他把自己的一生都贡献给了他的国家。在任国家林业局局长的 12 年里,他最关心的是如何使林业保持最大产出,以便更好地为国家经济服务。针对当时美国西部森林、牧场和荒野遭到迅速的毁灭性破坏,他提出了将自然资源收归国有的主张。他认为,只有将自然资源控制在政府手中,而不是分给个人所有,并且加强政府的管理,才能防止私人滥用。他要求对国家自然资源进行科学的管理和规划,目的在于有效地开发利用自然资源。作为一名林学专家,他对森林的了解就像美国农场主对土地的了解一样,深知森林同庄稼一样,能种植、收获,带来利润。林业局的任务就是管理好森林,使它们保持最大的产出,并且使这一过程能够延续不断。为此,他提出了"聪明利用,科学管理"的原则。他坚信,科学能够指导人们改造自然,使他们的方法更有效,收获更丰盛。他所提倡的环境保护主义用功利主义的原则来解释环境保护的理由,并且影响了美国的国家政策和教育体系。

1898 年平肖担任农业部林业局的总林务官,1905 年他说服国会把内政部掌管的国有林地转由农业部管辖。经过平肖的努力,国有林地面积从 0.38 亿英亩扩大到 1.72 亿英亩。这些林地构成现今美国国有林地的基本部分。平肖反对滥伐森林的行为,他主持制定了一批关于制裁过度砍伐、森林防火、森林再造和防止河流污染的管理条例。平肖为制止过去那种"剥光就走"的、不负责任的开发森林

---

① SCHMITT P J. Back to Nature:The Arcadian Myth in Urban America [M]. Baltimore,VA:The Johns Hopkins University Press,1990:174.

方式做了很大努力。他的主要贡献在于他提出的"科学林业管理"(Scientific For-
est Management)主张,这一主张为美国林业管理的科学化奠定了基础。所谓"科
学林业管理"的核心是"持续产出的林业"(Sustained – Yeild Forestry)概念,其基本
含义是森林的年度砍伐量不超过森林的年度生长(成材)量,这一概念现已成为美
国林业管理的一项基本原则。他主张资源的职业化集中管理以服务于人类持续
合理的需要,是环境保护主义的代表。林地科学管理的指导原则是公共土地要满
足公众的需要,"我们林业政策的目的不是为了它们的美丽而保护……也不是因
为它们是野生生物的庇护所……而是为了繁荣的家园"。① "林学即是森林的学
问,尤其是管理森林的艺术,它能根据需要提供服务而不至于使之变得贫瘠或被
毁掉……林学就是森林可供给人类的生产的艺术。"②

平肖提出的环境保护概念是美国首次为环境立法和政策所采纳的思想之一,
因此它也被许多人认为是美国现代环境主义的根源。然而,环境保护并不意味着
自然保护或荒野保护。环境保护目标只是为了商业目的而提出的一种口号,因此
他的管理思想明显地具有功利主义的观念,其特点是资源如果不利用就是一种浪
费,土地不利用即成为废地。因此,平肖的思想不是真正意义上的环境主义思想。

平肖的科学林业管理主张的本质是功利主义的,他信奉的是"为人类福利而
利用土地",他所关注的,是如何提高开发和利用森林的效率,减少开发和利用森
林时的浪费,他所反对的不是开发森林,而是浪费性地开发森林。他认为不被人
所利用就是一种"废物"(Waste)。与过去200多年来美国人对森林的乱砍滥伐做
法相比较,平肖的"科学林业管理"的主张和做法无疑是一个巨大的变革。这个主
张使他在美国林业史上永远占有一席重要地位。然而,他对森林的功利主义态度
使他看不到甚至不承认森林资源除了经济价值之外的其他重要价值。平肖关于
森林开发和保护的主张,典型地表现了罗斯福和他所领导的环境保护运动的功利
主义特征,平肖和罗斯福所担心的不是原始生态环境的毁灭,而是自然资源的匮
乏。对前一问题的担心直到20世纪60—70年代才被人们作为一个严重问题提
出来。

环境保护主义被广为接受与支持在很大程度上源于它公开承认环境保护是
为了大多数人的最大利益,即不可更新资源的最大限度利用和可更新资源的最大
可持续产量。根据给大多数人最大利益这一明确的功利主义目的,这些信仰清楚

① HAYS S. Conservation and the Gospel of Efficiency[M]. Cambridge:Harvard University Press,
  1959:41 – 42.

② PINCHOT G. The Training of a Forester[M]. Philaedelphia:J. B. Lippincott,1914:13.

地反映了经济分析的伦理学和哲学本质。在平肖的眼里,人类应该消灭对人有害或无用的物种,保护和发展对人有用的物种。环境保护主义者实施的各种主张,目的是让人类更好地开发利用自然。"效用信条"是资源保护教义的核心。这使它立足于工业化发展及其负效应的人类学导向下的技术化、科学化解决,而不涉及经济的无限增长是否可能以及资源以外的自然其他意义和人类物质以外的其他自然需求等问题,因而是现代环境主义中最少争论但环境思想程度最浅的一个派别。自然资源化环境保护视角的最大问题是,在"利用"导向下很难达到保护环境的目的,这种南辕北辙式的目标联姻除了体现为观念层次的矛盾,更多地表现为现实中的对立与冲突,并以保护目标的牺牲告终。西方国家 20 世纪中期后的工业污染与环境公害事件频繁发生就是例证。凯恩克罗斯(F. Cairncross)总结说:"很多人希望经济增长能够在对环境有利的情况下实现。这一点实际上永远不可能做到。大多数经济活动都涉及耗费能源和材料;反过来这又造成废物,对此,地球不得不吸收。绿色发展因此便成为一个幻想。"①我们仅从这些用于解决问题的手段和造成问题本身的原因的相同性就可以判断出,环境保护主义的实践效用必然是有限的。事实上,20 世纪 70 年代以来人类在这些方面投入最多,而地球上的生态环境并没有切实好转反而更加恶化了。

三、自然保护主义(Preservationism)

1. 缪尔与自然保护主义

荒野思想几十年来一直是美国环境运动的基本宗旨和激情,荒野和美国精神之间有着密切关系。美国人对荒野存在着矛盾情绪:在向西部移民的过程中,荒野是需要征服的令人讨厌的障碍。美国拓荒者除了功利主义的标准外,很少用其他标准来评判荒野。然而,梭罗、爱默生、欧文、库珀等人都把荒野描绘成美丽和精神灵感的源泉。在这个移民社会里,保护荒野显然是现代环境主义的灵感来源,保护荒野也是美国环境运动的首要目标。随着 19 世纪晚期美国荒野的迅速消失,缪尔成为荒野维护运动的"大主教"。②

约翰·缪尔(J. Muir),1838 年出生于苏格兰的邓巴,11 岁时全家迁到美国威斯康星波蒂奇附近的农场。他在威斯康星大学毕业后,从事机械研究。1867 年一次工伤事故后,他下定决心,以探索自然、研究自然为业。他步行 1000 多英里,从

---

① 转引自福斯特. 生态与人类自由[J]. 现代外国哲学社会科学文摘,1997(3).

② HAY P. Main Currents in Western Environmental Thought[M]. Bloomington:Indiana University Press,2002:12 – 14.

印第安纳波利斯长途跋涉到达墨西哥湾,后来他乘船到了古巴,又到了巴拿马,然后跨过连接北美和南美的巴拿马地峡,再沿着美国西海岸航行而上,于1868年3月到达美国西部的内华达山区。这里的冰川、峡谷、森林以及它们的美深深地吸引了他。他在这里留了下来,开始了他那以创建国家公园为中心的自然保护事业。

19世纪正是美国经济迅速发展的时代。人们都满心欢喜地向无限的大自然攫取财富。那时的大自然看起来似乎也是开发不尽的。人们砍伐森林、开发土地的行为既未使生态系统的平衡受到破坏,也未使人类自身的生存受到任何威胁。然而,正是在这样一个时代,缪尔发出了保护自然的声音。他的保护自然的行为,确实不是像当代人类那样,是迫于经济可持续发展的需要或迫于生存的需要。当代大多数人的环境保护是一种肤浅的环境保护,仅仅是亡羊补牢。这种被动的环境保护,永远只是在严重的环境污染发生以后所做出的补救措施。只有像缪尔这类人的环境保护才是一种深层的环境保护。这种环境保护,是力图去阻止环境破坏的发生,是着力于使大自然不遭受破坏,是绝恶于未萌。最好的环境保护,就是不要使破坏大自然的行为发生。缪尔发展的自然保护主义思想,对深层生态学产生了深刻影响。缪尔被深层生态主义者视为深层生态运动的先驱,常常称他是"美国的道家"。①

缪尔之所以能做出这种深层的环境保护行为,是由于他相信,大自然是那个人类属于其中的、由上帝创造的共同体的一部分。不仅动物,还有植物,甚至石头和水都是圣灵的显现。在常人看来,短吻鳄是一种丑陋、讨厌的有害动物,但缪尔却宁愿把这些庞大的爬行动物视为"同胞",而且"在上帝的眼中,它们是美丽的"。人只是自然共同体的一个成员,"人为什么要高估自己作为一个伟大的整体创造物的渺小部分的价值呢?"缪尔不接受那种以人类为中心的创世目的论,"大自然创造出动物和植物的目的,很可能首先是为了这些动植物本身,而不可能是为了一个存在物的幸福而创造出所有其他动植物"。"我尚未发现任何证据可以证明,任何一个动物不是为了它自己,而是为了其他动物而被创造出来的。"②尽管缪尔为了说服人们保护荒野、森林,建立国家公园而常常采取一种人类中心主义的论据,尤其在现代社会紧张与枯燥的工作心情下,他更极力主张人人必须回

① DEVALL B. ,Sessions G. Deep Ecology:Living as if Nature Mattered[M]. Salt Lake City:Peregrine Smith Books,1985.
② NASH R. The Rights of Nature,A History of Environmental Ethics[M]. Madison:The University of Wisconsin Press,1989:40.

归自然,才能重新恢复生命活力。数以千计身心疲惫、神情紧张、过度文明化的人,开始发现,爬上高山就是回到家中。他们发现荒野很有必要存在,还有山林公园以及保护区,不仅是森林与河流的泉源,更是人类生命的泉源。另外,回归大自然对缓和经济快速发展的副作用具有相当贡献。每一个人除了需要面包,也需要美学,需要地方玩耍,也需要地方祈祷,因此大自然对人类身心,不但可以治愈,也有鼓舞与激励的功能。在《我们的国家公园》一书中,缪尔更强调,"我已尽力表达荒野山林保护区和公园之优美与壮观,以及它们的用途,希望大家来重用它们,让它们深入大家的心灵深处"①。缪尔能够看出,荒野山林之美可以深入大家的心灵深处,相互融合,这就充分肯定了大自然与人们心灵能够气息相通、心心相印,这与庄子哲学"与天地并生,与万物为一"在精神上不谋而合。他提倡回归自然,正是医治文明带来的毛病的良方,也是可持续发展的观念。② 但他的观点实际上倾向于一种生态中心主义思想,而且有一种神圣的意味,他视大自然为他的教堂,即他感悟和崇拜上帝的地方,因而对他来说,保护自然无异于一场圣战。他告诉人们:走进大山就是走进家园,大自然是一种必需品。自然物到处都在诉说着上帝的爱意。他对树木和森林充满感情,对破坏它们的人的行为感到痛心疾首。他说:"任何一个白痴都会毁树。树木不会跑开,而即使它们能够跑开,它们也仍会被毁,因为只要能从它们的树皮里、树干上找出一块美元,获得一丝乐趣,它们就会遭到追逐并被猎杀。伐倒树的人没有谁再去种树,而即使他们种上树,那么新树也无法弥补失去的古老的大森林。一个人终其一生,只能在古树的原址上培育出幼苗,而被毁掉的古树却有几十个世纪的树龄。"③

缪尔认为"人与自然合则两利",所以他强调"住在加州山谷的人们与生在山中的树木,两者的福利是相连的"。其中的理由很简单:森林能保持土壤及水分,一旦树木被砍伐,山坡水土就会流失,因此可能导致山谷的水灾。缪尔在100多年前就有此远见,的确很不容易。难怪旧金山的红森林保护区专门命名为缪尔森林区(Miur Woods),由此可以看出美国有识之士在环境保护上的苦心。这些苦心与远见,都值得重视与借鉴。此外,1964年美国《荒野法案》的草创人斯蒂格纳(W. Stegner)曾指出,荒野对美国现代人来说,是美国历史开拓下的宝贵遗产。因为它特别提醒美国人民,其先民是如何建立了国家与民族,这是他认为大自然应被保护的另一重大理由。这就更超越了纯粹的经济利益,而进入了人文历史以及

---

① MIUR J. Our National Parks[M]. Boston:Houghton – Mifflin Co. ,1909:3.
② 冯沪祥. 环境伦理学——中西环保哲学比较研究[M]. 台北:学生书局,1991:11 – 12.
③ 缪尔. 我们的国家公园[M]. 长春:吉林人民出版社,1999:249 – 250.

爱国精神的领域,同样深值我们在可持续发展中借鉴。除此之外,缪尔对自然的爱,更还有一份"美的宗教"情愫,所以他盛赞约塞米蒂公园各种美景时说"在这儿,上帝总是把他的力量发挥得淋漓尽致",此中心境,肯定大地的山水之美,均在表现上帝造化神功,"上帝从未创造丑陋的山水,所有阳光照耀之处都非常亮丽优美"①。另外,缪尔对生命灵魂的神圣性也深为重视,强调"美与自然爱",只有在灵魂从恐惧、功利主义及卑鄙中醒悟时,才能看到。这些思想在西方仍然算是非常新的发展,是对西方传统观念的突破。②

缪尔哲学中的激进内容从其同代人、英国博物学家达尔文的著作中获得了必要的思想支持。通过把人放回大自然中,达尔文主义摧毁了人的自负。对地球上的生命繁衍现象所做的进化论解释,削弱了至少有 2000 年历史的二元论哲学。达尔文把亲缘的范围扩展到了所有的生命,再也没有按上帝形象创造的特殊创造物,没有"灵魂",因而也没有等级结构,没有统治,也不要指望大自然中的其他存在物的存在就是为了给一个早熟的灵长类动物提供服务。达尔文阐释他的这些思想的著作《物种起源》(1859)和《人类的起源》(1871)成为环境主义和环境伦理学的重要思想资源。1867 年,在读了达尔文的著作后,缪尔提出,在人被创造出来之前,这颗行星,我们这个美好的地球,已在天空中成功地旅行了好几次;而在人出现并宣称拥有它们之前,整个生物界都在享受其生存,然后归于尘土。他进一步推论,提出了一种哪怕是在最热情的达尔文主义者中也不会有多少人敢于提出的思想:在人类完成其在上帝创世的计划中的功能后,他们也将消失,这种消失不会给世界造成任何额外的混乱。在缪尔看来,进化论是一种谦卑的思想,它意味着,地球上的每一个存在物都拥有与其他存在物相同的生存权利,至少有为生存而斗争的权利。达尔文相信,一个社会的文明程度越高,它的道德视野就越宽广。确实,检验一个人是否真正文明的一个标准,就是他或她扩展其同情或道德的程度。在保护赫奇赫奇峡谷时,缪尔也曾使用类似的逻辑来反对那些想修建水库的人——野蛮的商业主义的赞成者。最初由缪尔所倡导的自然保护主义思想,后由利奥波德发展成一种"大地伦理学",从而使自然保护主义思想获得了一种理性的伦理依据。完全为经济目的而开发利用,在排除许多没有经济价值的成员时,会损害生态系统的稳定性和整体性。利奥波德正是按照这样的生态学原则,把整个自然视为一个整体,人只是这个大地共同体中的普通一员。这就从理论上证明了人类没有超越自然法则去支配生命的特权;相反,保护自然则成为人类应尽的道

① MIUR J. Our National Parks [M]. Boston:Houghton – Mifflin Co. ,1909:4.
② 冯沪祥. 环境伦理学——中西环保哲学比较研究[M]. 台北:学生书局,1991:13 – 14.

德义务。由此,他给出了一个对待自然的基本的伦理原则:一件事,当它有助于生命共同体的和谐、稳定和美时,就是正确的,反之,就是错误的。

2. 自然保护行动

缪尔与爱默生、梭罗和马什的不同之处,在于他不仅是一个对自然的热情讴歌者,而且是一位保护自然的坚定实践者。1892 年,缪尔与志同道合者成立了著名的民间自然保护组织塞拉俱乐部(Sierra Club),宗旨是"探索、享受并帮助进入太平洋延沿岸的山区""争取人民和政府的支持以保存塞拉内华达山脉的森林和其他特色"①。该俱乐部在 1895 年为建立和保护约塞米蒂国家公园开展了长达10 年的斗争。

自然保护主义在美国内战前只是浪漫主义者和超验主义者心目中的一种思想,而约塞米蒂的转让是其第一次得到正式实施。约塞米蒂是美国的一个原始山谷,1864 年,美国国会通过第一个重要的保护荒野法案,把约塞米蒂峡谷和蝴蝶大树林(Mariposa Big Tree Grove)让与加利福尼亚州,其前提是它们应该用于公用、休养和娱乐,且永远不能剥夺。② 同年,马什出版《人与自然》,其论述以生态学为取向,在考虑了气候、分水岭和健全的经济因素后,建议对纽约的阿迪让达克公园进行保护。几年之后,阿迪让达克、尼亚加拉瀑布、缅因湖周围的树木等都由所在的州进行保护。1868 年 3 月,缪尔到达美国西部的内华达山区,这里的冰川、峡谷、森林以及它们的美深深地吸引了他,他在这里留了下来,开始了以创建国家公园为中心的自然保护事业。1871 年,缪尔建议联邦政府采取森林保护措施。1872年,格兰特总统签署法令,建立美国第一个国家公园——黄石国家公园。1890 年,在他的大力呼吁和设计下,巨杉国家公园和约塞米蒂国家公园相继建立。以后,他又亲自参加了雷尼尔山、石化林、达峡谷等国家公园的建设。1897 年,克利夫兰总统宣布了 13 处国家森林不能进行商业性开发,但国会从商业利益出发推迟了实施。缪尔在这一年的 6 月和 8 月,相继在杂志上发表了两篇极有说服力的文章,促使公众和国会赞同了这项措施的及时实施。1901 年,他出版《我们的国家公园》一书。1907 年,一位名叫威廉·肯特的有识之士花费 45000 美元买下了旧金山北约 17 公里、邻近太平洋海岸的一片原始红杉林。当时,这片原始森林正面临着随"淘金热"而达到美国西部的拓荒者大肆砍伐的危险。肯特把这笔地产捐献

---

① NASH R. Wilderness and the American Mind [M]. New Haven: Yale University Press. 1982: 132 – 133.

② ALLIN C. W. The Politics of Wilderness Preservation [M]. Westport: Greenwood Press, 1982: 24.

给了国家,要求保护这片土地和森林。1908年罗斯福总统在宣布这片森林为国家公园时,表示希望以肯特的名字命名,但肯特坚持这个荣誉应当属于为自然保护做出卓越贡献的缪尔。政府于是正式将其命名为"缪尔森林国家公园"。后来由于加利福尼亚州工商业的发展,约塞米蒂山谷的自然价值受到损害并且对山谷内的法定国家森林保留地构成威胁。于是缪尔向联邦政府提出要求联邦政府收回对约塞米蒂山谷管理权的请求。1906年,缪尔利用陪伴罗斯福总统在约塞米蒂山谷游览和露宿的机会,说服了总统。因此,联邦政府于1906年收回了对约塞米蒂山谷的管理权,使该山谷终于成为今天的约塞米蒂国家公园的一部分。到20世纪初,通过缪尔和罗斯福总统的努力,美国已建立53个野生动物保护区、16个国家级纪念保护林、5个国家公园。自然保护主义者在进步时代取得的重要的成就是美国国家公园体系的建立。1916年,威尔逊总统签署《国家公园署法案》,把36个国家公园置于国家公园管理处管理之下,这被前任英国驻美国大使布赖斯(J. Bryce)称为"美国曾经拥有的最佳想法"。国家公园这一概念今天已经被世界上120多个国家所应用。① 自从国家公园创立来,美国的国家公园体系已经扩大到将近400所,占地8700万英亩,公园的参观人数从1908年的69000人增加到1915年的335000人。但国家公园在早期着重强调风景的纪念意义(Scenic Monumentalism)而不是生态学保护(Ecological Preservation),生态学在决策中还没有被合法地引用。当时用粗犷的美景和自然的壮丽比生态学的重要性更容易说服国会留出大片土地加以保护。荒野更多地被定义为壮观的风景而不是关于生物学的含义。最早的国家公园的地址多是风景奇观之地,多以视觉效果来选择,风景民族主义(Scenic Nationalism)比环境保护更重要。黄石公园之后还有1889年的雷尼尔山、1890年的约塞米蒂、美国加州红杉国家公园、格兰特将军国家公园、1902年的火山湖国家公园、1906年的米塞佛德和1910年的冰川国家公园。

四、环境保护主义与自然保护主义的争论

环境保护主义与自然保护主义在罗斯福时代建立联盟,共同保护美国的自然资源。缪尔在1891年支持建立第一个森林保护区,认为这与国家公园没有什么区别。美国林业协会提倡的林业持续生产理论虽然与荒野保护互不相容,缪尔还是接受了。但是,1897年平肖支持牧场主提出的在森林保护区放羊的要求,引起缪尔的反对。缪尔认为羊是荒野上的祸害,随着羊的到来,大量美丽的花朵、植

---

① SWITZER J V. Environmental Politics:Domestic and Global Dimensions[M]. New York:St. Martin Press,1998:77.

物、草地、土壤都随之消失。在为《大西洋月刊》撰写的《西部荒野公园与森林保留地》一文中,缪尔明确表示不再赞成林业管理。一旦明白国家公园和森林保护区是按照不同的目的进行管理的,缪尔就专心于国家公园的建立,不再支持森林保护区的建立。① 1908 年,双方围绕在赫奇赫奇峡谷(Hetch Hetchy Valley)修建水坝问题展开的激烈争论,成为美国环境主义发展史上的转折点。

1908 年,为满足城市供水供电需求,旧金山市提出在约塞米蒂国家公园内的赫奇赫奇峡谷修建大坝和水库的计划。平肖支持修建水库的计划,认为在赫奇赫奇峡谷修建大坝能供给上百万人的用水,这是自然资源最有效的利用。缪尔认为把自然资源当作人们的消费商品的传统是极端错误的,他提出了野生资源在精神上和美学上以及相关生命上的价值,在他看来,赫奇赫奇应当保护起来,使之免受人类行为导致的衰退和毁坏。双方争论的焦点,正如平肖在 1913 年众议院公共土地委员会举行的听证会上所指出的,是保留这个山谷的自然状态所得的好处是否大于把它用于为旧金山市造福所得的好处,平肖承认保存荒野的想法是吸引人的,但却认为在这件事上旧金山市的需要似乎更重要。他在证词中阐述了其功利主义的资源保护政策:"整个自然资源保护政策的基本原则是利用,是把每一寸土地和它的资源投入使用,使之为大多数人服务。"他认为,以一个湖泊取代该山谷的沼泽地所带来的害处同把它用作水库所带来的好处相比,是微不足道的。旧金山市前市长在听证会上说,决策的依据应当是那些聚居于旧金山海湾沿岸的儿童、男人、女人的需要,而不应当是少数热爱孤独和山区风景价值的人的需要。② 以缪尔为代表的自然保护主义者则认为,人类像需要面包一样需要自然的美。赫奇赫奇山谷是一个具有极高美学价值和精神价值的地方,它的原始美能使人感到耳目一新,获得精神和肉体的力量。它的原始性使身临其境的人深刻地感受上帝的力量和爱,它是一座"圣殿"。缪尔等人猛烈抨击当时的商业主义风尚,认为不能把每座山、每棵树都变成美元,赫奇赫奇山谷的价值无法用金钱计算,他愤怒地谴责商业主义者:"这些圣殿的破坏者、掠夺性商业主义的崇拜者,似乎全然不顾自然的尊严。他们崇拜的不是山神,而是万能的美元。"③他批评旧金山市政府宁可牺牲永恒的自然风景,而不愿牺牲手里的金钱。坚持该山谷属于约塞米蒂国家公园,它只能用于公共娱乐的目的,不能用于商业目的。缪尔及塞拉俱乐部的全

---

① ALLIN C W. The Politics of Wilderness Preservation[M]. Westport:Greenwood Press,1982:37.

② NASH R. Wilderness and the American Mind [M]. New Haven:Yale University Press. 1982: 161.

③ NASH R. Wilderness and the American Mind[M]. New Haven:Yale University Press,1982: 161.

国性抗议活动曾使联邦众议院在 1909 年搁置旧金山市的申请,但国会最终还是在 1913 年批准了旧金山市的计划。以林业局局长平肖为代表的环境保护主义者战胜了以缪尔为代表的自然保护主义者,旧金山市在约塞米蒂公园内修建水库,为该市提供水电。

美国环境史学家纳什后来分析缪尔失败的原因,一是 1913 年上台的威尔逊总统在竞选时曾得到加利福尼亚州和旧金山市的积极支持,他自然要有所回报。当时的《纽约时报》曾报道人们对威尔逊批准旧金山市的申请一事的猜疑。二是自然保护主义者对赫奇赫奇峡谷的原始性或荒野特性将遭到毁灭这一关键点没有予以充分强调,忽略了强调该峡谷的原始生态环境的价值。因此,当主张修建水库的人提出人工湖同样也是美丽景观时,自然保护主义者所强调的有关该峡谷的风景美学价值的论点就被削弱了。缪尔在保护赫奇赫奇、塞拉高地、美国西部和阿拉斯加的其他荒野地区时,都没有强调大自然的内在价值,初看起来,这似乎是奇怪的。几乎他的每篇文章都刻意描绘荒野的美及其精神性,嘲讽他所处时代那种为了“万能的金钱”而牺牲荒野的卑下的商业精神。虽然在未到加利福尼亚之前缪尔曾写下了关于兰花、响尾蛇、短吻鳄以及所有其他创造物的价值和权利的饱含热情的文字,但他后来的著作却几乎完全回避了这一问题。晚年的缪尔告诉人们,大自然对人是有价值的:休息与恢复元气,审美满足,净化心灵,以及保护山上的集水区。就算缪尔与平肖以及进步时代那些功利主义的环境保护主义者划清界限,他的保护审美的多样性的观点也同样是一种独特的人类中心主义。①
20 世纪 20 年代,由于汽车业的发展,人们能够轻松地进入国家公园去消遣。马歇尔(R. Marshall)组建新的自然保护团体“荒野学会”(Wilderness Society),继承和发展缪尔的自然保护事业。

另外,缪尔等人首先肯定自然之美,从而认定应该对自然加以保护而不能破坏,这也是从美学观点来支持环境伦理学的重要性。然而,不幸的是,在柏拉图心目中,他所认为真正的美,仍然是理性上界之美,现实的自然界因为只是上界的模仿,所以不能算是真正的美。至于美学、艺术,因为是以自然界为对象,所以更只能的“模仿中的模仿”,“比真实世界低了两层”,与终极真正之美相比,同样只能算是三等价值。因而在柏拉图的《理想国》中,他认为一些诗人与艺术家只是庸俗之徒,只会使人类灵性堕落,所以甚至要将彼等赶出“理想国”。由此看来,当然更不能期望柏拉图能从美学方面肯定自然保护工作。此所以柏拉图曾经明白地认

---

① NASH R. The Rights of Nature, A History of Environmental Ethics[M]. Madison:The University of Wisconsin Press,1989:40 - 41.

为:"这个地球上的一切岩石以及我们所居住的一切环境,均受了腐蚀,正如同在海中,一切万物均被盐水腐蚀一样,所以没有什么值得一提的植物,也很少形成完美的存在物。只有巨穴、流沙以及无数的泥土与黏土,以我们的标准来看,其中没有一丁点可以称得上为'美'之物。"从此我们充分可以看出,在柏拉图心目中,他对此世的地球是如何明显的贬抑态度。柏拉图贬抑此世自然界的价值,影响所及,使西方产生长期以来对自然界只知征服、不知保护的传统思想。① "综合而言,美学艺术看似与环境保护无关,其实很能结合相通。而此中结合的关键,即为欣赏自然之美的心灵。所以今后重要的是,不能在美学中抽离美的价值,形成价值中立的毛病;或只将艺术品看成'物品',而忽略其中精神价值,形成另一种唯物主义与价值中立的毛病。当代很多西方环境保护学家已经体认到,美学对环境保护的影响很大。"②

缪尔等人的这场抗争虽然失败了,但并不因其失败而失去其巨大意义和深远影响。赫奇赫奇山谷之争最重要的意义是它的爆发本身。假如早100年甚至50年,同样的水库工程连轻微的抗议都不会激起。这场辩论的爆发本身是一个标志,它标志美国人的自然价值观正在发生变化。缪尔等人能够发起这场运动是因为美国人的思想已经达到可以唤起的地步。"抵制旧金山市建议的力量和范围明显地证明存在一种崇拜荒野的信仰。"③另一个可以说明自然保护主义的巨大影响的事实是,旧金山市计划的倡议者和支持者也不把保存赫奇赫奇峡谷看成坏事,而把在水库和峡谷之间的选择看作在两种好事之间的选择。这种认识在当时是史无前例的。纳什指出,300多年以来,美国人总是毫不犹豫地选择"文明化"。到1913年,他们对自己的选择不再那么有把握了。由于缪尔等人的努力,爱默生、梭罗和马什的自然价值观在这场抗争中得到普及并证实了其力量。

五、本章小结

本章回顾了美国环境思想的产生,卢梭、华兹华斯等浪漫主义者对美国的环境思想产生了重要的影响,佛教和东方的泛神论也对超验主义者及一些对自然进行思索的人产生了影响,查尔斯·达尔文及其自然选择论对有关土地及其资源的问题产生了重要影响。但环境主义的产生却基本上扎根于美国,它是一个西方文

---

① 冯沪祥. 环境伦理学——中西环保哲学比较研究[M]. 台北:学生书局,1991:516-517.

② 冯沪祥. 环境伦理学——中西环保哲学比较研究[M]. 台北:学生书局,1991:580.

③ NASH R. Wilderness and the American Mind[M]. New Haven:Yale University Press. 1982:181.

明不曾触及、不曾破坏的大陆对突然发生的变化——荒野迅速退却、大机器长驱直入进入整个美洲的反应。荒野的消失激起美国知识界对人与自然关系的反思。他们发现,自然资源并不是无限的,即使在广袤的北美大陆也同样如此。因此,美国是以"荒野"保护为中心的环境主义的发源地,美国人在"荒野"中发现了爱国主义思想,这也是促使其迅速发展的重要原因之一,保护荒野的思想在环境主义中占据十分重要的地位。但是发现"荒野",找出其中的意义并加以认可,这在西方社会仅限于拓荒时期的美国,因而具有时代性和地域性。在西方传统中含有否定意义的"荒野"概念逐渐转变为积极意义的过程中,浪漫主义思想起了重要作用,而其中重要的思想并不是生活在那些地区的人们的思想,而是来自城市的知识阶层的思想,是他们从他们的视角赞美"荒野"。这里不包含开拓者们的思想,也不包括印第安人与大自然的密切关系。从这一意义上来说,这一概念不具普遍性,而是在特定的氛围中出现的。因此,美国的环境主义与环境运动不可能单纯以"荒野"概念为中心建构发展起来,而实际情况也是如此,不仅环境主义的最早提倡者是东北部的知识分子,而且早期的环境组织的成员一般都是受过良好教育的、富有的、白人、盎格鲁 - 撒克逊男性,他们喜欢打猎、钓鱼、野营等户外活动。他们的争论主要是"精英之间的争论——希望把自然环境保留在质朴的状态、把自然看作是娱乐和消遣的地方的人们之间的争论"。因此,早期环境主义没有发展成一场社会运动,工人阶级个人和少数民族一般被排斥于环境保护主义和自然保护主义组织之外。此外,被环境保护主义者和自然保护主义者视为污染、退化和肮脏的城市和工业化地区,在早期环境主义中没有受到重视。因此,环境主义没有演化成一场社会运动,直到 20 世纪 60 年代,多样性才开始参加进来,为保护环境而共同努力。

印度学者古哈(R. Guha)1989 年就指出,荒野概念虽然重要,但在其他国家特别是第三世界体系中,它与环境破坏之间没有必然性的因果关系。第三世界移植美国式的国家公园失败的例子不少。他指出,第三世界环境破坏的原因是先进国家及第三世界城市中的人们的过分消费或军事上的问题,把先进国家的环境主义者提倡的"荒野"概念引入的结果必然导致对那些急需解决的环境问题如水土流失、大气及水污染的忽视,因此拘泥于荒野概念是有害的,因为这些国家不存在美国人作为开拓地而开发的"荒野"。① 第三世界国家必须认清自己的环境问题所在,不要盲目移植发达国家的概念和做法,这也是我国在实施可持续发展战略中

---

① GUHA R. Radical Environmentalism and Wilderness Preservation:A Third World Critique[J].
Environmental Ethics ,1989 (Spring):71 - 83 .

应该注意到的问题。

　　同时,这一时期,环境主义思想只是停留在人对自然特别是对荒野的情感、信念的执着诉求上,而且是零星的思想火花,只是引起了人们对美国面临的环境问题的关注,还没有对人与自然的关系展开深层次的伦理学、哲学阐述,影响并不广泛,环境理论尚待进一步系统化。

第四章

从自然保护主义到大地伦理学

第一节　尘暴与生态学

一、尘暴及其影响

第一次世界大战结束后,美国经济迅速增长,社会发生巨大变化。尽管时间不长(1923—1928年),但却使美国人乐观起来。20世纪20年代人们只关心大众消费和城市发展,没有时间关心环境问题。这是收音机、禁酒令、强盗,尤其是汽车的时代。人们仍然认为资源取之不尽,应该继续开发利用,这样的开发利用才能鼓励公众的信心。的确,从表面上看,美国经济形势的确不错:到1929年,美国的工业总产值占整个西方世界的一半,国民收入达840亿美元,工业生产的70%在1929年时就已实现了电气化,农业机械化的程度也大大增长,美国成为世界上最富有的国家。美国人完全陶醉在这种繁荣之中。胡佛在1928年的竞选中说:"今天我们美国比以往任何国家的历史上都更接近于最后战胜贫穷。……在上帝保佑下,我们将很快地看到把贫穷从这个国家驱逐出去的那一天。"胡佛上台后,表面上稳定的形势下却危机四伏。20世纪初期一度受到控制的垄断资本更加集中,生产过剩,股票投机猖獗,终于1929年10月,纽约股票暴跌,整个国家经济陷入瘫痪状态。国内生产总值在3年内下降25%,华尔街商人自杀。1931年,纽约州长罗斯福(F. D. Roosevelt)建立了美国第一个救济组织。农村的情况更为糟糕,1/3的农场主因丧失抵押品赎回权而失去土地,在因连续干旱而出现的席卷从勘萨斯到俄克拉何马的尘暴中被迫离开家园,成为来自尘暴地区的"俄克拉何马州农夫移民"。1933年罗斯福上台时,全国失业人数已达1700万人,平均工资减少了35%~40%,全国上下一片萧条。就在罗斯福刚刚实施"新政"100天之后,国家经济稍有转机之时,1934年春天,一阵从中部平原刮来的狂风,带着2200万吨尘土,吹到了东部,落到了白宫的房顶上,甚至落到停泊在海中的轮船上,就像黑幕降落在城市。这是气象学所称的尘暴。这种带着尘土而来的暴风,对中部平原地区的人们已屡见不鲜。在 1932、1913 年,甚至上溯到 1894 年和 1886 年,他们那儿都曾发生过沙尘暴,但都局限于本地,没有一次像 20 世纪 30 年代的那么严重,涉及那么多地区。暴风把尘土吹得到处都是,盖住了庄稼,吹走了篱笆,钻进了门缝,甚至混进了做面包的面团里。更严重的是,在沙尘暴之后,接踵而来的便是旱灾。干旱一直持续到 1940 年,其范围向东发展到阿拉格尼山一带。庄稼严重歉收,在这期间,最好的年成也只有过去平均的 1/3。到 1935 年,美国这个号称"世界的面包篮"的国家,也不得不从国外进口粮食了。① 更具悲剧气氛的是伴随着飞扬的尘土而来的俄克拉何马州人的大逃亡。实际上,不仅仅是俄克拉何马人,还有堪萨斯、得克萨斯以及更东一点地区的人们,携带家人向加利福尼亚进发。沿着南部平原的公路,在1935—1939 年间,每月都有大约 6000 人逃往加利福尼亚,总数达 30 万人。这些难民从表面上看,确实是由于沙尘暴和旱灾,或者像斯坦贝克在《愤怒的葡萄》中所描写的那样,被银行家和大土地所有者趁天灾之机赶出了家园。

20 世纪 30 年代掠过整个南部大平原的尘暴,确实创造了这个大陆整个白人历史上最严重的环境灾难。在其他的例子中还没有一个对美国土地的破坏比其更大或更具持续性的,能造成如此巨大悲剧的更是没有。甚至大萧条在经济上的破坏性依然没有它严重。从生态的角度看,在美国发展的历史上,甚至在污染严重的今天,都没有能与它可比较的。这足以得出这样的结论:在 20 世纪 30 年代的这 10 年里,大平原的尘暴是一场真正的灾难。在这场黑暗的岁月里,一个民族的精神经受了彻底和严峻的考验。通过这次考验,大平原的人们给人的印象是极其深刻的,他们都承受了近几代人所不曾必须面临的那样的沮丧。然而同样重要的是,这种灾难对一个社会的思考能力提出了挑战——要求它去分析和解释不幸的原因,并从中吸取教训。② 20 世纪 30 年代生态学的发展为人们的思索提供了理论工具。

二、生态学的出现

在自然科学的发展过程中,生态学的产生对生态伦理学理论的提出影响十分

---

① WORSTER D. Nature's Economy: A History of Ecological Ideas[M]. Cambridge: Cambridge University Press, 1977:222.

② 唐纳德·沃斯特. 尘暴:20 世纪 30 年代美国南部大平原[M]. 北京:生活·读书·新知三联书店,2003:23 - 24.

突出。生态学这一概念最初是由德国生物学家赫克尔(E. Haeckel)在 1866 年提出来的,他将其界定为"讨论动物与外界环境关系的学问"。生态学的问世意味着专门研究生态问题的学科开始逐渐形成。沃斯特注意到,生态学这一术语虽然直到 19 世纪后半叶才出现,几乎在百年之后家喻户晓,而生态学思想远比其名称历史悠久。赫克尔提出生态学(Oecologie)这一概念,他将两个希腊词——Oikos,意思是"家用的"或"家",以及 logos,意思是"研究"——组成 ecology,即研究生物体在它们的家或环境中的科学,意指"有机体与其周围环境的相互关系的科学"。生态学(Ecology)的现代拼写形式是 19 世纪 90 年代随着欧洲的植物学家的第一批专业生态学文献的出版而出现的。那时,生态学指的是研究任何一种有机体彼此之间以及其与整体环境之间如何相互影响的学问。从一开始,生态学关注的就是共同体(Community)、生态系统和整体。生态学的问世意味着专门研究生态问题的学科开始逐渐形成。丹麦植物地理学家瓦明(E. Warming)1895 年出版《植物生态学》(Plantsomfund),提出自然环境中的植物和动物形成一个相互连接、相互交织的共同体,其中一个端点的变化会给其他端点的变化带来深远影响。这是生态学观点的中心思想。① 但这个词在提出后却一直没有被使用,甚至在有关生物学的著作上也没有使用过。而过去在描述自然现象时经常使用"自然历史学"(Natural history)的概念。②

在生态学的发展过程中,一些重要的理论突破使得生态学的理论形态不断发生着新的转变。最早指导生态学的模型之一是有机模型(Organic Model),以有机模型的观点,个体物种依赖环境就像器官依赖躯体一样。正如生物体发展几个阶段到达成熟,生态学的家族也经历成长、发展、成熟几个阶段。根据一般的发展程度,生态环境被描述为健康的、有病的、年轻的、成熟的等。这样,这个模型用有机体及其发展或成熟的变化属性的方式来解释部分与整体的关系。这个模型给许多环境政策和伦理结论提供了诱人的基础。由于自然界进化了数百万年才形成正常的自然的发展过程,我们在干涉它时至少应当谨慎从事。用亚里士多德传统的推理方式,我们会说生态系统有其自然的目的,因而我们可以用科学目的论的方式说对这个系统怎样才算是好的或恰当的。应用这一有机模型做指导,某些环境主义者从生态学的客观事实出发得到政策和伦理结论。就像我们谈论个体生物的健康和利益那样,我们也可以谈论生态系统的健康和利益。这一模型在 19

① WORSTER D. Nature's Economy:A History of Ecological Ideas [M]. Cambridge:Cambridge University Press,1977:199.
② HHINCKLEY A. D. 应用生态学[M]. 台北:台湾科技图书股份有限公司,1984:3.

世纪后期美国生态学家考科斯（H. Cox）和克莱门茨（F. Clements）的著作中看到。这些科学家集中研究一个特定地理区域内植物繁衍的过程。芝加哥大学的考科斯研究了密歇根湖边沙丘的植物繁衍过程。他发现，当一个植物物种从湖滨离开之后，它的位置就被其他物种以一特定的具体的过程所取代。这样，生态学家就可以在任何沿湖滨特定的区域描述植物繁衍的规律或自然结果。克莱门茨在西部平原和草地上进行了类似的研究。他注意到发生在某一特定区域的生物学变化的动力学过程，认识到随着时间的推移，各种物种会进入一个区域，而后逐渐繁荣茂盛，最后走向衰退和消失。但克莱门茨认为这种植物的繁殖不是随机的，他相信对任何地区及相应的气候，植物会朝向一个稳安的相对持久的方向繁衍，他称之为"顶级群落"。这样，对任何一个特定区域，生态学家可以确定该区域最大的顶级群落，这个群落本身可看作超级有机体，它赋予该区域以目的。

在有机模型中，生态学家就像外科医生一样，要研究解剖学及外科学，以确定躯体一般的恰当的功能。生态学家研究栖息地，研究那里的温度变化、降雨、土壤等情况，以确定该区域的正常和恰当的功能。而后，生态学家可以分析问题并为保证健康和平衡的有机体而开出处方。根据有机模型，生态系统总是争取达到一种自然的平衡，一个稳定而统一的和谐平衡。环境主义者希望避免毁坏荒野，而有机模型对此是有帮助的。它给出了看上去是科学的基础，可以用来确定和分析问题并为环境问题的解决提供建议。这种建议一般就是反对人为干预并拥护自然保护主义者的政策，这并不奇怪。

到 20 世纪初，有机模型让位于群落模型。生态学家开始认识到，有机模型在科学和哲学基础上都是有错误的。自然生物群落并不总是发展成为一些或一个有机整体。生态学家开始看到物种之间、植物和动物之间、生物和非生物元素之间的联系比有机模型所说的要复杂得多也易变得多。克莱门茨和考科斯所观察到的统一性和稳定性在某区域和短时间内可能是对的，但对别的区域或长的时间就不见得对了。有机模型还倾向于简单地把栖息地的非生物元素看作超级生物生长生活的地方或被动的环境。事实上，评论强调这个非生物的环境在生态过程中起更积极的作用。20 世纪 30 年代中叶，英国生态学家坦斯利（A. Tansley）就在主流生态学思想中提到取代有机模型的概念。1935 年，他正式提出"生态系统"这一概念，认为有机体不能与其所处的环境分离，而必须与其所处的环境形成一个自然生态系统才会引起人们的重视。根据生态系统这一概念，自然界的大大小小的自然实体都是一个个的生态系统，它们都按一定的规律进行能量流动、物质循环和信息传递。"对我来说，似乎更重要的概念是整体系统（在物理意义上），不仅包括复杂的生物，还包括我们称之为生态群落（Biome）的环境的物理因素——

野生意义上的栖息地因素。在生态学家看来,如此组织的系统才是地球上自然界的基本单元。我们称之为生态系统的姿态种类繁多、大小不一。它们构成一类宇宙间多种多样的物理系统,这样的系统大到宇宙这个大整体,小到一个原子这样的小整体。"①生态系统理论的提出深化了人们对自然规律的认识,也拓展了人类对社会生活的认识。

生态学的出现给人们理解人与环境的问题带来了一些新的思路。第一,在生态学的发展过程中,科学的整体有机主义的思想开始确立起来,人们开始清晰地认识到,大自然是一个共同体,适合于它的只能是共生主义而不是任何形式的利己主义。生态学的发展逐渐摆脱了以生物为主体,以个体、种群、群落为重心,局限于纯自然科学的范畴,而逐渐走向以人类为主体,以生态系统为重心,并致力于自然科学与社会科学的相互渗透、交叉和融合,以探讨、研究当代人类面临的重大问题为己任的方向。第二,生态学成为一个重要的理论生长点,它为孕育和培养其他相关学科提供了较为丰富的营养,同时也发展出了许多应用性学科。第三,生态学所揭示的科学规律成为人们对待大自然的行为基础,特别是生态学所反复强调的扩展共同体的观点更是被直接移植到生态伦理学的体系中。

三、尘暴的生态学解释

在美国,1915 年就出现了"美国生态学会"这样的组织,但直到 20 世纪 30 年代,生态学研究才真正发展起来。生态学思想方面逐渐形成了美国学派,其代表人物是芝加哥大学的亨利·考科斯和内布拉斯加大学的克莱门茨。他们提出了20 世纪生物学的独特分支——动态植物生态学和生态系统生态学。克莱门茨提出了"顶极群落"概念,它与其自然环境保持平衡,一旦形成,潜在的植物入侵者就很难与已有的物种在这种顶极群落中成功地竞争,然而,一些外来环境因素如森林火灾、砍伐、侵蚀则可能破坏或毁坏群落并使演替重新开始。

克莱门茨 16 岁进入内布拉斯加大学学习,1900 年已是那里的先生,后在明尼苏达大学任教。10 年后在华盛顿的卡内基研究所工作,直到 1941 年退休。在这40 年,没有一个人能像他那样对生态学思想产生了那样重大的影响。英国著名生态学家坦斯利说克莱门茨是"迄今最伟大的近代植物科学的独一无二的创始

---

① TANSLEY A. The Use and Abuse of Vegetational Concepts and Terms[J]. Ecologist,1935,16:284 – 307;Quoted in Golley F. A History of the Ecosystem Concept in Ecology[M]. New Haven,Conn:Yale University Press,1993:8.

者"①。按照克莱门茨的自然模式,地球上的每个区域都必然要经历一系列的植被变化,即一个"生态演替"过程。任何地区的植物都要从一种幼小的不稳定的最早阶段发展到一种比较复杂的趋于平衡的状态,即"顶极"(Climax),形成"顶极群落"(Climax Community)。克莱门茨认为,这个顶极状态是气候的产物,是由降雨、气流以及温度所决定的。根据这个理论,大平原的顶极植被便是广阔无垠的原始草原,只有这种草原才有能力经受这个地区的周期性干旱和终年稀少的降雨。在克莱门茨看来,这种草原的顶级状态已经历了漫长的岁月,差不多可以追溯到落基山生成的年代。在大草原的这个顶极群落里,还包括麋鹿、响尾蛇、犬鼠、草地鹨、蚱蜢、郊狼、长腿长耳兔、沙丘鹤以及北美野牛。4 万年前,印第安人从亚洲迁来,野牛成了他们的主要生活来源。在这片广阔的草原上,各个物种,包括人类在内,彼此有着一种稳定的生态联系。但是到了 19 世纪,这个独特的顶极群落被打乱了——不是被气候,而是被白人,只用了几十年的时间,白人消灭了几乎所有的野牛,也使印第安人濒临灭绝。白人用犁把草掘了出来,使草原变成了农田。尽管克莱门茨没有直接说明,但他的结论很明显:白人并不是大草原顶极群落的一部分,他们是外来者,是破坏者和剥削者。

在他和他以前的生态学中,人类是不包括在内的。虽然有个别早期的生态学家已经意识到人类和动物一样,是处于生态群落之中的。克莱门茨也同意这个观点,至少认为大平原上的印第安人就是如此。但是白人是另外一回事,他们并不真正属于这个群落,他们是"文明人",自成一个群落,并有着他们自己的演变发展过程。按照边疆史学家特纳的看法,在美国中西部的白人所经历的过程,是捕兽者—猎人—拓荒者—农场主—城里人。这是一个社会变迁的过程,在它进入都市化后便达到了它的顶极状态。这是一个与克莱门茨的生物群落相排斥的社会群落,而且发展极快,在几十年里就达到了顶极,并且是通过摧毁另一个顶极群落——草原群落而得到的。不过,这个白人社会群落的稳定,也随着草原群落的破坏而破坏了——20 世纪 30 年代的沙尘暴是生态上的灾难,也是社会灾难。这时,克莱门茨和其他生态学家再也不能把人排斥在他们的研究之外了。显然,沙尘暴的发生绝不能只看作一种自然灾害。根据生态学的分析,大草原的植被草被连根掘掉之后,表层的土壤便失去了固着物,任何风吹或水的冲刷都能招致土壤流失。大平原植被的破坏完全是人为的。

从 19 世纪 80 年代开始,每年都有大批移民涌进平原。到 1890 年,堪萨斯西

---

① WORSTER D. Nature's Economy:A History of Ecological Ideas[M]. Cambridge:Cambridge U-niversity Press,1977:209.

部人口已达 5 万,差不多是 10 年前的 5 倍。这些移民绝大部分都分得了一份宅地,并利用犁征服草根盘结的土壤,有时在 1 英亩土地上翻掉的草根板块就有 4 吨。在这 10 年间,风调雨顺,有很好的收成。但到了 1894—1895 年,连续 2 年的旱灾使成千上万的宅地农民破产。许多农民抛弃了土地奔往他乡。有些地区,近 90% 的农场都被废弃了。实际上,按照某些科学家和历史学家的分析,这个早期的旱灾并未严重到要人们抛弃家园的程度,但是,从历史上就遗留下来的迁移习惯,使美国农民并没有把土地当作自己的家。到 1900 年,大平原的降雨量又多起来,而且在整个第一次世界大战期间都很丰富,加上政府的鼓励:"为美国生产更多的小麦"以支援战争,大平原的农业重又繁荣起来。不过,这个时期与 19 世纪 80 年代不同的是,在大平原农业中占主导地位的已经不是那种小型的宅地农场,而是大机器生产了。到 1925 年,则全部为商品化的农场。农田开垦面积成倍增加,产量大幅度增长。1879 年,农田面积为 1200 万英亩,1899 年为 5400 万英亩,1919 年为 8800 万英亩,并由于过度放牧而受到破坏。农场主们不断地扩大再生产,从中获得巨大利润。堪萨斯州的"小麦皇后"爱达·沃特金斯(A. Watkins)拥有 2000 英亩土地,1926 年从小麦中获利 76000 美元,比当时的柯立芝(J. C. Coolidge)总统的年薪还高。获利更大的是那些工厂式生产的农场,他们采用福特的集约式生产,给现代农业的商品化树立了样板。但是,正如马克思在《资本论》中所说:"资本主义农业的任何进步,都不仅是掠夺劳动者的技巧的进步,而且是掠夺土地的技巧的进步。"①大农场主们在从土地上获取利润的同时,从不考虑去维持和保护土壤。1936 年联邦政府任命的"大平原委员会"(Great Plains Committee)在报告中指出:"一种强烈的投机心理……一直是大平原开发中的主要动力之一。大多数居民大概都是想为他们自己建立家园,但是很多人的目的是投机取利。这是由公共土地政策所推动起来的。这个土地政策在居民点不断扩大的情况下,几乎不曾考虑到这个地区的长期的稳定性。"②实际上,正是资本主义的掠夺性的经营方式,造成了大平原生态系统的破坏。马克思指出,美国"西部的大草原还有这样的好处:它们简直不需要任何开垦的费用,因为它们天然就是可以耕种的土地。……这里起决定作用的,不是土地的质,而是土地的量"③。对于美国的大农场主来说,利用机械扩大土地的耕种面积,就意味着增加更多的利

---

① 马克思恩格斯全集:第 23 卷[M]. 北京:人民出版社,1979:552.
② WORSTER D. Nature's Economy: A History of Ecological Ideas[M]. Cambridge: Cambridge University Press,1977:229.
③ 马克思恩格斯全集:第 25 卷[M]. 北京:人民出版社,1979:756.

润,毫无吝啬地榨取地利,是他们获利的主要手段。早在 200 年前马克思就指出:"大工业和按工业方式经营的大农业一起发挥作用。如果说它们原来的区别在于,前者更多地滥用和破坏劳动力,即人类的自然力,而后者更直接地滥用和破坏土地的自然力,那么,在以后的发展过程中,二者会携手并进,因为农村的产业制度使劳动者精力衰竭,而工业和商业则为农业提供各种手段,使土地日益贫瘠。"①1936 年,大平原委员会的报告指出:"沙尘暴完全是一种人为的灾害,是由于人们输入了一种大草原不能适应的农业系统而造成的。"灾难的根源还不仅仅是忽视了自然科学,更重要的在于美国人的价值观:自然是可以利用和开发的某种东西,自然可以根据人的需要而随意地被改变。报告要求美国农民从灾害中吸取教训,学会去适应自然的规律,而不是和它作对。这个报告的基本观点是对的。同时,西尔斯(P. Sears)在《沙漠在进军》中警告说,过度的开垦及过度的放牧已使大平原的荒地不断扩大,而且威胁着文明本身。"白人在几个世纪,大部分是在一个世纪内,就把大自然曾经进行了上千年的缓慢劳动颠倒过来。这样,长时间受到阻拦和抑制的荒漠突破了它们的束缚。内地荒漠周围的绿化带被迫一步步地退让,而荒漠本身则完全在听任其扩大⋯⋯如果人毁掉了自然所要求的平衡与均势,他必然要自食其果。"②

四、尘暴的影响

20 世纪 30 年代的尘暴的根本影响在于,美国作为一个整体,而不仅仅是大平原,已经在其自然环境上严重地失却了平衡。尘暴地区的悲剧使他们注意到了生态学。他们发现,生态学也同样强调要承认经济扩张的极限性,在生态学的主张中,极限是自然中所固有的那些因素——大地及其生命网络供养人类的能力。文明要抵制自然的报复需要生态学家提出建议,因为只有他们能生成对环境平衡的了解。克莱门茨是首先提出他称之为土地管理中的"生态学合成"(Ecological Synthesis)主张的人士之一。农场主、牧场主、林学家完全不理解他们在一个地方的行动可能会在自然界的整个表面引起波动。克莱门茨认为,由于尘暴的降临,大平原上比以往任何时候都需要更多的科学的领导。西尔斯赞成这一说法,并建议每个县都聘请生态学家做常设的土地顾问。他注意到,在英国,这样的科学家在帝国开发其未开发资源时被咨询。相反,在美国,尽管它的生态学家站在其学

---

① 马克思恩格斯全集:第 25 卷[M]. 北京:人民出版社,1979:917.

② WORSTER D. Nature's Economy:A History of Ecological Ideas[M]. Cambridge:Cambridge University Press,1977:233.

科领域的最前沿,但迄今还没有让他们的才华得到多大的施展。北达科他州的一个农学院院长沃尔斯特(H. L. Walster)曾经从生产力的角度提出了一个其同辈非常了解的生态保护主张:"我们对待大平原生产上的一些基本问题的态度,自拓殖伊始,就一直是一种相当盲目的对机器的信赖,而极少或者没有对生态科学的信任。对早先的'雨水随犁而来'及后来的'我们会因某种新农具而得救'的错误观念的盲从,就都说明了这一点。改进了的农具是很有用的,但并不是一个完全的解决办法。对大平原的各种问题的解答有赖于一种更为全面的生态学途径。必须有更多的人懂得人类生态学、植物生态学以及动物生态学。当我们了解了大平原上的'ekos',即那里的人民、植物和动物周围的环境时,我们就能理智地处理大平原上的各种问题了。"在这些拥护者看来,这门新兴的科学应该首先是一位自然规律方面的导师,第二则要成为人的仆人,向他表明如何开发土地而不破坏它,如何在必要的情况下创造一种新的制约与平衡系统。

但是,在当时1000个农场主中,大约没有一个能知道克莱门茨、西尔斯的名字。相反,政府官员却比较容易对专门知识产生深刻的印象,也正是他们使生态学家逐渐得到公众的认可。例如,克莱门茨很快就在他所希望的那部分人中有了全部的听众,并在20世纪30年代成为加利福尼亚州圣巴巴拉的卡内基研究所的海岸实验室的副研究员。西尔斯应邀担任了一个为俄克拉何马州起草土地保护法律的委员会的主席,并使这一法律在州议会通过。不幸的是,这些生态学者一旦成为众人注目的中心,便有自行其事的倾向。他们急于教导美国人接受生态学的土地利用思想,但总体上却忽略了要达到这个目的所必须的经济变革。因此,国家最后得到的,并非一个由来自不同学科的专家为了共同目标而进行合作的资源保护项目,而是很多套各自分立的建议。富有讽刺意味的是,生态学在其意义上是那么广泛,以致有几位评论者称其为"科学的自然史"。生态学声称自己是这个日益狭窄的专业化时代的一个显著例外,其目的无非是要说明所有植物和动物在其环境中的内在联系。但是早在19世纪90年代,生态学就已开始渴望超越它的自然史渊源,并在随后的30年里得到一门现代科学的所有行头:研究生培养方案、晦涩难懂的杂志、专业学会以及主导原则。①

既然农场主对草原上的自然秩序一直是一无所知的,而生态学家正要将这种无知衍生出来的后果向日渐增多的听众演示出来,那么,当务之急就是去解释这一危害。至于如何行动,简单得不可思议。首选行动即完全恢复拓殖前的顶极状

① 唐纳德·沃斯特.尘暴:1930年代美国南部大平原[M].北京:生活·读书·新知三联书店,2003:269-274.

态,但却无法实施。现在,谁会把所有的农场主迁走,而且迁往哪儿? 甚至有谁真正知道,那个已经消失的顶极状态曾经是个什么样子? 零星的、部分的、不完全的恢复——那是可以想象的,但是,一个要覆盖大部分尘暴地区的策略,就必须设计出一种新的人造平衡,它将具备大自然曾如此辛苦地创建出来的那一平衡所具备的一切品质:如生态学家所称呼的,一种人为顶极(Anthropogenic Climax),一个由人支配和管理的稳定状态,而人自身的福利理所当然被视为它存在的理由。在这10 年中,科学家所提的各种建议,如果有人把它们组织起来的话,足以构成一个以生态原则为基础的农业项目。要将这些建议中的任何一项付诸实施,就得对专业化的工厂式农业和市场投机的发展倾向来一个 180 度的转变,把人们的要求降低到土地能承受的范围内,注意整个共同体的密切的合作和相互依赖。克莱门茨说:"生态学的思想"是一种关于"整体性,关于在巨大的有机体内各种器官和谐运转的思想"①。

　　按照那种观点,为大平原制定的生态项目,试图从自然的规律中抽出人可以遵循的一个方向,即使不是形而上学的,也明显地成为伦理性的了。种什么作物并不只意味着一个决定,按照几位科学家的说法,这里也存在着一个不仅在人的关系上,而且在人对待自然的态度上进行道德变革的问题。克莱门茨的"有机"意识模糊地概括了这一道德观点,但其他人更为充分地发展了这种思想。其中最有影响的无疑是威斯康星大学的职业生物学家利奥波德(A. Leopold),他在 1933 年发表了一篇具有划时代意义的文章——《环境保护的伦理观》(*The Conservation Ethic*)。大平原委员会对这篇文章印象特别深,在最后的报告中直接引用了一部分,其中有这样的一段话:"文明不是……对一片稳定而恒久的土地的奴役。它是人类、其他动物、植物和土壤之间一种相互依存的合作状态,它在任何时刻都可能因为其中一个的失败而遭破坏。"利奥波德建立在生态学基础上的伦理观并不完全反对老式的支配自然的理想,但它确实赋予了人一种新的责任,去尊重其他有机物的生活权利,保护自然共同体的完整合稳定,并为达到这些目的而更谨慎地约束人类的经济。事实上,一般来说,生态学家在为尘暴地区的重新建提出极有远见的建议时,并不准备仔细地考察这些建议所面临的文化障碍,而且认为没必要那么做。毫无疑问,生态科学对新政的农业保护的药方增添了许多有用的东西。但归根结底,只要生态学家认为人对土地的利用仅仅由漠不关心的理性所支配,或者那些提供了科学凭证的建议都将必然被采纳,他们就注定是无益而自欺

---

① 唐纳德·沃斯特. 尘暴:1930 年代美国南部大平原[M]. 北京:生活·读书·新知三联书店,2003:270 - 278.

欺人的。生态保护项目迄今很少在南部大平原上付诸广泛实施。专家们在呼号，而这个社会仍一如既往地在冒险行事。显然，真正要在大平原上实现生态平衡，除了科学之外还需要其他方面的社会条件。① 但是，并非所有的人都同意这种观点。大平原的农场主中，大部分仍认为沙尘暴是一种自然灾害，而且，尽管这个国家的农业已经机械化了，它的大部分人仍死抱着杰弗逊的那种信念——"农民是大自然的天然同盟者"不改。对他们来说，生态学的演替理论不过是理论性质的，最坏也只是对他们生计的一种威吓。就连一些科学家也不能接受这种具有反技术含义的生态理论。所有这些争论的焦点在于：人是否是大自然的一部分？ 这不是一个新问题，但需要人们重新来认识。

第二节　利奥波德与大地伦理

一、生态学的发展与利奥波德

人类所属的共同体并不以人为界这一观念至少已出现在缪尔等人的思想中。生态学的出现对这一观念提供了新的科学证据。梭罗的"神学生态学"的特征之一就是它以信念而非事实为基础——上帝提供了把事物联系在一起的最后的"黏合剂"。达尔文无疑为人们相信这一论断——从其起源上看，所有生命都是相互联系在一起的——提供了大量的科学证据，但他没有进一步揭示生物在当前状态下相互联系的方式。他让一位"朦胧"的上帝出场，以便解释科学尚不能解答的生命之谜。然而，生态学家却进入野外，观察作为整体的大自然，并用相互影响和相互依赖的原理来解释作为共同体的大自然的运行。1927 年，英国动物生态学家（C. Elton）首创了"食物链"一词。他的研究揭示了生物对营养物的依赖性，这种依赖性始于对太阳的依赖，进而通过植物传递给食用植物的动物，然后传递给肉食动物。埃尔顿还使用了金字塔这一比喻：拥有最短实物链的最简单的有机体数量最为庞大，作为金字塔结构的基础，也最为重要。消除食物金字塔顶层的存在物——如鹰或人——那么，生态系统一般不会被打乱。但是，去掉了食物金字塔的基层，那么食物金字塔就要崩溃。从某种意义上说，食物金字塔思想证实了大自然中较低级的存在物是为了较高级的存在物而存在的这一古老观念。但是，生

---

① 唐纳德·沃斯特. 尘暴：1930 年代美国南部大平原[M].北京：生活·读书·新知三联书店,2003：282 - 286.

态学家把这一逻辑翻转过来。事实上,作为食物链顶端的一个环节,人类的处境并不如他们自我感觉的那样良好,因为他们很脆弱。最不复杂的生命形式具有稳定整个生物群落的作用,对于生物群落的延续来说,它们是最重要的。生态学彻底地摧毁了人类的自负。20 世纪 30 年代,克莱门茨与考科斯的学生谢尔弗德(V. Shelford)共同撰写了《生物生态学》,认为克莱门茨的"顶极群落"概念中把动物排除在外,显得有点狭隘。他们用"生物群落"或"生物群落区"概念来描绘特定环境中的所有生命形式的相互联系。在生物群落中,每一物种都占据着一个"营养的合适地位",也承担着相应的角色,这些角色确定着物种对整个生物群落稳定的独特作用。英国植物生态学家坦斯利(A. G. Tansley)不同意克莱门茨用"群落"来描述特定环境内植物与动物之间的关系,因为它错误地理解了现有的社会秩序,他提出"生态系统"概念来描述自然系统内能量和营养物的交换。有机体不能与其所处的环境分离,而必须与其所处的环境形成一个自然生态系统才会引起人们的重视。根据生态系统这一概念,自然界的大大小小的自然实体都是一个个的生态系统,它们都按一定的规律进行能量流动、物质循环和信息传递。注重定量分析的生态学家如盖茨(D. Gates)、奥德姆(E. Odum)则从能量转化的角度来理解生物对营养物的依赖性。① 凯顿(W. R. Catton)称"生态系统"是现代生态学最重要、最深刻的概念,特别是坦斯利第一次"统一了我们对自然单元的理解"②。生态系统理论的提出深化了人们对自然规律的认识,也拓展了人类对社会生活的认识。他们的研究提供的证据表明,一个有机体的存在既不是为了帮助,也不是为了妨碍人类,而仅仅是扮演了由它们的生物学特征和环境的特征决定了的角色。

对这种新的生态学观点的最早应用之一是用它来理解关于肉食动物的问题。20 世纪 20 年代的环境保护运动以功利主义的态度对待自然界,把生物分为"有利"和"无利"或"有用"和"无用"两种,发展对人有用的动物,消灭一切所谓对人类有害的动物。这种做法,一方面基于保护牧民和经济利益,另一方面出于道德原因,即对郊狼等动物的痛恨。当时由政府指定的生物调查局执行这项计划,其领导人墨林(H. Merriam)是第一个从政府官员的角度提出用毒药来杀死害虫的人。这一功利主义的环境保护做法,在早期实际上是灭绝那些在食物链中与人类共享某些食物的大型肉食动物。亚当斯曾带领美国哺乳动物学家协会几十年如

---

① WORSTER D. Nature's Economy:A History of Ecological Ideas[M]. Cambridge:Cambridge University Press,1977:301.

② CATTON W. R. Jr. Foundations of human ecology[J]. Sociological Perspectives 1994,37(1).

一日地抵制下述做法：残酷地毒死、捕捉和猎杀狼、郊狼、山狮、熊、雕和草原犬鼠。他问：美国人为什么不试着寻找出与美洲大陆的本地动物共存的生活方式呢？穆莱尔（O. Murie）是一名野生生物生态学家，他公开表示不同意联邦官员的哲学，我并不因为任何动物要吃食而讨厌它们。穆莱尔的理论逻辑基于人类对动物的喜爱，它带有明显的人类中心主义色彩，但是，他的理论核心却是：肉食动物只要确实生存于北美的生态系统中，它们就拥有存在的价值。

利奥波德 1887 年出生于艾奥瓦州一个富裕家庭，他早年的打猎经历和对鸟类学的兴趣使他倾向于选择一种在户外工作的职业，于是 1909 年在耶鲁大学获得林业专业硕士学位。他接受了平肖功利主义的资源保护的观点并于 1909 年任亚利桑那州和新墨西哥州国家森林管理员。他的第一个计划就是为了帮助"好的动物"（牛和鹿）而灭绝"坏的动物"（主要是狐狸和山狮）。《猎物管理》是他前期思想的代表作。他认为，对狩猎动物的管理应当采取与森林管理和栽种庄稼同样的方法，如对鹿、鹌鹑等动物，可以像庄稼一样种植和收割。自然界是满足社会需要的资源，管理的目的是创造最大的生产力。这时他强调的是对自然利用的经济价值，因而坚持捕杀肉食动物的立场。环境保护主义运动的后果促使了利奥波德的思想变化。20 世纪 30 年代以后，生态科学的兴起给他带来了一种新的视野，他转而奉行以生态学为基础的环境保护哲学，1933 年发表《环境保护的伦理观》一文，思想发展进入第二阶段。随着思想的成熟，利奥波德吸收了生态科学的成果。他相信，"大地有机体的复杂性"是 20 世纪杰出的科学发现。他也认识到，肉食动物是环境整体的一部分，那种把物种区分为好物种与坏物种的观念是人类中心主义的和功利主义的偏见的产物。同时他对过去野生动物管理的理论和实践产生疑问，并转向从生态学的角度思考问题，认识到为了维持生态系统的正常功能，需要保护正在受到威胁的物种，特别是那些肉食动物如狼和灰熊。1949 年《沙乡年鉴》出版，其中最后一篇《大地伦理》1933 年发表于美国《林业杂志》，这是他思想的结晶，表明他已成为成熟的思想家。

为了从另一个角度把握这一观点，利奥波德选用了一个引人注目的词汇——如他 1944 年一篇论文的题目那样——《像山那样思考》。该文章描绘的是发生在 1909 年一个下午的一件事情：当时，利奥波德和他林业局的同事们正在墨西哥河岸的一个悬崖上吃饭，他们看到一只狼从河水中穿过，受到古老的伦理观念的影响，他们立即开火。利奥波德回忆说："我当时还年轻，扣动扳机的欲望很强烈，我以为，由于较少的狼意味着较多的鹿，因而，没有狼的世界是猎人的天堂。"狼倒下了，但从突出的岩石背后迅速跑过去的利奥波德却"从这头狼的眼睛里看到一道强烈的绿色光焰正在逝去"①。这道绿色光焰折磨了他 30 年,促使他意识到,对于人类所喜欢的那些猎物群体的健康来说,狼与其他肉食动物是必要的。这还是一种功利主义的观点,但是,通过把狼理解为美国西南地区的生态系统的一个合法的存在部分,利奥波德便超越了功利主义观点。狼的存在的合理性得到了生态学和伦理学的证明。渐渐地,利奥波德认识到,灭绝肉食动物的观点没有吸纳梭罗所说的"荒野视角"。在利奥波德看来,对人类中心主义的这种超越,就是要像山那样思考。

利奥波德强调美国地区"发展"的需要,以及在发展过程中"经济资源"的重要性。他所依据的都是平肖提出的观点:对于持续的繁荣来说,环境保护是必要的。平肖、罗斯福都曾使用过类似的道德语言,但他们都只把资源保护的道德问题理解为拥有资源的平等人权问题。这与环境保护运动所依据的民主理论是完全相符的。然而,利奥波德所考虑的却不仅是这些。那种认为地球是人类的物质提供者,因而值得人类给予道德关怀的观点令他不满。他思考的是,人与自然之间是否存在着一种以"地球自身是有生命的"这一观念为基础的更亲密、更深刻的关系。从这观念出发,利奥波德跃入了全新的思想领域。英国和美国的仁慈主义者明显地只关注生物,但是,应当如何看待海洋、森林、高山这类地理存在物? 它们是生物还是无生物,是有生命的还仅仅是机械性的? 仅凭直觉,利奥波德就反对"僵死的地球"这一观念。他所获得的生态学知识,已足以使他理解相互联系与相互依赖的重要性,而自然存在物之间的相互联系与相互依赖已使得对有机物与无机物之间的传统区分破绽百出。

在为他的这些观点寻求理论支持时,利奥波德发现了俄国哲学家奥斯宾斯基(P. D. Ouspensky,1878—1947)的思想。奥斯宾斯基与利奥波德几乎完全生活在同一个时代,他在 1912 年出版了《中间有机体》一书。该书的英译本 1920 年在美国出版,利奥波德于 1923 年引用了该书的观点:"大自然中没有任何事物是僵死的或机械的……生命与感觉……肯定存在于所有事物之中。""一座山、一棵树、一条河、河里的鱼、水滴、雨、植物、火,它们每个都肯定拥有自己的心灵。"奥斯宾斯基提到了"一座山的心灵",20 年后,当利奥波德提出"像山那样思考"时,他很可能是回想起了奥氏的这句话。10 年后,利奥波德才再次撰写有关环境保护运动的伦理含义的文章。福莱德(S. Flader)认为,当利奥波德再次讨论这一问题时,他是以非常不同的方式在进行写作——与其说是以哲学家和神学家的方式,不如说是以生态学家的方式。当利奥波德于 20 世纪 30 年代早期由政府部门转入学术机

---

① A. 利奥波德. 沙乡年鉴[M]. 侯文蕙,译. 长春:吉林人民出版社,1997:123.

构,并与他的朋友埃尔顿这些著名生态学家长期交往后,他的著作中吸收了食物链、能量流、小生境及生命金字塔这类新词汇。把地球上的存在物紧紧联系在一起的是食物链和能量循环,而不是神的力量或奥斯宾斯基所说的本体。但是,这些著作与他 1923 年的论文之间仍保持着惊人的连续性。利奥波德的大地伦理学的重要观念的种子都埋藏在他 1923 年的那篇论文中。他在那篇论文中已经发现,生命共同体的范围远远超出了人们对共同体这一概念的传统定义。他呼吁在人与共同体的其他组成部分以及整个大自然之间建立一种伦理关系。而且他还发现,对大自然的那种僵硬的经济学态度带来了一系列严重的生态与伦理问题。因此,对生态学的拥抱,与其说是他 1923 年思想的转向,不如说是他那时思想的发展。利奥波德从来都喜欢驰骋于科学与哲学之间,用一方来加强另一方。当科学因陷入细节的海洋而丧失宏观视角时,哲学就重新调整科学的观察"焦距"。生态学家总是与具有整体主义倾向的神学家和哲学家最为接近的科学家。

利奥波德构建其大地伦理学的第二个里程碑是 1933 年在新墨西哥州宣读的论文,论文以《环境保护的伦理观》为题发表,它的主要贡献是提出了伦理进化的思想。该文首先提到了威严的奥德赛回到希腊的家乡时绞死了许多女奴,她们被指控在他离家期间有不轨行为。但是,奥德赛是一个道德高尚的人,他并未当作杀人犯来加以谴责,原因在于奴隶只是一种财产,作为一种财产,她们处于奥德赛所属的伦理共同体之外。主人与她们的关系完全是功利性的,是一个划算不划算的问题,而不是一个正确与错误的问题。随着时间的推移,伦理的范围开始扩展了,奴隶变成了人,奴隶制也随即被废除了。但人们还没有从伦理的角度来理解人与大地,以及生长于大地之上的动植物之间的关系。大地,如同奥德赛的女奴一样,还只是一种财产。文明的进步还许可对地球的奴役。利奥波德希望,环境保护运动能够向人们传达这样一种觉醒的观念:毁灭大地是错误的,而且,这种错误的意思并不是指是否划算或在经济上是否有利,他是在"虐待他人是错误的"这一意义上来使用"错误"一词。利奥波德的独特贡献是为大地伦理学提供了一个可信的科学基础。1947 年的《大地伦理》也提到了奥德赛与其女奴的故事,但利奥波德随后却从全新的角度解释了道德的起源及其意义。他解释说,道德是对行动自由的自我限制,这种自我限制源于这一认识——个人是一个由相互依赖的部分组成的共同体的一名成员。① 因而,大地伦理要把人类的角色从大地共同体的征服者改造成为大地共同体的普通成员与公民。它不仅暗含着对每一个成员的尊重,还暗含着对这个共同体本身的尊重。隐藏在这一论断后面的是利奥波德的这

---

① 　A. 利奥波德. 沙乡年鉴[M]. 侯文蕙,译. 长春:吉林人民出版社,1997:193.

样一种认识,即尽管从某种意义上讲,人只是生物队伍中的一个普通成员,但从另一种意义上讲,他们所拥有的影响自然环境的巨大技术能力又使他们与其他成员迥然不同。随着人所掌握的技术力量越来越强大,人类文明也越来越需要用大地伦理来加以约束。大地伦理将在人类与地球之间建立一种公正的关系,因此,利奥波德不是在地球上的生命系统面临危机时去渲染世界末日即将来临的恐惧,也不是去乞求和依赖强有力的政府的干预,他力图在阐述大地的生态功能的基础上去强化人们对大地的了解,通过诠释土地上的植物和动物共同体的内涵,去激发人们对土地的尊敬和热爱。通过这些了解和热爱,人们可以自觉地树立起一种道德感,从而产生正确的行为导向,维护生物共同体的健全。

二、利奥波德的大地伦理学

大地伦理学思想浓缩在1949年他死后出版的《沙乡年鉴》中,其中《大地伦理》一文首次提出了整体主义的环境伦理观。他指出,传统伦理只是处理人与人、人与社会之间关系的伦理,而大地伦理则是处理人与大地以及人与大地上的动物和植物之间关系的伦理。《大地伦理》是生态中心主义的发轫之作,《沙乡年鉴》因此被当代环境主义者誉为"圣书"。

大地伦理是利奥波德提出的一种整体主义环境伦理观。他认为,迄今一切伦理都基于一个前提:个体是由相互依赖的部分组成的共同体的成员。"大地伦理只是拓展了共同体的疆界,使之包括土壤、水、植物和动物,总之:大地。"利奥波德接受了坦斯利等人的"生态系统"观念,把大地共同体描述成一个由太阳能流动过程中的生命和无生命物组成的"高级有机结构"或"金字塔":土壤位于底部,其上依次是植物层、昆虫层、鸟和啮齿类动物层,最顶端是各种肉食动物;物种按其食物构成分列于不同的层或营养级,上一级靠下一级提供食物和其他服务,形成复杂的食物链;结构的功能运转取决于各个不同部分的协作与竞争。利奥波德指出,这种结构是经过数百万年的进化发展起来的,而人是增加金字塔高度和复杂性的众多后来者之一。历史和生态学的证据表明,人为改变的激烈程度越小,金字塔中重新适应的可能性就越大。因此,对大地的生态学理解,要求"把人的角色从大地共同体的征服者变为共同体的普通成员和公民。这意味着对同伴的尊重,以及对共同体本身的尊重"①。由此,他提出一条规范性原则:"一件事物,当它倾向于保护生命共同体的完整、稳定和美时,就是正确的;反之,就是错误的。"②这

① A. 利奥波德. 沙乡年鉴[M]. 侯文蕙,译. 长春:吉林人民出版社,1997:194.
② A. 利奥波德. 沙乡年鉴[M]. 侯文蕙,译. 长春:吉林人民出版社,1997:213.

是整体主义环境伦理的经典表述。"这种道德,从生态学的角度来看,是对生存竞争中行动自由的限制;从哲学观点来看,则是对社会和反社会行为的鉴别。"①大地伦理学依据生态学的整体性观点,以及人类道德的进化,主张把道德对象的范围从人际关系的领域,扩展到人与自然关系的领域,这是人类道德的进步,它是一种新伦理学。

利奥波德的主要观点是:(1)扩大伦理学的边界,把伦理学的研究扩展到人与大地之间;(2)改变人在自然中的地位,人只是这个共同体的一员;(3)确立新的伦理价值尺度。为了建立新的伦理学,需要改变流行的价值哲学,用全新的价值观重建人类理性的大厦。一个孤立的以经济的个人利益为基础的保护主义体系,是绝对片面性的。它趋向于忽视,从而也就最终要灭绝很多在大地共同体中缺乏商业价值,但却是它得以运转的基础成分。我认为,它错误地设想,生物链中有经济价值的部分,将会在无经济价值的部分的情况下运转。如果以单一经济私利为目标,任意毁掉那些没有商业价值的物种和生物群落,那就恰恰毁掉了大地系统的完整性,毁掉大地维持生命的完善功能。人类必须抛弃那种合理的土地利用只是经济利用的观点,要尊重生命和自然界,既要承认它们永续生存的权利,又要承担保护大地的责任和义务。大地伦理学的基本道德原则:"当一个事物有助于保护生物共同体的和谐、稳定和美丽的时候,它就是正确的,当走向反面时,就是错误的。"

利奥波德主张大地伦理,强调应将具体的大地看成伦理对象,深具启发意义。(1)他在谈到伦理的研究对象时说,最初的伦理观念是处理人与人之间的关系的,"摩西十诫"②就是一例,后来所增添的内容则是处理个人和社会的关系的。然而,还没有一种处理个人与大地以及人与在大地上生长的动植物之间关系的伦理,人与大地之间的关系仍是以经济为基础,人们只需要特权而无须尽任何义务。为此,利奥波德推论,伦理若向人类环境中的这种第三因素延伸,就会成为一种进化中的可能性和生态上的必要性。按顺序讲,这是第三步骤,前两步已经被实行了。环境保护运动就是社会确认自己信念的萌芽。③ 他指出,个人是一个由各种相互影响的部分所组成的共同体的成员,大地伦理则是将这个共同体的界限扩大到土壤、水、植物和动物。大地伦理是要把人类在共同体中以征服者的面目出现

---

① A. 利奥波德. 沙乡年鉴[M]. 侯文蕙,译. 长春:吉林人民出版社,1997:192.

② 摩西,古希伯来人的宗教和军事领袖。相传他率领其部落逃出埃及,来到西奈半岛,在西奈山上,上帝授予摩西"十诫",以统一部落的行动,详见《圣经》.

③ A. 利奥波德. 沙乡年鉴[M]. 侯文蕙,译. 长春:吉林人民出版社,1997:193.

的角色,变成这个共同体中的平等的一员和公民。它暗含着对每个成员的尊敬,也包括对这个共同体本身的尊敬。即不应再将大地看成经济财产,更不应视大地为役使对象,而应以一种尊重生命的眼光关怀万物,这在西方近代可称为极大突破。(2)他特别强调共同体的观念,认为应把整个大地看成一个大共同体,也就是将此共同体扩大范围,包含一切大地上的山川、河流、动物、植物等,并肯定所有大地万物均有存在的权利,因此人类应加以充分尊重,并且共同合作,而不能再以征服者自居,否则征服者终将自毙。这也是当今环境保护极重要的地球观,而且其肯定人与地球休戚相关、福祸与共,并且相互影响,明显打破了以往机械唯物论的毛病。(3)人人应有生态良心(Ecological Conscience),唯有如此,才能以充满同情的眼光与万物和谐相处,这也从根本上打破了以往科学唯物论的毛病。可见,西方最新的环境保护学者在深入反省之后的看法,对其传统自然观有很多修正。①

在建构伦理学的范围方面,利奥波德虽然拥有许多思想前辈,但他的思想是整体主义伦理学最重要的思想源泉。不过,利奥波德非常清楚他所理解的大地伦理将会对人的行为提出哪些要求。大地伦理确实并不意味着一个人不能给他的环境带来任何影响。作为生物学家,利奥波德深知,这对任何有机体来说都是不可能的。尊敬生命本身,不仅仅是为了生命过程中的生命个体。大地伦理是由生态学的视野和利奥波德长期从事野外动物管理的经验决定的,这一定义无疑解除了仁慈主义者对动物个体所遭受的痛苦的担忧。他的伦理学关注的是物种,特别是把物种与生态过程整合为一体的地球生态系统。他清醒地意识到,要把道德引入人与环境的关系中来,还有许多的障碍。"我不能想象,在没有对土地的热爱、尊敬和赞美,以及高度认识它的价值的情况下,能有一种对土地的伦理关系。"②在他看来,他那个时代的资源保护运动尚未触及道德行为的这些根基。利奥波德为他的这一判断提供的证据是:他那个时代的哲学和宗教尚未听说要把社会良心从人扩展到大地。虽然利奥波德没有充分认识到,但哲学、生物学、历史学甚至法学(仁慈主义立法)都已听到了扩展伦理范围的脚步声;这种扩展即使没有利奥波德建议的那样远,但至少已超越了人与人关系的范围。利奥波德对公众能否理解(更不用说接受)大地伦理持悲观看法,这一看法被《沙乡年鉴》一书早年的命运所证实。作为一本未出版的打印稿,该书曾被众多出版社当作皮球踢来踢去,对该书能否出版,作者甚至已感到绝望。利奥波德没能活着看见人们对《沙乡年鉴》

---

①　LEOPOLD A. The Land Ethic,in "A Sand County Almanac"[M]. New York:Oxford University Press,201－208.

②　A. 利奥波德. 沙乡年鉴[M]. 侯文蕙,译. 长春:吉林人民出版社,1997:212.

的评论,虽然,这些评论很可能令他失望。大部分评论家都把该书理解为另一本描写自然的精美散文集。很少有评论家认识到该书所包含的那些被后一代人视为真知灼见的思想。这本绿色小书的早期销量也很少,在20世纪60年代它的销售高峰到来之前,该书总共只卖出几千本。① 无论是在利奥波德在世还是去世以后的20年间,美国人都还没有做好接受利奥波德的呼唤的准备。在20世纪40年代中期威斯康星关于鹿的人工控制和利用天敌问题的辩论中,有人甚至向利奥波德提出了这样的问题:"难道你爱狼更甚于爱人吗?"利奥波德是这场辩论中的少数派。这部大地伦理学的开山之作,由于批判地反思了自然保护运动中以人为本的功利主义原则,力倡与美国传统的征服精神大相背离的大地伦理,只能等待着。然而,该书深刻的思想价值一旦被充分意识到,就立刻无可争议地成了绿色圣经。

公众早期对利奥波德的思想缺乏兴趣,最明显的原因是他的思想过于激进。他所提倡的道德要求美国人彻底调整他们所考虑的基本问题,彻底调整他们的行为方式。他的哲学还要求彻底地重新理解进步的含义。对自然环境的征服与掠夺——这种征服与掠夺推动了美国近3个世纪来对西部的开发——将被一种与自然合作、共存的理想所取代。大地伦理对那些使得美国开发西部并把这个国家提升为(至少是)现代世界的重要强国的做法提出了前所未有的限制。他的哲学突然剥夺了美国人迄今在与自然交往时所享有的那些习以为常的自由,其中所包含的颠覆色彩是不言而喻的。20世纪40年代晚期和20世纪50年代早期的美国不太可能真心诚意地接受利奥波德的建议。大萧条对人们的剥夺刚结束,第二次世界大战对人们的剥夺就接踵而至。从15年的物资匮乏中走出来的美国,以超常的热情抓住战后的有利时机发展生产。战后的10年是建设家园的时代。维护生态系统的完整、稳定与美丽,肯定那些没有功利价值的物种的生物权利——这对那些处于美国第一个生育高峰的父母来说多少显得有些幼稚可笑。况且,大多数生态学家都拒斥利奥波德的理想。第二次世界大战后的生态学变得越来越注意形式,注重定量分析,越来越具有还原主义倾向。新的生态学研究关注的是由生命与物质组成的有机整体所能产出的庄稼产量,是这个有机整体的数学模型,而非它的伦理意蕴。相互依赖的观念让位给了注重管理的生产效率观念。此外,相当一部分生命科学家都把注意力转向了生命的内部,即生命的细胞和分子。在许多科学家看来,利奥波德擅长的那种注重自然整体的自然史研究是过时的,没有前途的。在这种多少有些充满敌意的氛围中,生态世界观和环境伦理只能在人

---

① NASH R. The Rights of Nature, A History of Environmental Ethics[M]. Madison:The University of Wisconsin Press,1989:73.

文科学、宗教以及所谓的反文化中找到自己的庇护所。这种思想氛围与两三个世纪前非常相似,那时,也只有神学家、哲学家和诗人关注了有机体主义和相互联系的观念。但是,到了 20 世纪 80 年代,一大批新生的对生态学的伦理意蕴特别敏感的生态学家又重新加入了利奥波德的行列。从克鲁奇(J. W. Krutch)的前半生很难看出,他竟然会成为利奥波德的思想的重要代言人。他曾在哥伦比亚大学研究生院学习英文,是 20 世纪 20 年代美国"迷惘的一代"的青年思想领袖之一,他反对把宗教、神话、艺术和道德当作人的信念的基础,深受梭罗、利奥波德思想的影响。20 世纪 50 年代,他从对大自然的热爱走向对环境伦理学的研究。他在 1954 年发表的《环境保护主义是不够的》的论文中提出了自己的基本观点:要把大自然(最后还有人类)从人类的自私自利中解救出来,只采取旧式的功利主义和人类中心主义的资源管理措施是不够的。这需要的是"热爱、同情和了解那个由岩石、土壤、植物和动物组成的无所不包的共同体,我们是这个共同体的一部分"。很明显,这段话几近于对利奥波德的抄袭,克鲁奇称《沙乡年鉴》"感情细腻、富于启发"。克鲁奇不是一个专业科学家,但他了解生态学家的科学发现与环境伦理学之间的联系。他解释说,生态科学每天都在证实着万物之间的相互依赖。这种相互依赖,不管是多么微妙……对我们来说都是生死攸关的。正是从这一认识出发,克鲁奇揭示了生态学告诉我们的一个主要教训:现代人在生存斗争中过于成功的行为反而隐藏着危机。人对大自然的改造只有限制在不过分干扰作为整体的生态系统的范围内才是对人有益的。大自然中的所有事物,甚至人类的进步,都是有极限的,如果人类坚持要试图超越这些局限,那么,大自然就会惩罚我们。所有这些都促使克鲁奇呼唤一种宏大的道德,这种道德以这一认识为基础:人不仅是人类共同体的一部分,还是整个共同体……即自然共同体的一部分。

利奥波德是现代美国发展环境伦理学的开创者之一,他在这方面的声誉今天还很少有人能与之媲美。尽管他只用《沙乡年鉴》一书结尾部分对大地伦理做了扼要简述,20 年后这一论述却成为美国历史上最激进的环境主义的思想火炬。1963 年,美国内政部长尤德尔(S. Udall)宣称:"如果要我们挑选一本书,它既包括美国人对地球的挽歌,又包含对一种新的大地伦理的呼唤,那么,我们内政部的大部分人都会把票投给利奥波德的《沙乡年鉴》。"克利克特称利奥波德为现代环境伦理学之父或开路先锋,一位创造了一种把所有自然存在物以及作为整体的大自然都包括进伦理体系中来的伦理学范式的作家。斯特格纳(W. Stegner)认为《沙乡年鉴》是一本先知预言书,表达的是美国式以赛亚的声音。环境思想史学家弗莱明称利奥波德是 20 世纪 60 年代和 20 世纪 70 年代新的资源保护运动高潮的摩西,他颁布了律法,却没能活着进入希望之乡。激进环境组织"地球第一!"的创建人弗尔曼(D. Foreman)认为利奥波德的著作不仅是最重要的环境保护著作,而且是有史以来最重要的著作。波特(V. R. Potter)1971年把他主编的文集中的一卷奉献给利奥波德,称他为预见到把伦理学扩展成生物伦理学的思想先锋。杜波斯(R. Dubos)认为《沙乡年鉴》是美国资源保护运动的圣书。1974年,S. 福莱德出版了第一本研究利奥波德的专著《像山那样思考:奥尔多·利奥波德和对鹿、狼及森林的生态观的演变》。以后,克利克特等人通过对大地伦理的创造性阐释,发展出一种生态中心主义的环境伦理学说。

三、本章小结

20世纪30年代的尘暴造成了美国有史以来最严重的环境灾害。这场灾害促使人们去分析和解释其中的原因,以便从中吸取经验教训。20世纪30年代生态学的兴起和发展为人们理解人与自然环境的问题带来了新的思路,特别是生态学所强调的生态系统、生态共同体观念为人们的思索提供了理论工具。美国著名的生态学家克莱门茨所提出的"顶极群落"理论明确指出,白人殖民者并不是大平原中的生态组成部分,是生态学上意义上的破坏者和剥削者。这就明确地按照生态学原则对美国主流社会的行为进行了深刻的批判,十分具有颠覆色彩。当时由总统任命的大平原委员会的报告也承认了这一观点:灾难的根源还不仅仅是白人在大平原生态群落中所扮演的角色,更重要的是在于这个角色所固有的人与自然所对立的价值观——自然没有任何价值,自然只是可以利用和开发的资源,是美国人建立新世界的工具和资源。但是,按照生态学原则,如果人继续对抗自然环境所要求的平衡与均势,最终势必自食其果。

可是,开发大平原的农场主们并不以为然,因为他们传统的价值观仍在指导着他们的开发行为。为此,利奥波德在20世纪30年代后期提出了著名的"大地伦理":尊重自然的均势与平衡不仅是生态学的要求,也是伦理学发展的必然要求。大地伦理要把人类在共同体中以征服者的面目出现的角色,变成这个共同体中的平等的一员和公民。它暗含着对每个成员的尊敬,也包括对这个共同体本身的尊敬。即不应再将大地看成经济财产,更不应视大地为利用和剥削对象,而应以一种尊重生命的眼光关怀环境,这在西方近代是极大的伦理和哲学突破,代表了美国环境主义者对人与自然关系的最新反省成果,对西方传统自然观有很多批判和指正。

利奥波德的大地伦理学是环境主义史上划时代的贡献。在历史上,立足于生态学立场,从道德的角度提出人与自然关系的标准这还是第一次。佛教中有"不杀生"的戒律,那是从尊敬生命的角度上提出的;超验主义者和自然保护主义者主张保护荒野,是从生态神学和审美角度提出的;环境保护主义者主张保护环境,则是从经济角度考虑的,意在保护对人类有用的东西。而利奥波德的尊重大地的理论,则是从总体上提出的。他的思考建立在他对自然的观察和感情之上,开创了以"大地"的健康和完美为尺度的整体主义伦理思维方式,向人类发出了建立新的道德意识的呼唤,对 20 世纪 60 年代以后环境主义的发展产生了深远影响。然而,他的思想在当时没有引起应有的反响。从战争中获得复苏的美国经济获得了空前的发展,整个社会达到了空前的富裕,科学技术水平也达到了前所未有的新水平。人们不仅对自身的智慧和力量信心十足,而且对征服和利用自然的前途也是充分乐观的,人们还未曾想过要将自己置于自然共同体的普通一员的位置上去。另外,生态学在当时也是一个新事物,很少为普通人所了解。即使在了解生态学的人们中间,利奥波德的理论也被概念化。正如美国环境史学家福莱德所指出的那样:"他们不仅不认为人类在了解和控制生态系统时应该采取一种谦恭的态度,而且还强调人在这个生态系统中是一个例外。"①这说明,大地伦理学能否被美国社会接受,取决于那些源远流长的文化态度的转变。

---

①　A. 利奥波德. 沙乡的沉思[M].北京:经济科学出版社,1992:13.

第五章

现代环境主义与环境运动

第一节　卡逊与现代环境运动的兴起

一、战后经济发展带来的新环境问题

20 世纪 40 年代以后,美国经济摆脱 20 世纪 30 年代的萧条和停滞,进入持续发展时期。随着经济持续高涨,人民生活水平不断提高,1950 年,美国约有 59% 的家庭拥有小汽车,其中拥有两辆或两辆以上的家庭占 7% ;1969 年,有汽车的家庭的比例上升到 79% ,其中拥有超过一辆汽车的家庭占 27%。① 然而,这个经济繁荣和生活富裕是以环境质量为代价的,1940—1970 年,美国的自然环境所承受的来自人类活动的压力越来越大,人类环境的各要素——人口、空气、水、土地等方面都显示恶化的迹象。(1)人口增长和城市化。1940—1970 年,美国人口持续增长,从 1940 年的 1. 326 亿增至 2. 08 亿。② 同时人口持续不断地从农村迁往城市,1950—1970 年,城市人口占美国人口总数的比例从 64% 上升到 73. 5%。人口向城市急剧集中,导致城市规模急剧扩大。由于人口越来越多,城市的生活条件和环境质量日益下降,于是城市人口开始大量迁往郊区,城市人口的外迁造成城区的衰落。老城区成为穷人聚居之地,那里的治安、卫生和环境等问题日趋严重。另一方面,城市人口外迁导致郊区的扩大和城市化,城市周围的乡村迅速变成居民点和卫星城。大片的土地被纵横交错的公路和星罗棋布的商业网点等设施所覆盖。根据美国国家环境质量委员会 1970 年的统计,第二次世界大战后,美国每年有 200 万英亩的农业土地被改作他用,每年有约 16 万英亩的土地被公路和机

---

① 吉尔伯·C. 菲特等. 美国经济史[M]. 沈阳:辽宁人民出版社,1981:790.
② 吉尔伯·C. 菲特等. 美国经济史[M]. 沈阳:辽宁人民出版社,1981:743,780.

场占用,有 42 万英亩的土地被水库和防洪工程占用,另有 42 万英亩被城市发展占用。① 而且,这些占用中有很多并非属于对土地的最佳利用。从生态学的角度看,城市化的过程就是人类永久性地改变自然的过程。从城市向外延伸的公路和各种生活服务设施,延伸到哪里,哪里的自然环境就被永久地改变了。(2)空气质量恶化。空气污染,早在 19 世纪的美国就在有些城市成为问题,早期的空气污染,主要是煤作工业和生活燃料所致,表现为城市和工业区的烟尘污染,主要污染物是二氧化碳和颗粒物。随着工业的发展,在 20 世纪前 50 年里,烟尘污染逐渐达到顶峰。在此期间东部和中西部的有些城市上空笼罩的烟尘使得该地的中午变得像深夜一样黑暗。中西北的匹兹堡曾以"烟城"著称。1948 年,在宾夕法尼亚西部的煤城多诺拉,严重的空气污染曾在 4 天内使该镇 1.2 万居民中有 5910 人患病,其中大部分为呼吸系统疾病,并使 20 人死亡。② 20 世纪 50 年代以后,由于以石油、天然气取代煤做燃料、以低硫煤代替高硫煤、改进机器的燃烧效率、使用烟尘控制设施和加强对烟尘污染的法律控制,一些城市的烟尘污染明显减轻。可是,与此同时一种新的空气污染——光化学烟雾越来越严重。光化学烟雾污染以洛杉矶市最突出。1943 年,洛杉矶市民发现城市上空时常被一种白色或棕黄色的烟雾笼罩。当这种烟雾出现时,人们的眼睛普遍感到不适,流泪不止。1959 年,洛杉矶市居民的眼睛受到光化学烟雾刺激的天数是 187 天。到 1962 年,受到刺激的天数增加到 212 天。③ 光化学烟雾是汽车排放的废气在阳光下作用的结果。除洛杉矶市以外,芝加哥、纽约、费城、凤凰城等都有这种污染问题。此外,由于大气中二氧化硫的含量过高,酸雨日趋严重。在东北部各州,酸雨对土壤、水体、植物和建筑的损害已相当明显。总之,到 20 世纪 60 年代末,美国的空气污染已经很严重,据统计,当时每年约有 2 亿吨重的空气污染物被排放到大气中。这 5 种主要空气污染物是颗粒物、二氧化硫、碳氢化合物、氮氧化合物和一氧化碳。(3)水体污染严重。美国有将近一半国土上的河流湖泊的污染里程占总里程的 35% 以上,沿海和地下水的污染情况也很严重。(4)土壤质量下降。美国的土质问题主要有两类,一类是化肥对农业土地质量的破坏,美国的农业现代化的一个主要特点是大量使用化肥,导致土壤有机结构的改变和土壤自然生产力的下降,化肥成了一种污染物。另一类土质问题是土壤侵蚀,由于大规模的经济建设和城市的扩大化,人为的土壤侵蚀现象相当严重,不考虑土地负荷力和对土地的物理学、生态学

---

① 　CEQ,First Annual Report[R]. 1970:107 - 108.

② 　YEAGER P C. The Limits of Law[M]. Cambridge:Cambridge University Press,1991:64.

③ 　COMMONER B. The Closing Circle[M]. New York:Knopf,1971:65 - 66.

影响的土地利用方式对土壤的破坏,转农业土地为城市土地、公路建设等。环境污染危及人类生存,到20世纪60年代,人们发现自己呼吸的是肮脏的空气,饮用的是污染的水,吃的是化学污染物或放射性物质含量过高的食物(如含DDT或放射性物质的牛奶)。1962年,海洋生物学家卡逊(R. Carson)的《寂静的春天》向人们敲响了环境危机的警钟,人们终于开始觉察他们赖以生存的环境出现了严重问题。①

污染对20世纪60年代的美国人来说已经不是什么新鲜事了。它实际上在美国向广岛投掷了第一颗原子弹之后就已经开始了。当因爆炸而使清晨天空的暗蓝色变成刺眼的白色时,领导原子弹试验工程的物理学家奥本海默(J. R. Oppenheimer)曾为此感到无比骄傲,但很快他的心情便忧郁了:我已成为死神,世界的毁灭者。此后,一些科学家如爱因斯坦、汉斯·贝特(H. Bethe)、利奥·西拉德(L. Szilard)等,则决意要阻止使用他们刚刚研制出来的这种武器。但是,原子武器的出现给人们带来的威胁不仅是它可怕的杀伤力,它还留下了隐患——核辐射所带来的污染。1945年2月,美国在太平洋核试验基地爆炸了第一颗氢弹,除了85英里以外的一艘日本渔船"幸运之龙"号,还有离试验基地更远一点的马绍尔群岛的居民,都变成了这次爆炸未曾料到的受害者。他们忍受着皮肤被烧焦、化脓和呕吐等多种由核辐射引起的痛苦,不得不这样度过余生。这曾经是一条国际性的新闻,但因为没有涉及美国人自身的安全,所以并未引起美国公众的注意。美国人对核污染的真正关切是在美国当局把核试验基地移到国内之后。由于害怕间谍窃取美国军事机密并降低费用,美国政府把它的大部分核试验转移到了内华达地区试验基地,从1951年开始进行了一系列代号为"别动队员"的核试验。在整个20世纪50年代,核爆炸的残骸不断地洒落在大盆地之上。羊群、牧人以及内华达和犹他州偏远地区的居民都受到直接的核辐射伤害,射尘甚至向东飘落到丹佛、芝加哥和华盛顿。② 直到这时,射尘问题才被真正重视起来,越来越引起公众的注意,并使越来越多的科学家卷入群众性的抗议政府核试验计划的行动中来。但是,核试验是与政治密切相关的,在相当长的时间里,核污染似乎更多地表现为一个战争与和平的问题,一个道义问题,它还未真正与环境联系起来。因此,很多科学家所考虑的是如何把这项伟大而又可怕的技术力量从死神转为福音,如何再用新的技术力量去控制它的问题。1958年,在圣路易斯成立了一个由

① http://www. epa. gov/history/publications/origins5. htm.

② WORSTER D. Nature's Economy:A History of Ecological Ideas[M]. Cambridge:Cambridge University Press,1977:346.

许多科学家和市民领导人组成的核信息委员会(CNI),其宗旨在于披露政府的核武器发展计划的秘密,使公民们警惕进行核试验和发展核力量所带来的危害。这个委员会的一个主要成员康芒纳(B. Commoner)当时是华盛顿大学的植物生理学生,后来成为环境运动的领导人。在其著作《封闭的循环》中说,他们"很多人都深入到社区之中,参加学校家长会,到教堂和市民组织中去,努力向大家解释"射尘辩论"是怎么一回事"。他特别强调"社会公正与牺牲之间的平衡应由每一个公民来进行,而不是把它们留给专家们"。类似的活动在美国各地都有。①

卡逊(R. Carson)是卷入这个群众性抗议活动的科学家之一。卡逊是美国海洋生物学家,1907 年 5 月 27 日出生于美国宾夕法尼亚州,1964 年 4 月 14 日病逝于马里兰州。她写过许多有关海洋生物的著作,如《在海风下》、《环绕我们的海洋》、《海洋边缘》等,但真正给她赢得声誉的则是《寂静的春天》。她赞美大自然的和谐,并揭示海洋中的各种生命的美丽和奥秘,呼唤人们去爱它、保护它。不过,她从自己的海洋研究中也深深感到现代技术所引起的环境变化,特别是因战争需要而产生的新技术所造成的后果。她发现,在美、苏竞相把核废料倒进海洋、核弹爆炸的射尘漂浮在海面的情况下,这些东西对生物链、对海洋中的各种动植物,以及人类的危害是很难预料的。她为此深感忧虑。出于这种感情,她把注意力转向了杀虫剂。合成杀虫剂在第二次世界大战期间就被采用了。1943 年,在意大利那不勒斯的斑疹伤寒流行期间,DDT 在防止病菌的传播上发挥了非常有效的作用,因此有人把它称作"昆虫世界的原子弹",尽管当时并没有人意识到它也会像原子弹那样留下那么可怕的后患。1945—1962 年,许多群众团体和个人都曾著文警告人们谨慎地使用这种新科技产品。奥杜邦协会的领导人说"别让我们打开另一个潘多拉的盒子"。但是,这些警告都没有发生真正的效力。1947—1960 年,DDT 及其他毒性更大的杀虫剂的产量提高了 5 倍,但这种情况并未引起有关政府机构的任何重视。1958 年,卡逊才把杀虫剂问题当作环境污染这个大问题的一个方面来看。她决定通过杀虫剂这个独特的问题来向整个污染发出攻击,于是在1962 年出版了《寂静的春天》。

二、《寂静的春天》及其影响

尽管人类从农业社会开始就使用化学药品控制害虫,"二战"后的头十年却是化学农药发明、生产和使用和急剧发展的时期。简单地说,农药就是为用来杀死害虫或不受欢迎生命形式的物品。杀虫剂旨在杀死昆虫,除草剂旨在杀死植物,

---

① 巴里·康芒纳. 封闭的循环[M].长春:吉林人民出版社,1997:43.

杀真菌剂旨在杀死真菌,依此类推。人口数量的增加以及相应的对农业需求的增加,给农产量的提高带来了巨大压力。农药可以减少作物损失,使农民不用提高成本即可满足要求,于是纷纷用化学制剂来控制作物的虫害损失。《寂静的春天》出版之前,无论是对科学家还是公众来说,有关化学农药的唯一问题只是它们的效率。这些农药的效益是明显的。如 DDT 和其他卤代烃类杀虫剂在灭蚊虫和其他携带疟疾、伤寒和黑死病等病菌的昆虫方面极为有效。农药是解决健康和农业问题有效的、经济的、技术上可行的方法。但其他问题——生态的、政治的以及伦理的问题——仍未提及。对食物链中的其他生物农药有何影响? 谁来确定安全和风险等级? 获得的利益值得冒那么大的风险吗?《寂静的春天》促使科学界、工业界、农业界以及普通公众思考长期使用农药的生态学效果。

在《寂静的春天》中,卡逊通过对 DDT 的滥用的分析,利用生态学中生物链的原理揭示了这种高效杀虫剂中毒素的聚集过程,说明它不仅能杀死害虫,也能杀死这些害虫的天敌,并能危害到食用了染上 DDT 作物制成的食品的人类。DDT等许多化学药品长效而不易分解,不溶于水但溶于脂肪,因而它不仅可在生物链中长期存在,而且富集在生物的脂肪组织中。其后果是水体中少量的 DDT 通过所谓的生物放大作用在如浮游生物之类的微生物中富集,在以吃这些浮游生物为生的小鱼体内浓缩,进一步在后面的生物链中富集。"二战"后的几十年间,农药大量使用,位于食物链顶端的鸟如秃鹫、游隼、鱼鹰、鹈鹕等都受到严重威胁。这些鸟体内残留的 DDT 导致鸟卵壳的钙含量不足,这就意味着卵壳太薄而无法保护未孵化的小鸟。现在,同样的有毒物质的生物放大过程正使得人类消费的鱼成为危险食物,这些有毒物品也包括 PCB、水银和铅。对其他物种的危害也是不曾预料的。有证据表明,从长远来看,农药对农作物损失的减少不再有效。事实上,尽管自 20 世纪 40 年代以来农药的使用量有 10 倍的增长,总体农作物的损失率却增加了。有几个因素可解释其原因。首先,没有哪种农药能精确到只杀害虫而不杀它们的天敌。比如杀蚜虫的杀虫剂也会杀死吃蚜虫的瓢虫和螳螂。没有了天敌,残存的害虫会迅速繁殖。其次,幸存的生物会对农药产生抗药性。通过随机的基因突变,某些生物会对某些农药产生天然的抵抗力。经过自然选择,这些生物会迅速增加,而缺乏抵抗力的物种以及其天敌则被杀死。经过不太长的时间(对许多昆虫物种来讲一个世代只是几天的事),害虫会进化出遗传抗药性而使原来的农药失去效力。这样,就得加大农药的剂量和使用次数,或寻求新的化学药剂而重新开始这个过程。在化学和农业工业领域继续使用农药的拥护者会指出这只是一个科学和技术上的问题,那么,能不能开发出对人安全而又能有效地杀死害虫的化学农药呢? 这样,杀虫剂使用的长期效果及其政治和伦理上的意义就摆在人们的面前。卡逊让世人意识到 DDT 以及其他化学农药致命的影响。她告诉我们，DDT 的化学污染和核污染的性质是等同的，"随着由核战争所造成的人类灭绝的可能性，而且因为有这样难以想象的潜在的危害物质——它们聚集在植物和动物的组织中，甚至渗透到胚胎细胞中，使得未来要赖以发育成形的真正的遗传因素发生变化或变异，所以我们这个时代的主要问题也就成为人类整个环境的污染问题了"。继续滥用这些"死神灵药"将导致未来某时间的寂静的春天。这使公众对化学污染和环境保护的态度发生了巨大的变化。

从表面上看，《寂静的春天》主要关注的是我们对环境以及对自身的生物学损害，向公众表达了一种环境危机意识。然而，它更深层的含义却在于对人类自近代以来"征服自然"的理性意识合理性的质疑和对当代人对待自然的傲慢态度的无情批判。在卡逊看来，缺乏生态学思想反映出我们在哲学上的不成熟。书末的一段话寓意深刻："'控制自然'这个词是一个妄自尊大的想象产物，是当生物学和哲学还处于低级幼稚阶段时的产物，当时人们设想中的控制自然就是要大自然为人类的方便有利而存在……这样一门如此原始的科学却已经被用最现代化、最可怕的化学武器武装起来了；这些武器在被用来对付昆虫之余，已转过来威胁着我们整个的大地了。这真是我们的巨大不幸。"① 这一段话的深刻含义对而后的西方生态哲学产生了深刻的影响。西方人称激进环境主义的深层生态学正是沿着卡逊的这一思路展开的。深层生态主义者把她的思想视为深层生态运动的开端。② 从上述意义上讲，唐斯（R. B. Downs）把《寂静的春天》与柏拉图、亚里士多德、哥白尼、牛顿、达尔文、马克思和弗洛伊德等人的著作相提并论，也就在情理之中了。③

卡逊在书中还特别论述了企业与大学之间的关系。她认为，纯洁的科学已经变质了，变成了为公司赚取利润的冒牌货。化学企业出钱给大学和专业人员去研究杀虫剂，但却很少出钱给进行生物控制研究的项目。结果，那些令人眼花缭乱的杀虫剂宣传正是由那些杰出的昆虫学家所做的。如果窥探一下这些人的底细，就会发现，他们在专业上的优势，甚至连他们的工作本身都是由企业所提供的。"难道我们能期待他们去反咬喂养他们的主人的手吗？"杀虫剂的谬误绝不是偶然的，传统的征服自然的思想由企业和专业的巧妙配合而发扬光大了。卡逊带来的是一种意识的变革，它动摇了 500 年来自文艺复兴时期就树立起来的，由"五月

---

① 蕾切尔·卡逊. 寂静的春天[M]. 长春：吉林人民出版社，1997：263.
② FOX W. Toward a Transpersonal Ecology[M]. Boston：Shambhala Punlications Inc. ，1992：170.
③ DOWNS R. B. Books That Changed the World[M]. New York：Mentor，1983：333.

花"号带到北美大陆的一种信念——理性主义。培根认为,人类理性的无限力量,可以使人们成为自然的主人,"世界是为人而创造的"。资产阶级使这种理性变为一种巨大的物质力量,建立了资本主义文明。美国人也是在这种精神的鼓舞下,在北美大陆上建立起了一个庞大的资本主义帝国。现在历史似乎是在嘲弄着人类:它要美国的中产阶级自己针对自己所建立起来的文明中的缺陷去进行批判。一时间,"生态学"变得时髦起来了,有关生态学的各种名词在报纸、电视、广播等媒介中频繁出现。生态学的专著和小册子大量出版发行,各种从事环境保护的民间组织纷纷建立,生态学的学术会议不断召开,似乎大家都成了生态学的爱好者和环境保护的积极分子。

正是因为这些极度反传统的思想,卡逊遭到了主要来自化学工业界的猛烈攻击。卡逊的书得罪的不仅是那些从杀虫剂生产中获利的企业家,还有一些化学专业工作者,甚至那些环境保护主义者。一位化学先生斥责《寂静的春天》"不是一本科学书",干脆拒绝去读它。许多从事化学专业的人都不喜欢这本书。塞拉俱乐部的领导人大卫·布劳尔(D. Brower)读了这本书,而且也非常同意卡逊的观点;可是一位在农业化学企业工作的塞拉俱乐部的会员却怀着"警戒的心理"读了这本书,认为它有"社会主义倾向"。但是,卡逊的书仍然受到了群众性环境组织的欢迎。1963 年,全国野生动物联盟把它的首次保护主义者年度奖授予卡逊。卡逊还接受了奥杜邦学会的最高勋章,她是接受这个荣誉的第一位妇女。

从更深层的意义上,卡逊却发现了"杀虫剂"这个词所包含的人类中心主义的意蕴。只有从人的角度看,一种生命才会成为一个"害虫"。在自然中,"害虫"作为生态学家所说的生命之网的一部分,拥有合法的生态地位。卡逊更倾向于把DDT 这类化学物品理解为"生物灭除剂"——生命的杀手而非杀虫剂。她深知,毒药对食物链的影响并不局限于人们寻常以为的或所期望的范围。那些食用被毒死的昆虫的动物也会生病和死去。其他生命形式也会在无意中成为那种不加区别地喷洒农药行为的牺牲品。最终,杀虫剂将影响整个生态系统。一个无鸟鸣唱的"寂静的春天"指日可待。卡逊推论说,一个受具有重大副作用的征服与控制自然的欲望毒害的病态社会,其前景也大致如此。她对杀虫剂的使用感到愤怒。她的目标是用法律来禁止这种使用,至少是极大地限制对它们的使用。但《寂静的春天》一书中确实包含有明显的人类中心主义色彩。例如,她采用过时的方法把昆虫区分为人类的"朋友"与"敌人"。那些有益的昆虫由于有助于控制那些"如黑潮般涌动的敌人"——若不控制,它们就会"侵扰我们"——而具有价值。杀虫剂既杀死坏的害虫也杀死好的昆虫,因而对人的福利构成了威胁。卡逊主张"维护有利于我们的自然平衡",这当然也是赤裸裸的功利主义观点。① 不过,卡逊的思想还有另外一个方面,微妙地隐藏在她的著作中的人类中心主义下面,却尤其明显地表现在她的私人通信和公开演讲中,即一种更为宽广的伦理学视野。在开始撰写《寂静的春天》时,她告诉她的编辑,尽管她的注意力主要集中在杀虫剂对人的健康的威胁上,但她越来越相信,由杀虫剂引起的对由所有生命组成的基本生态平衡的打乱是比其他问题都更为紧迫的问题。这些话没有出现在《寂静的春天》中,但卡逊确实提到了"生命之网"和生命的完整网络,提到了人类在灭除那些打扰我们或给我们带来不便的动物时所表现出来的傲慢。这种态度在很多方面都类似于缪尔对响尾蛇和短吻鳄的态度、利奥波德对狼的态度。卡逊把昆虫纳入了共同体的范围。卡逊的道德哲学的基础是她的这一信念:生命是一个超出我们理解范围的神奇现象,我们即使在与它抗争时也应敬畏它。这种施韦泽式的态度给卡逊的这一观点——应使自然平衡朝向人这边倾斜——注入了新意。与其他生命形式一样,人也得为食物、住所、栖息地而竞争。在这种竞争中,昆虫有时会对人构成威胁。人类对付它们的最后措施是使用杀虫剂,但在卡逊看来,这种使用却把人与昆虫的冲突提升到了一个危险的水平。她的著作力图使人们认识到,人类统治与控制自然的日益增长的能力是一柄双刃剑。人类需要她所说的谦卑意识和一种强调与其他生物共享地球的伦理。《寂静的春天》已非常明确地告诉我们,人类的幸福正受到威胁,我们在地球上的其他有生命的同伴的福利也受到了威胁。从这种观点走向成熟的承认人与大自然的一体性哲学,只有一步之遥。

卡逊最接近于迈出这一步的时间是1963年1月7日,当她从动物福利研究所接受施韦泽勋章的时候。她说,德国哲学家、神学家、人道主义者,1952年诺贝尔和平奖得主施韦泽(A. Schweitzer)"已经告诉我们,如果我们自己只关心人与人之间的关系,那么,我们就不会真正变得文明起来。真正重要的是人与所有生命的关系"②。卡逊所理解的这种关系既包括生物关系,也包括伦理关系。在另外一个地方,她表述了自己的信念:人与其同类永远不会实现和平,除非他承认施韦泽恰当关心所有生命的宽广伦理——对生命的真正敬畏。她建议用昆虫与人之间"合理的和解"来代替对昆虫的控制。作为限制高度技术化了的人的一种文化设计,道德是实现这一和解目的的一个手段。

对卡逊的许多追随者来说,她的思想中最令人折服的是这一观念:化学杀虫

---

① NASH R. The Rights of Nature, A History of Environmental Ethics[M]. Madison:The University of Wisconsin Press,1989:80.

② 转引自纳什. 大自然的权利[M]. 青岛:青岛出版社,1999:99.

剂已对人的健康构成威胁。从这个意义上讲,公众对《寂静的春天》的兴趣支持了海斯(S. Hays)的这一理论:"二战"后的美国对那种能提高人的环境质量和生活质量的资源保护事业表现出了新的兴趣。但是,卡逊还普及了这样一种观念:把所有形式的生命甚至作为整体的生态系统纳入人类的道德共同体中来是正确的。反过来,她也认为,把生命当作一种可随意消耗和利用的物品来对待是错误的。利奥波德在20世纪40年代曾阐述了这一点,但是,卡逊作为一个作家所具有的更大的知名度以及20年后的思想氛围使扩展伦理范围的思想获得了前所未有的关注。在促使20世纪60年代的美国公众了解生态世界观的基础及其伦理意蕴方面,卡逊可谓独领风骚。

三、现代环境主义的诞生

《寂静的春天》改变了美国人、全世界人看待环境的方式,我们曾以漠不关心的态度看待我们居住的星球。纵观世界历史,人的生命从生到死,第一次这么容易地受到危险化学物的毒害,而且这些物质正改变着自然的基本结构。"人类对环境最触目惊心的侵害是用一些危险甚至致死的物质来污染空气、地球、河流和海洋,这些污染大多是无法复原的;它创造的魔鬼之链不但是地球生命而且是生物组织所必需的,而这种食物链是单向传递的。在目前环境普遍遭受污染的情况下,化学物质是改变自然界——自然界生命的阴险和不易觉察的辐射物的合谋者。"该书将早期自然保护主义者关注的许多问题,与担忧污染及公众健康的环境学家的警告综合在一起,她把一个超验主义者对自然和野生生命的感情,与一位训练有素的科学家冷静分析的思想和一位政治活动家满腔的愤怒结合在一起,促成了现代环境主义的诞生。1993—2001年担任美国副总统的阿尔·戈尔(A. A. Gore)在给《寂静的春天》的1990年版作序时,曾经这样评价说:"如果没有这本书,环境运动也许会被延误很长时间,或者现在没有开始。《寂静的春天》播下了新行动主义的种子,并且已经深深植根于广大人民群众中。她的声音永远不会寂静。她惊醒的不但是我们国家,甚至是整个世界。"①

《寂静的春天》引发了美国社会对环境问题的大讨论。1962年公众政策中还没有"环境"这一款项。在一些城市,尤其是洛杉矶,烟雾已经成为一些事件的起因,虽然表面上看起来还没有对公众的健康构成太大的威胁。过去,除了在一些很难看到的科技期刊中,事实上没有关于DDT及其他杀虫剂和化学药品的危险性的讨论。《寂静的春天》犹如旷野中的一声呐喊,用它深切的感受、全面的研究

---

① 阿尔·戈尔. 寂静的春天[M]. 长春:吉林人民出版社,1997:序言10-12.

和雄辩的论点改变了历史的进程。当《寂静的春天》的销售量超过 50 万册时，CBS 为它制作了一个长达一小时的节目，甚至当两大出资人停止赞助后电视网还继续广播宣传。肯尼迪总统曾在国会上讨论了这本书，并指定了一个专门调查小组调查它的观点。这个专门调查小组的调查结果是对一些企业和官僚的熟视无睹的起诉，卡逊关于杀虫剂潜在危险的警告被确认。不久以后，国会开始重视起来，成立了第一个农业环境组织。《寂静的春天》播下了新行动主义的种子，并且已经深深植根于广大人民群众中，它的出版是现代环境运动（Environmental Movement）的肇始。

在此之前，尽管也有人谈论污染，但很少引起人们注意。从 20 世纪初以来，自然保护运动在美国历史上就有重要的意义，但它保护荒野的内涵并没有包括对现代科技力量的批判。自 20 世纪 30 年代以来，生态学的发展对环境保护主义有所影响，但并未改变它的实质。一些真正有生态意识的科学家，如利奥波德总是称他和与他有同样意识的人为"少数人"。但是，卡逊通过对一种广泛使用的化学制剂、一种与人们生活密切联系的新技术的使用，把生态学的概念植入了普通民众的脑海中。尽管并非任何人都能说清楚生态学这个词的定义，但是他起码知道，我们人类并不是孤立地生活在地球上的，我们和其他生物都有着密切的联系，我们要生存，就需要也让别的生物生存。从这个角度上讲，卡逊把环境的概念扩大了：我们的生活环境不仅是自然环境，还有人自己利用自然通过科学和技术创造出来的文化环境——社会。人不仅受这个外部环境——自然、社会的影响，自己也影响着这个外部环境。而且，随着人类的进步，科学技术力量的发展，人对自然的影响就越大；反过来，这种影响对人自身的影响也越重了。卡逊是从科学的角度去探讨环境问题的，但是，当她把环境的概念从自然扩展到社会时，环境问题的内容也就大大扩展了。人们不禁要问：人与大自然究竟是什么关系？谁在操纵那些影响着人类环境的技术力量？这样，环境问题就远不是一个人与自然、与非人类的关系了。在梭罗和缪尔时代，他们可以去探索一种直接的与自然相联系的个人的关系，而且，他们都有自己的一套生活方式。但是，在今天科技发展到核时代时，是无法套用他们的思想和模式的。人们需要的是一种社会契约，需要全体美国人用道德来约束人们的行为，去改善和建立一个人们所需要的美好的自然和社会环境。卡逊本人无力达到这个目标，但她唤起了美国人关心和爱护自己环境的意识，引发了整个现代环境运动。

关于环境危机的讨论在多方面展开：

1. 环境问题的人口根源

把环境问题产生的原因归结为人口过剩的观点主要来自美国生物学家埃利

希(P. Ehrlich),他在 1968 年出版的《人口炸弹》一书中警告:当代世界人口增长已趋高峰,一旦人类自身的繁殖能力超越了自然的负荷,不仅给自然带来恶果,而且必将祸及自身。① 作为一本探讨人口过剩与环境危机的关系的著作,它的出版引起了人们的关注,使人口问题成为 20 世纪 60 年代末环境问题的核心。埃利希的话并非危言耸听,早在 18 世纪马尔萨斯就看出了人口过度增长的危险性。他的名著《人口原理》中有一段明白的表述:"人口的增殖力无限大于土地为人类生产生活资料的能力。人口若不受到控制,便会以几何比率增加,而生活资料却仅仅以算术比率增加。懂得一点算术的人都知道,同后者相比,前者的力量多么巨大。"②马尔萨斯是颇有预见性的,两个世纪以后,人口的指数增长使人与其生存环境的关系变得紧张起来。埃利希的观点得到了许多人的赞同。罗马俱乐部总裁佩切伊(A. Peccei)在谈到导致人类衰退的十大因素时,把人口爆炸作为第一大因素。他说:"人口过多使目前存在的一切问题变得更为严重,同时也是增加大量新问题的原因所在。不承认这一事实只能使情况更为严重。"③与此不谋而合,联合国教科文组织总干事马约尔(F. Mayor)也把人口问题列为当前最突出的 7 大问题之首。④ 美国生物学哈丁(G. Hardin)的立场更加明确,认为"污染问题是人口带来的结果。一个孤零零的美国人在如何处理他的粪便上,本来就不是什么问题……但是人口密度增加了,天然的化学和生物的再造过程变得超负荷了……无限制的生育将会给所有的人带来灾难"⑤。他用他那著名的"共有物的悲剧"⑥和"救生艇理论"⑦说明了人口与资源的关系。他从我们不想盲目地增加人口这一前提出发,指出人类必须对它希望养育的存活人口具有什么样的质量做出选择。

2. 环境问题的经济根源

与人口问题紧密相关的是生存方式的经济问题。正统经济学处理这一问题的秘方是工业化,但它并没有太多地考虑环境支撑和资源约束问题。长期以来,它被视为经济增长的特效药。直到 1972 年,罗马俱乐部发表了它的第一份全球问题研究报告《增长的极限》,这种经济增长方式才开始受到质疑。米都斯(D. L. Meadows)等人考察了 5 个决定和限制经济增长的基本因素——人口、工业

---

① EHRLICH P. The Population Bomb[M]. New York:Ballantine,1986.
② 马尔萨斯. 人口原理[M].北京:商务印书馆,1992:7.
③ 奥里雷奥·佩切伊. 未来的一百年[M].北京:中国展望出版社,1984:49.
④ 费德里科·马约尔. 不要等到明天[M].北京:社会科学文献出版社,1993:9.
⑤ 巴里·康芒纳. 封闭的循环[M].长春:吉林人民出版社,1997:3.
⑥ HARDIN G. The Tragedy of the Commons[J]. Science,1968(162):1243 – 1248.
⑦ HARDIN G. Life Ethics[M]//in Lucas G, Ogletree T. Life Ethics:The Dillemmas of World Hunger. New York:Harper and row,1976:134.

化、粮食生产、自然资源和污染以后,得出结论说:"如果在世界人口、工业化、污染、粮食生产和资源消耗方面按现在的趋势继续下去,这个行星上增长的极限有朝一日将在今后 100 年中发生。最可能的结果将是人口和工业生产力双方有相当突然和不可控制的衰退。"要避免这种衰退就必须从增长转向均衡,"全球均衡状态可以这样来设计,使地球上每个人的基本物质需要得到满足,而且每个人有实现他个人潜力的平等机会"①。《增长的极限》的立足点是地球资源的有限性,它试图在这一基础上建立一种全球均衡的发展模式。而对这一点工业社会是很不以为然的,用托夫勒(A. Toffler)的话说,工业社会遵循的是"一味追求增长的逻辑",即更多的生产、更多的消费、更多的就业。整个工业文明都被这种"更多"的逻辑所支配,而体现这个逻辑的根本性指标就是国民生产总值(GNP)……从 GNP 的观点出发,不论产品采取什么形式,是粮食还是军火,都无关紧要。雇用一批人盖房子或拆房子,都增加了总产值。②贝尔(D. Bell)对此也有同感,他批评 GNP 统计"只是一种加法",指出:"它并不区分福利的真正增加还是实际上可能减少,却都看成增长的情况。因此,按照常规,一个钢铁厂的生产是 GNP 的增加数值,但是,如果这个钢铁污染了一个湖泊,然后使用额外的资源来净化湖泊,这笔新的开支也增加了 GNP"③。生态主义者把生态问题看作一面镜子,认为从这面镜子中照出了现代工业文明的病态。它反映出目前流行于全球的市场经济竞争机制在生态上的巨大缺陷。因为这种竞争机制并不计算生态成本和环境代价,于是,企业为了自身利益就会最大限度地消费资源和环境,因而也就很难避免"共有物的悲剧"。

3. 环境问题的技术根源

对于人们把环境危机的根源归咎于"人口过多"和"富裕",康芒纳却另有看法。他问道:"我们只是正在以我们人口增长的数字使这个生态圈遭到破坏吗?"他认为,除此之外,我们还需要到别处去寻找解释。他找到了新的解释,那就是现代技术。因为"新技术是一个经济上的胜利——但它也是一个生态学上的失败"。在考察了核污染、化肥、杀虫剂、洗涤剂、塑料、合成纤维、汽车和啤酒进入生物圈循环的例子后,他发现"在每个例子上,新的技术都加剧了环境与经济利益之间的冲突"。然而,这种冲突不是产生于技术中的某些小小缺陷,而是源于技术既定的目标方面。他由此得出结论:"全部事实似乎已经清楚了。最近一些年里吞噬着

---

①　D. 米都斯,等. 增长的极限[M].长春:吉林人民出版社,1997:17 – 18.
②　阿尔温·托夫勒. 第三次浪潮[M].北京:生活·读书·新知三联书店,1983:85.
③　丹尼尔·贝尔. 后工业社会的来临[M].北京:商务印书馆,1987:312.

美国环境的危机的主要原因是,自第二次世界大战以来思想技术上的空前的变革。"康芒纳认为人与自然之间的联系,或者说现代工业社会与它所依赖的生态系统之间的联系是技术,因而寻找危机的技术根源是必然的。然而,被人类视为工具理性的技术显然不应该成为生态危机的替罪羊。因此,康芒纳进一步分析道:"如果现代技术在生态上的失败是因为它在完成它的既定目标上成功的话,那么它的错误就在于其既定的目标上。"在他看来,现代技术在生态上的失败是由于它忽视了生态上的要求,而仅仅以生产效率为追求目标,这是导致环境危机的技术根源。① 他的观点得到卡普拉(F. Capra)的赞同。卡普拉在《转折点》中写道:"空气、饮水和食物的污染仅是人类的科技作用于自然环境的一些明显和直接的反映,那些不太明显但却可能更为危险的作用至今仍未被人们所充分认识。然而,有一点可以肯定,这就是,科学技术严重打乱了,甚至可以说正在毁灭我们赖以生存的生态体系。"②1967 年怀特(L. White)发表的《我们的生态危机的历史根源》一文,探讨以基督教信仰为基础的西方科学技术传统对环境的影响。

上述分析在很大程度上推进了我们对生态问题的认识,但是,这种分析能否看成最终的或是根本性的,似乎就有些可疑了。如果我们进一步分析,又是何种原因造成人口、经济和现代技术在生态上的失败? 分析起来,我们就仍然可以寻找到更深层的答案。就现代技术在生态上的失败而言,正如法兰克福学派所看到的那样,科学技术本身在当代的命运也是可悲的,它被沦为了人类统治自然的工具。佩切伊指出:"我们必须把责任归罪于自己在动用我们巨大的技术——科学潜力时所出现的错误、不负责任、自私、贪婪、愚昧无知和其他的人为的缺点。"③这似乎又回到了卡逊在《寂静的春天》结尾所说的那个问题。因此,只有深入我们文明的意识形态之中,我们才可能深刻地领悟环境问题产生的实质性根源。而要深入意识形态的观念层面,就不能不考察主导着文明进步的核心力量——价值观。正是对人与自然关系的价值观及其伦理后果的反思导致了环境主义内部出现了人类中心主义与生态中心主义的分野。反映在环境运动中,便出现了改良环境运动与激进环境运动的分裂。

四、环境主义与自然保护主义

环境主义的中心思想——尊敬自然、保护自然在美国已经经历了一百多年。

---

① 巴里·康芒纳. 封闭的循环[M]. 长春:吉林人民出版社,1997:9,120,122,140,148.
② 弗·卡普拉. 转折点[M]. 北京:中国人民大学出版社,1989:16-17.
③ 奥里雷奥·佩切伊. 未来的一百页[M]. 北京:中国展望出版社,1984:78.

卡逊曾表示,她的思想得益于像梭罗和缪尔这样的 19 世纪的伟人,他们赞美原始自然,并寻求与非人类建立更直接的个体联系。他们都制订了一套个人摆脱文明社会圈子进入森林或山野之中的行动计划,但在一个拥有两亿多人口的国度里,充斥着无数盘根错节的破坏自然秩序的手段,要达到这种个人要求是很困难的。所以,环境主义不是一种私人间的关系,也不是一种退让,而是一种完全公开的约定——一种在法庭和议会大厅里要探求的用以保护即便是最大的都市中心也要建立的这种联系的行动方案。①

按照传统的环境主义观点,自然保护主义是一场精英专家运动,现代环境主义是第二次世界大战后郊区中产阶级的作品。海斯(S. Hays)认为环境保护主义出现在世纪之交,是政府官员和科学家更有效地管理自然资源的结果。战后出现的环境主义关注生活质量提高、物质更加丰富、休闲时间越来越多、教育水平不断提高等对政治带来的影响。② 从卡逊的思想来源上看,环境主义是自然保护主义的连续,二者都强调保护人类赖以生存的自然。自然保护主义概念既具有美学成分也具有生态学成分,它强调与自然交流的精神和智力价值、荒野保护和整体生态学意识。其美学成分来自 19 世纪爱默生、梭罗的超验主义。其生态学倾向来自早期自然主义者马什和缪尔。③ 不同之处是《寂静的春天》为环境主义创建了"生态学"的科学框架。与自然保护主义主要关心保护自然环境的特色相比,环境主义具有了许多新特点。首先关注问题的范围大大拓宽了。除了关心人类对自然环境的影响外,它还关心城市环境和环境问题对人体健康、生活质量、社会体系的影响;它的议题包含了比自然保护主义更复杂的技术和科学研究工作,并且环境问题的原因、后果以及解决方式更加不明显、不直接、更趋复杂化。其次,现代环境主义与各种社会思想基本上都有联系,如人权运动、学生运动、农场工人运动、福利运动、反传统文化运动、妇女运动等,在本质上更加大众化。这些运动与环境组织一起成为新生的环境运动的资助、策略、积极分子和其他资源的来源。

自然保护主义在 20 世纪 60 年代向环境主义转变的原因是:(1)20 世纪 60 年代的行动主义文化,鼓舞大众针对社会弊病而行动起来;(2)对于环境问题更为广

---

① http://www.encyclopedia.com/html/section/environm_TheNewEnvironmentalism.asp.

② HAYS S. P. Conservation and the Gospel of Efficiency:The Progressive Conservation Movement,1890 – 1920[M]. Cambridge:Harvard University Press,1959; From Conservation to Environment:Environmental Politics in the United States Since World War II[J]. Environmental Review 1982(6,Fall):14 – 41; and Beauty,Health,and Permanence:Environmental Politics in the United States,1955 – 1985[M]. New York:Cambridge University Press,1987:13.

③ FLEMING D. Roots of the New Conservation Movement[J]. Perspaectives in American History 1972(6):7 – 9.

泛的科学知识,以及媒介对公众的广泛覆盖;(3)户外娱乐活动的迅速增加,提高了人们对环境资源的关注;(4)第二次世界大战后经济的扩张与富裕。许多人或大多数家庭迁移到郊区的倾向是一个环境的选择,他们为了寻求开放的空间、绿色的草地、清新的空气、幽静而普遍适于居住的健康环境,喜欢到海边或山区度假,这种要求是重视环境价值的另一个迹象。许多年轻人由于受20世纪60年代的反主流文化的影响,要求回归大自然,组建乡村社会,虽然几乎所有持这种想法的组织都遭到失败,但这种冲动很大程度上反映了年轻人对忽视和危害环境之实用主义生活方式的抵制。塞缪尔·海斯认为现代环境价值很大程度上是战后时代富裕美国人寻求新的、非物质的"舒适"而导致的结果,所谓舒适是指清新干净的空气和水、良好的健康条件、开放的空间、娱乐,这是许多美国人在有空闲和安全保障情况下需要的消费项目。海斯写道,环境质量是"寻求高质量生活标准的一个新探索",二者是一个整体。随着生活的逐渐富裕,人们期盼自己周围的自然环境更愉悦、更清洁,不满环境进步的速度。

对生活质量的日益关心、生态科学的出现、以科学为基础的出版物的普及、通信系统的增强、环境有害事故的发生等都增强了公众关注环境问题的意识。新的环境主义不仅是对自然保护主义的进一步发挥,它还包括构成环境问题的各种不同论述和方式。环境问题正日益被人们这样看待:(1)产生的根源更为复杂,常常是源于新技术的出现;(2)具有长期的、复杂的、难以预测的后果;(3)对大自然和人类健康与福利都有影响。因为环境问题既包括污染,又包括休闲和美学资源的丧失,它就越来越被看作对人类整体生活质量的威胁。

同样,新的环境主义具有更深厚的生态学基础。到20世纪60年代,生态学在生物学科的基础上逐渐发展成熟,其中,一个与人类的关系最为密切和最为重要的概念就是生态系统。生态系统是指由生物群落及其生存环境所共同组成的动态平衡系统。生态系统的状况常常被比喻为宇航员长期生活而设计的宇宙飞船。从事环境研究的人员认为,所有人类在地球这样一个宇宙飞船中均享有相同的权利,也制造了相同的废物。因此,整个地球系统宛如一个巨大的地球太空船,只有保持系统内部能量的平衡,才能使地球的生态状况维持下去。环境科学研究发现了关于所有能量和物质运动的基本法则,能量和物质的流动贯穿于地球生态系统的全过程。所有人类的活动,从开发资源到生产、利用直到废弃和污染排放,都可以被看作"改变自然能量系统中的输入、输出或物质,所有自然能量系统常常处于脆弱的平衡状态,并且总是过于敏感的"①。环境科学对生态系统内能量流

---

① 斯特拉勒等. 环境科学导论[M].北京:科学出版社,1983:5.

动所做分析的方法和结论是从热力学的范畴所获得的。而热力学定律则有助于解释生态和现实环境问题的机理。(1)热力学第一定律:能量既不能被创造,也不能被消灭。虽然能量既不能被创造也不能被消灭,但是能量可以发生转化,即从一种形式转化为另一种形式。热力学第一定律给人们的启示是能量的现实状况存在于各种类型的物质之中。并且,该定律还提醒人们要平衡计算我们的能量。当开发一种新的能量时,要仔细观察能量变为资源而耗散进入系统内的状况。(2)热力学第二定律:能量从一种形式转变为另一种形式时会发生质的变化。与第一定律相比,第一定律主要是在能量的输入和输出方面与能量转化和演变的数量有关;第二定律虽然也与能量转化有关,但是它主要是从质量方面说明能量演变的不同方向。因此,人类对自然能量系统的一切影响可以看成:第一,改变能量和物质的输入或输出;第二,制造能量和物质转移或转化的新路径或者改变现有的路径。这两方面的影响正是人类对地球生态系统正常状态施加影响的关键环节。对人类行为的控制也必须从此开始。关于生态系统的平衡和不平衡,在环境中,生态系统一直保持着相对平衡状态。生态学家认为,由于生态系统内部种群之间呈动态相互作用,所以生态系统一直在变化和调整之中。在一定时期,某些物种的数量可能增加,而在另一定时期,它们又可能减少并被其他物种所取代,并且,生态系统变化的速度也是时快时慢。但是,一个平衡较好的系统的变化却是非常缓慢的。对人们希望保持的生态系统的平衡以及人们希望发生的变化来讲,什么因素可以决定生态系统的平衡和不平衡呢? 了解这些因素有助于人类把握自己的行为及其对环境产生的影响。

生态学研究发现,可以影响生态系统平衡和稳定的主要因素是捕食动物和被捕食动物之间的平衡,植被、食草动物和肉食动物之间的平衡,竞争物种之间的平衡,以及与非生物因素的平衡等四方面的平衡。这些因素都是在同时发生作用。例如,天然牧场是由有利于草占优势的许多物种之间的平衡组成的。若草被过度放牧,它就不能够通过再生来保持它在竞争中的优势地位。于是,平衡就倾向于有利于牛不能吃的大仙人掌这样一类多刺植物和各种草本植物。牧场的管理人员就开始用杀死杂草而不杀死青草的除草剂来恢复这个平衡。但是,生态学家极为担心,这种活动可能导致进一步环境混乱。①

生态学原理揭示了自然生态系统在正常状况下演进发展的过程和相互关系。自从人类通过自然选择而逐渐统治地球后,自然生态系统也开始发生了不利于人类生态系统与生物圈的其他系统保持平衡的变化。现在唯一的办法就是去认识

---

① B J. 内贝尔 . 环境科学[M]. 北京:科学出版社,1987:41 – 42.

自然平衡的规律,把人类的活动限制在不破坏这些平衡的范围之内。生态学家最初认为解决的办法是物理办法,因为对环境问题的分析源于物理学原理。例如,制止燃烧化石燃料就可以预防空气污染,封闭污水处理厂就可以消除水污染。由于这种方法只会对环境质量产生净损失而不是希望得到好处,这种方法显然不可行,于是就改用技术的方法来处理。仅以技术的进步来消除污染在实践中证明仍不足可取,因为这种方法将引起社会的结构和制度产生复杂反应,它们同时发生并相互影响。例如,在经济的、社会制度的、文化的等方面,人们对环境管理的看法都是不同的。为此,环境学和生态学家基于生态学原理提出了各种各样与环境有关的问题,以期待人类能正视这些事实并采取有效的措施以防止或减轻人为活动对环境的改变。

康芒纳在《封闭圈》里,将生态学称为"有关行星家政的科学"。他认为虽然生态学还没有明确发展为一种结构严密,或者说是由物理学的规律检验过的简化了的概念原则,不过,仍然有很多法则对我们现在所认识的生态圈已经是很明显的了,它们可以组成一种通俗的"生态学法则"(Ecological Laws)。这就是:第一法则——每一种事物都是彼此相联的,第二法则———切事物都必然要有去处(热力学第一定律),第三法则——自然知道得最好(不要改造自然),第四法则——没有免费的午餐。① 生态学的研究为人类改变人与环境关系的认识提供了科学的依据,它是当代环境主义和环境伦理价值观形成的自然科学基础。

第二节　地球日与现代环境运动

一、地球日及其影响

20 世纪 60 年代后期,一连串生态灾难降临美国。1966 年夏天在纽约的一场空气逆温中有 80 人死于烟雾。1969 年圣巴巴拉市(Santa Barbara)近海的油井钻机意外地向加利福尼亚海岸灌注了上百万加仑的石油,这些黑色油污的雾气杀死了许多野生动物并浸透了整个海滩。同年夏天,克利夫兰市附近被工业污染的凯霍加(Guyahoga)河燃起了大火,附近的伊利湖也因为垃圾和化学品的污染而成为一个死气沉沉的臭水沟。哈德逊河和荷萨特尼克河富集了有毒多氯联苯,浓雾笼罩着绝大部分城市,汞污染了食用鱼,垃圾污染了小溪。这些都让全国人民注意

---

① 巴里．康芒纳．封闭圈[M].兰州:甘肃科学技术出版社,1990:26－37.

到自然环境的恶化。加利福尼亚的电台和电视台宣布："在有烟雾警报的时候,洛杉矶教育委员会和县卫生协会要求该市的孩子不要在室内或户外奔跑、蹦跳。"佛罗里达的大沼泽地正在干枯,就连美国的象征——秃鹰,多年受到 DDT 以及其他农业杀虫剂的毒害也濒临灭绝。

虽然塞尔(K. Sale)认为 1962 年《寂静的春天》的出版标志着美国环境运动的开端,但真正象征环境意识和行为蓬勃发展的事件是 1970 年 4 月 22 日"地球日"。这一天,大约有 2000 万美国人,其中大部分是青年人聚集在街道、校园、河岸、公园和政府机关门口,表示他们对国家环境现状的不满。后来,4 月 22 日就被称为"地球日",它预示着环境革命已经开始了。这一事件是威斯康星州参议员纳尔逊(G. Nelson)的发明创造,他长期以来提倡清洁用水,而且被许多自然保护主义者认为是国会山里少有的一个有良心的声音。纳尔逊最初把这件事想象为"国家环境辩论会",这样参加者就可以在此讨论问题、分享信息,希望找到 20 世纪 60 年代"静坐示威"问题——如果不是政治问题的实质。然而,随着这一计划的逐步进展,纳尔逊和他的追随者(主要是校园里的积极分子)把更多的精力集中在环境主义上。"地球日"使公众的注意力指向诸如大气的"热量污染"、濒临干涸的湖泊、固体废弃物的浪费、毁灭性的裸露开采、灾难性的石油泄漏、自然资源的减少等问题,强调经济增长与消费主义对环境的损害已经快达到强度极限,并为大量美国人引进"轻松地生活在地球上"这一观念。

首次"地球日"活动激发全民对环境问题的思考,人们纷纷表达对环境问题的见解,试图找出环境危机的原因和解决办法。如果说在 20 世纪 40 年代或 20 世纪 50 年代,对环境问题表示忧虑的还只是像利奥波德所说的是一些"少数人"的话,现在情况就大不相同了。关心环境的人来自不同的职业:动物学家、诗人、工程师、神秘主义者、公共卫生护士、年轻的嬉皮士、经济学家、政府官员、农民、家庭主妇、人口统计学家、教师和学生,特别是学生。就像一股爱国急流,环境运动超越了年龄、性别、智力和社会阶层的限制,年轻人成为突击队。[1]《寂静的春天》的出版使环境主义很快得到青年人的欢迎。1969 年 11 月 30 日的《纽约时报》刊登了很长的文章,报道了人们对环境问题的惊人关注,在大学校园里尤其强烈,在大学生看来,环境问题是比越南战争更严重的问题。[2] 战后婴儿潮(Baby Boomer)时期(1944—1964

[1] SCHEFFER V B. The Shaping of Environmentalism in America[M]. Seattle:University of Washington Press,1991:6.

[2] EVANS K M. The Environment:A Revolution in Attitudes[M]. Farmington Hills:Gale Group, Inc. ,2002:1.

年），美国人口的增长是惊人的。整个国家的人口在 20 世纪 50 年代从 1.51 亿骤增到 1.80 亿人。诞生在美国历史上最富裕的年代，这些婴儿享受到了他们的父辈不可能得到的机会，接受了良好的教育。1971 年在第 26 条宪法修正案通过后，选举年龄从 21 岁降低到 18 岁，他们立即成为新增加的投票人，这使他们的社会影响充分增加。这些投票者变成了有力抨击美国传统价值观的积极分子。①

第一个"地球日"活动起到了巨大的教育作用。第一，它使人们认识到保护环境、保护自然是人类的责任和义务。在"地球"日活动中，爱默生、梭罗、马什、缪尔等前辈关于人与自然关系的观点和理论得到发掘和广泛传播。当时公众所关注的所有环境问题都有专门文章讨论。所有这些书籍和文章都要求人们改变传统伦理，树立新的尊重自然的伦理。在"地球日"活动中，所有这些书籍和文章都是环境主义者的基本宣传材料，因此，它们所宣扬的理论和观点得到广泛流传并对人们的思想发生深刻影响。第二，它激起人们对传统经济体制和发展目标的反思。人们认识到自由市场经济体制的缺陷——无内在目标和固定方向，仅仅服从于供需力量的调节。在自由市场经济体制下，人类共有的某些资源如空气、水等往往被少数人或集团用作换取个人利益的牺牲品。为此，政府应更加主动和有力地对社会经济活动予以干预、控制和调节，防止少数人或集团自私地利用环境和自然并把对环境和自然的损害后果转嫁给社会。长期以来人们所追求的经济发展目标应该得到改变。经济发展目标不应该是单纯的高度物质富裕和高度的物质消费，而应该是使人类的发展、繁荣和消费都不破坏自然的平衡、支持力和再生力。第三，它使人们加深对生态学基本规律的认识。"地球日"活动使"生态学"一词家喻户晓。第四，它推动了公民民主意识的发展。在"地球日"活动中，人们大声疾呼保障人的环境权利，要求制定和修改法律，加强对污染的控制，要求政府在环境保护方面发挥更大的作用。

因为"地球日"活动，各种人的思想都受到冲击，工业、商业和金融业人士首当其冲，他们必须重新考虑企业经营目标和方式，承担企业的环境义务。政治家们敏锐地认识到环境问题的重要性，在国会和州议会，政治家们提出各种各样的环境法案。教育家呼吁加强环境教育，法学家强调完善法制以适应环境保护的需要。甚至神学家的思想也受到冲击，他们重新评价和解释过去那种对自然怀有偏见和夸耀人类征服自然的业绩的思想。因此，可以说"地球日"活动是一场广泛而深刻的环境意识启蒙运动，它对新的环境道德的确立起了巨大的推动作用。"地

---

① SCHEFFER V B. The Shaping of Environmentalism in America [M]. Seattle：University of Washington Press，1991：7.

球日"之后几十年,普遍支持环境成为美国社会价值观的重要特征之一。民意调查一再显示美国公众认同环境价值观并支持保护环境的政策行动。事实上,几乎所有的政治家,无论哪个党派,为了竞选和连任,都称自己是"环境主义者"以取得公众信任。①

二、政府行动

从 20 世纪 60 年代末起,主流媒体就在引导公众高度关注环境问题并于 20 世纪 70 年代达到高潮。在《时代》、《幸福》、《纽约周报》、《生活》、《观察》、《纽约时报》、《华盛顿邮报》等报刊上都出现了大量的有关环境的头条新闻及封面故事。生态学已成为一个尽人皆知的字眼,虽然人们也许还并不完全理解它。公众对滥用环境问题的呼声很高而且广泛扩展。许多人不再愿意像以前那样把污染和环境破坏当作一种权利,而是开始控诉这种生产污染的权利以及不能够反对污染以保护环境的政府。所有这些环境问题都给政治领导人施加压力,促使他们采取行动。

远在 1970 年以前,缅因州民主党人士、参议员埃德蒙·马斯基(E. S. Muskie)就主张通过法律手段来保证美国人呼吸到清洁的空气。甚至连一贯不支持环境运动的尼克松总统在 1970 年 2 月的国情咨文中也宣称"20 世纪 70 年代是美国替以前还债的 10 年,我们要恢复清洁的水和空气,改善生活质量,这已到了刻不容缓的地步。"1969 年 1 月 20 日,当尼克松及其陪同人员走进白宫时,被铺天盖地的保护环境的公众舆论搞得措手不及。对社会问题常常采取回避态度的美国联邦政府对逐渐升级的环境问题做出了快速反应,这一反应产生的最重要环境保护法律实体是 1969 年的《国家环境政策法》(NEPA)、环境质量委员会(CEQ)和环境保护署(EPA)。NEPA 带来了两项重大创新:(1)要求每个联邦机构在采取可能伤害环境的重要行动前进行环境影响评估,但没有禁止有害行动,只是要求论证其最终的经济、社会成本——效益;(2)在行政机构建立了环境质量委员会,该委员会有权提出长期政策,向总统提出建议并监控环境影响评价(EIS)过程。庞大的环境保护局(EPA)拥有 6673 名工作人员,每年预算达 12.8 亿美元。NEPA 是对美国人民的庄严承诺:为了保护环境,就像 200 年前保护公民自由、商业、健康、教育、福利和国家安全一样,政府将承担责任。环境、民众和财产都是政府保护的对

---

① JACOBS H M. The "Wisdom", but Uncertain Future, of the Wise Use Movement, in Jacobs H. M. ed. Who Owns America? : Social Conflict Over Property Rights[M]. Madison : The University of Wisconsin Press, 1998 : 29 – 30.

象。① 根据统计,1948—1972 年(特别是在 20 世纪 60 年代)美国在持续生产、空气污染控制和水污染控制、机动车管理、固体废弃物处理、空气和水质量管理、公民权利、野生生物、土地和水保持基金、野外优美景观、河流、国家标志、历史遗迹保护等许多方面都制定了法律。

随后,政府制定了一系列新环境政策,其中最重要的环境保护法律的"7 个支柱(Seven pillar)"是:1970 年的《清洁大气法》(CAA)、1972 年的《清洁水法》(CWA)、1974 年的《安全饮水法》(SDWA)、1976 年的《资源保护和恢复法》(RCRA)、1976 年的《有毒物质控制法》(TSCA)、1972 年的《联邦杀虫剂、杀真菌剂和灭鼠剂法》(FIFRA)、1980 年的《全面环境反应、赔偿和责任法》(CERCLA 或超级基金)。这一系列新环境法成为今天环境保护法律的骨干,使联邦政府进入了环境保护的新时代。此外还有 1972 年的《水生哺乳动物保护法》、《噪声控制法》和《海岸管理法》。1973 年的《濒危物种法》、1976 年的《联邦土地管理法》及《国家森林管理法》。1977 年还对《清洁空气和水法》进行了修订,提出了更高的环境要求,并拓宽了它的适用范围。同时,公民的健康与安全也成为环境问题的范围,1970 年,遵照《国家环境政策法》的要求,成立了职业安全和健康署(OSHA)。这个机构的职责是确保工作区的安全并不影响工人的身体健康,雇主不得让工人在有有毒试剂或其他危险物质如石棉、棉尘的环境中工作,或使用不安全的机器或设备。

尼克松、福特、卡特在任的几年里,美国政府相当重视环境立法。1980 年,经过一场大规模的立法权斗争后,国会制定了《阿拉斯加国有土地法》,划出 1 亿英亩土地作为美国人民的永久性娱乐场所。20 世纪 70 和 20 世纪 80 年代,国会在其余 48 个州划出不少土地作为野生生态保护区、野生生物保护区和公园。里根时期没有重要的新环境法出台,只是对现存的许多法律进行了修订和强化,但它们的作用是不可忽略的。绝大多数新法规让排污者举证责任,证明他们的行为没有对环境造成危害,并对污染物排放浓度制定了统一的国家标准,避免排污者勒索州和地方执法部门。1980—1990 年,美国从注重对污染的末端控制转变到对资源利用的全过程管理;完善对处国际环境问题的国际立法;注重国内环境立法与国际环境立法的协调,强调越界污染损害的国家责任以及探索国际环境保护合作;1990 年以后,以国际法为统帅,将重点放在对处全球环境问题的立法上,在全球环境保护的理念下修改国内环境法。

---

① SCHFFER V B. The Shaping of Environmentalism in America[M]. Seattle:University of Washington Press,1991:146.

随着 EPA 的建立以及 20 世纪 70 年代各种环境法律和政策的通过,环境问题自身变成"主流",主要由律师、工程师、经济学家组成的 EPA,提出了一整套调整机构,按照污染物和介质把环境问题加以分类和处理。1969 年以来,立法和司法部门也关注环境法的规则和条例、条款和观念、标准和施行、材料和文本等问题。环境主义不但已经进入了政策舞台,也已经进入美国的语言、文化和国家象征中。① 虽然没有建立一个内阁级别的环境与资源部,但 EPA 的建立仍是一个重大进步,说明美国社会已经承认环境主义者关于环境质量是一个社会问题的观点。② 在随后的几年中,EPA 逐渐发展为国内最大的政府管理实体,它的庞大的预算和人员编制使得它能制定和实施一系列的环境保护工程和从事环境立法的执行和监督。

各级管理机构,包括科学、医药、教育和大众传媒也都发生了深刻的变化。1970 年以来,各州、市、地区新成立的环境部门和机构越来越多,甚至还发展到了农村。联邦管理机构专门制定环境标准,提供资金和技术咨询,绝大多数环境法的贯彻实施工作主要由各州负责。当遇到公害如垃圾未清理、石油泄漏时,大多数美国人习惯找各州政府出面解决。大多数甚至绝大多数州政府能独立处理这些问题。州政府负责保护环境"对美国人来说已经是根深蒂固的惯例"。

美国公众的环境意识的觉醒及全民环境运动的发展也影响和推动了其他西方主要发达国家的环境运动,从而揭开了全球环境保护运动的序幕。1972 年 6 月 5 日,"联合国人类环境会议"在瑞典斯德哥尔摩召开,"这是联合国史上首次研讨保护人类环境的会议,也是国际社会就环境问题召开的第一次世界性会议,标志着全人类对环境问题的觉醒,是世界环境保护史上的第一个里程碑"③。

三、非政府组织的行动

1970 年地球日,早期的自然保护组织如塞拉俱乐部、国家奥杜邦学会、国家野生生物联合会、伊萨克·沃顿联盟等其他团体对地球日几乎没有什么贡献。实际上,他们被国民的高昂热情惊呆了。尽管他们负责国有土地和野生生物的保护工作,当国民对污染和其他有损人类健康的环境问题愤怒之时,绝大多数组织置之不理,采取漠然的态度。"我们被突然爆发的新生力量吓了一跳",先后担任塞拉

① BENTON L M. and Short J. R. Environmental Discourse and Practice[M]. Malden:Blackwell Publisher Inc. 1999:88.
② DUNLAP R E. and Mertig A. G. American Environmertalism:The U. S. Environmental Movement,1970 – 1990[M]. New York:Taylor & Francis,Inc. 1992:2 – 3.
③ 曲格平. 环境保护知识读本[M].北京:红旗出版社,1999:26.

俱乐部执行董事和主席的迈克尔·麦克洛斯基(M. McCloskey)在 1989 年的一次采访中回忆说:"在那个时代,大家的口头禅是娱乐、自然风光、环境质量以及所有类似的东西",突然,一个听起来完全陌生的"全新的口号"流行起来,其主要内容是污染和废弃物,"我们被搞得晕头转向"。对那些参加了地球日运动的青年人来说,老的自然保护主义组织是不值得一提的。

　　主流组织关注的仍是拯救荒野,这是自 20 世纪以来自然保护运动的传统,很自然地成为传统组织的首要关注范围。在他们的推动下,1964 年通过《荒野法案》,在通过该法案 25 年之后,国家荒野保护体系增加到 9000 万英亩包括 474 个单位的公共土地。荒野学会在其 25 周年纪念日高呼"这是历史上最重要——甚至是最革命的环境保护观念"。1966 年,当垦荒局宣布在大峡谷国家公园修建 2 座水坝、淹没 150 英里科罗拉多河的计划时,主流组织再次采取行动。这次行动的领导者是塞拉俱乐部,利用它作为美国最悠久的环境保护组织这一遗产,并在几十年昏昏欲睡的绅士俱乐部之后,再次被看作一个具有重要影响的激进组织。虽然他们承认这又是一场防卫性的、无功效的战斗,但环境保护主义者自始至终为这场战斗进行斗争,领导这场斗争的布劳尔接受了大峡谷水坝问题对该组织的挑战,并熟练地运用了与时代合拍的策略。首先,他用一系列整片报纸广告反对这个计划;然后,他又加上小册子和汽车保险杠贴纸,重印了非常漂亮的塞拉俱乐部的图画册《时代与河流的流逝》,并预定要制作 2 部彩色影片;他本人不知疲倦地到处演讲,为适当的委员会提供证词。在形式上这是塞拉俱乐部最鼎盛的时期,1967 年,垦荒局彻底放弃了这个计划。一名国会议员宣称"地狱里没有像一名环境主义者所唤起的愤怒"。塞拉俱乐部的这一胜利意义重大,使许多人认为那些水坝是闯入荒野地区的非法混凝土建筑物,这些荒野地区原本有它们自己的完整性、它们自己的美观以及它们自己的权利。在大峡谷水坝问题上的挫败连同荒野保护体系的建立,标志着美国人对土地态度的重大改变:自然或者至少是其中较偏远的部分的存在,不仅是为了利用和开发,而且与其他事物是平等的,应该得到保存、保护和珍爱。

　　主流环境组织的第二个关注点就是"污染"这个人所共知的话题,这是对技术给人类健康与安全所带来的一系列危险的初步认识。污染,这个明显的、不可避免的、正常的代价人们不再能接受了,越来越多的人用脚、笔和嘴第一次自我宣布反对企业制造污染,抗议政府没有做好保护工作。奥杜邦学会就是反对 DDT 运动的热心支持者,全国野生动物联盟在 20 世纪 60 年代中期开始对污染制造者发起合法的挑战,甚至保守的、有运动员思想的伊扎克沃尔顿联盟也参与到各种清洁水的提议中。任何一个老派的组织都没有经验或专门技能或者必要的愿望对广泛的、系列的污染问题发挥作用，没有一个老式的环境组织有足够的经验和专业知识在范围宽广的反对污染问题上起中流砥柱作用，在前所未有的全国绿色浪潮面前，它们束手无策。但是，作为主体的环境组织某种程度上为公众广泛参与提供了可能，所以，这一问题就留给新的一批较小的组织来为公民担忧的事情进行奋斗。

第一个出现的是"原子能信息委员会"，由华盛顿大学的康芒纳与他的同事发起，这一组织首先参加反对原子能的斗争并逐渐关注广泛的污染问题，把积极的支持与科学融会在一起。康芒纳是一位生物学家和社会学家，没有老资格主流组织的贵族登山运动员的特性，他的话语就是他的忠诚的混合物。首先，必须对公司与政府关于事实的观点发出挑战；其次，对他们的技术提出更有效率的、无污染的变更建议；最后，努力把那种技术从资本家的公司中拿出来，吸收到民主的中央政府的手中。这是他熟练地陈述的言论，随着时间的推移，不断地出现在书本中、文章里、演说和辩论时，《时代》杂志不久在封面故事中称赞他是"生态学的尊敬的保罗"(the Paul Revere of Ecology)。随后，在关注环境保护的同时，形成了新一代专业环境组织。环境防卫基金会(EDF)、国家资源防卫委员会(NRDC)、地球之友(FOE)等开始形成。这些组织与以娱乐为取向的前辈相比更具政治性，关注大气和水污染、核能、固体废弃物等问题。① 1970年以来，这些最主要组织的成员，除了稍微有点沉静的伊萨克沃尔顿联盟外，都有了20世纪以来从未有过的明显增加，如表5-1所示。

表5-1　全国主流环境组织

单位:千人

时期/组织	成立	1960	1969	1972	1979	1983	1989	1990	1990年预算（百万）
进步时代									
塞拉俱乐部	1892	15	83	136	181	346	493	560	35.2
国家奥杜邦学会	1905	32	120	232	300	498	497	600	35
国家公园和保护协会	1919	15	43	50	31	38	83	100	3.4

① CARMIN J. Voluntary Associations, Professional Orgnisations and the Environmental Movements in the United States, in Rootes C. Environmental Movements: Local, National and Global[M]. London: Frank Cass Publishers, 1999: 105.

续表

时期/组织	成立	1960	1969	1972	1979	1983	1989	1990	1990 年预算（百万）
两次世界大战之间									
伊萨克瓦尔顿联盟	1922	51	52	56	52	47	47	50	1.4
荒野学会	1935	10	44	51	48	100	333	370	17.3
国家野生生物联盟	1936	—	465	525	784	758	925	975	87.2
"二战"后									
野生生物保卫者	1947	—	12	15	48	63	68	80	4.6
环境时代									
环境保卫基金会	1967		30	45	50	130	150	12.9	
地球之友	1969		8	23	29	30	30	3.1	
自然资源保卫委员会	1970	—	—	6	42	45	105	168	16
环境行动	1970		8	22	20	13	20	1.2	
环境政策研究所	1972		非	会	员	组	织		
合计		123	819	1117	1994	1994	2724	3103	217.3

随着美国进入 20 世纪 70 年代的 10 年，这 12 个环境组织统治了环境运动在华盛顿的势力。全国性组织和环境运动的院外活动（the Environmental Lobby）由老组织与新近建立的组织联合起来发展成为一个大的全国性组织的网络，在华盛顿控制着整个运动的发展态势。各个组织的利益和策略各有不同：有的从事支持环境运动的院外游说，有的发展教育项目和倡导性研究的专业与科学能力，有的为推进环境政策的形成而据理力争，有的则购置土地保存为自然保护区。20 世纪 60 年代早期，卡逊的《寂静的春天》和康芒纳的《科学与生存》在说明第二代环境问题——污染问题方面发挥了重大作用，并提供了利用"情报科学"（Informative Science）的教育途径处理这类问题的例证。在这些组织中，"十人团"（the Group of 10）是由院外活动群体联合而成的非正式组织，他们定期讨论共同的策略和问题。其他组织则紧紧围绕这个核心联合体工作。上表列出了 12 个著名的环境组织，它们从事广泛的游说活动，被看作国家环境游说的核心。除了环境行动和野生生物保卫者之外，其他组织都属于非正式的领导人联盟"十人团"，定期举行会议以讨论共同的战略和问题。几年前，该联盟出版了一册《未来的环境议程》。随

着数量的增加,成为"绿色游说(Green Lobby)"的"26人团"。①

　　相反,直接行动一直被主流组织认为太具侵略性,虽然环境行动组织在20世纪70年代早期就赞同这一方法,绿色和平组织在变为主流之前也强调这一方法。虽然绿色和平、海洋牧师学会、地球第一等激进组织实施了自己特色的直接行动,但主流组织仍在限制这种策略。它们采用的策略选择是政策改革。为了实现政策改革,这些组织从事竞选活动、进行对国会和政府机构的游说、监督政府决策并在必要时提起诉讼。许多组织进入选举政治,建立政治行动委员会(PACs),资助有利的候选人,其中一些还从地方环境主义工人中得到支持。游说者在向国会和涉及环境问题的各个政府机构施加压力中发挥重要作用。特别值得注意的是华盛顿的专职环境游说者人员的大幅增加。1969年,只有2名专职游说者为环境运动服务,到1975年,表中所列出的12个环境组织聘请了40名游说者,十年后这一数字达到88人。这一增加表明在美国,游说被认为是正常的安排,以确保有组织的利益集团能够在立法中发挥重大作用。1980年,康芒纳作为"新公民党"的代表参加了总统竞选。②

　　20世纪60年代中期以后,诉讼很快成为环境主义者思想库中最重要的武器。诉讼密切涉及行政决策,当环境主义者不能使行政机构完成他们认为是其合法的责任时,法院是环境主义者最后的手段。在美国,法院是国家政策程序中唯一强大的力量。除了诉讼以及明显支持候选人外,这些策略并不新奇,都曾经被自然保护运动利用过。新奇之处在于环境运动的支持范围、复杂性、特别是其连续性。全国组织现在有能力跟踪从最初提议到立法制定、典型拖延然而是至关重要的执行阶段的重要问题,在执行阶段,某个机构逐步阐明并强制执行使法律生效的规章。这种普遍的政策改革战略与环境组织大众动员方式相一致,会员代表授权组织并为它们提供必要的游说和诉讼活动资源。标准规则的变化以及税法和规章的改变(这使环境组织可以参与非教育辩护而不必担心丧失其非赢利税收地位)都使环境组织参加政治辩护的关键。另一个重要因素是环境组织及其全体工作人员的职业化,比起以前允许更高程度的连续性和对问题的更多专家意见。到20世纪80年代,遗憾的是,"十人团"疏远了许多环境组织,认为环境主义是在华盛顿市范围之内的事件,通过立法战略集中于联邦政府解决问题,其他组织被排除

---

① DUNLAP R E. and Mertig A. G. American Environmertalism:The U. S. Environmental Movement,1970－1990[M]. New York:Taylor & Francis,Inc. 1992:13－14.

② DUNLAP R E. and Mertig A G. American Environmertalism:The U. S. Environmental Movement,1970－1990[M]. New York:Taylor & Francis,Inc. 1992:20.

在外。到 20 世纪 80 年代后期,基层组织出现,并对主流环境组织"从问题到问题"(Issue - by - Issue)的战略提出批评。

与美国大多数社会运动组织相比,全国环境组织在过去 20 年里取得巨大成功。它们不仅生存下来而且出现了会员的大幅增长。老资格组织完成了从自然保护主义向环境主义的转变,直接或间接地为大量新型组织的出现做出贡献。这些组织在国家决策中构成了影响力,它们的地位反映了一个事实:环境主义已经从松散协同的社会运动演变为连贯的公共利益游说。然而,环境组织游说的政治影响力也伴随着与生俱来的保守压力,却要在华盛顿的妥协世界里按照"游戏规则"进行运作。因而出现了激进环境主义者对全国组织的持续批评,造成了全国组织与地方基层组织之间的持续紧张关系。①

另一个新型的组织由一位公众斗士纳德(R. Nader)发起建立,虽然他只是号召改革而不是废除现有的制度。首先从 1966 年的畅销书《任何速度都不安全》(*Unsafe at Any Speed*)关于汽车安全问题开始,1968 年他在华盛顿市建立了"响应法律研究中心"(Center for Study of Responsive Law),准备对各种公司及它们串通一气的调节者提起诉讼,然后发动一系列特别小组——纳德袭击者(Raiders),研究和介绍在汽车安全、杀虫剂、核能、食品与药品、大气与水污染等方面的变化,对联邦机构的管理给予严厉的曝光。1970 年,他在华盛顿创办了"公共利益研究组织",致力于那些事业以及类似的事业,并产生了一系列类似的组织,几乎在多数州联盟内主要得到大学校园的支持;次年,他建立了一个多用途的游说和诉讼中心,称为"国家公民"(Public Citizen),到 20 世纪 70 年代末,其成员已经增加到50000 人。

这些新的激进组织没有一个比"环境防卫基金会"(EDF)更具有独创性,在环境主义立法方面它是重要的提倡者,1965 年仿效塞拉俱乐部成功地阻止了在哈得逊河流域上的发电站项目。1967 年在纽约市成立后,EDF 逐渐形成了由生态学家和律师组成的工作小组,很快制定出进行环境诉讼的技巧,从工业污染到核电站建设到铅中毒,并证明这些诉讼和禁令(或者对他们的威胁)策略在好诉讼的社会里常常比写信或游说更有效。它培养了大批环境科学家兼律师,他们很快就在非常广泛的领域内发展了环境诉讼的艺术,事实证明这些法律与环境科学、生态学相结合的策略在法制社会里常比写信和游说等有效得多;而且也推动了"环境权"概念——不仅仅指人所享有健康,适宜的环境的权利,如清洁空气、安全饮水、日

---

① DUNLAP R E. and Mertig A G. American Environmertalism:The U. S. Environmental Movement,1970 - 1990[M]. New York:Taylor & Francis,Inc. 1992:21 - 24.

照权、安静、眺望权、环境共有财产权,甚至还指自然环境本身的权利,如树木的生长权、野生生物生命权,等等。从这以后,"诉讼"就成为环境主义者的保留策略。① 按照 EDF 的原形,"保卫自然资源委员会"1970 年在福特基金会的帮助下建立起来,"塞拉俱乐部合法保卫基金"也于 1971 年在旧金山形成,从此,"控告讨厌鬼"(Sue the Bastards)技术就成为环境主义者的固定战略。

EDF 创建后不久,另外一个组织"人口零增长"在华盛顿建立。这是该俱乐部 1968 年出版埃利希的《人口爆炸》(The Popualtion Bomb)一书成功的结果,这使公众关于全球人口过剩的意识以强烈的、世界末日来临的方式表现出来("满足全人类需要的战斗已经结束。在这最后时刻,什么都不能阻止全球死亡率的大量增加"),结果成为已出版的最受欢迎的环境类书籍,在最初的 10 年里销售了 300 万册。在随之而来的争论风暴中,该书被抨击为新马尔萨斯主义(这一点它是)和新卢德派(这一点它不是),塞拉俱乐部中埃利希的支持者以及环境运动中其他的支持者决定成立游说和思想研究中心,以定期重申他们的观点并继续讨论这个问题。1969 年夏,布劳尔从塞拉俱乐部辞职后,立即发起了一个新的组织"地球之友"(FOE),核心会员集中在旧金山,伦敦和巴黎设有分支机构,并拥有免税权,下设约翰·缪尔环境研究所,以避免出现新的税收问题。FOE 建立后,立即成为反对核电站的领导者,在各种各样的污染问题上也发挥了重要作用。

总之,"地球日"之后,那些致力于野生生物保护的传统组织逐渐认识到空气和水污染也会影响国家公园,被工业毒物夺去健康的美国人再也无法领略大自然的美丽风光。环境卫士也很快发现破坏环境的技术和贸易同样也威胁着人类,伤害了阿拉斯加野生生物的石油泄漏和阿巴拉契亚山脉的露天矿山都是滥用自然资源的结果,这些正威胁着附近城市居民和工人的健康。正像马什、缪尔、利奥波德、卡逊等人所预言的那样,人类与自然界是密不可分,破坏了它就要受到惩罚。显而易见,治理污染、保护公众健康与保护土地和自然是一致的。无论从科学还是道义上,生态学都将新旧两种环境组织牢固地团结到一个既激烈斗争又相对统一的全国性环境运动中。

---

① CARMIN J. Voluntary Associations, Professional Orgnisations and the Environmental Movements in the United States, in Rootes, C. Environmental Movements: Local, National and Global[M]. London: Frank Cass Publishers, 1999:106.

第三节　深层生态学与激进环境主义

一、深层生态学的提出及发展

20 世纪 70 年代以来,生态学领域中最引人注目的动向是深层生态学理论的提出和发展。1973 年,挪威哲学家奈斯(Naess A.)首次提出了"深层生态学"的概念。卡逊的工作是现代环境运动开始的标志,但她的思想在很大程度上是深层生态学的,因而她的思想也深刻地影响了奈斯。奈斯所做的工作就是试图对卡逊所展示的自然做更深入的探讨。1967 年怀特的批评极大地鼓舞了处在萌芽中的深层生态学,因为深层生态学所攻击的正是怀特所批判的。其他人对人口、经济、技术乃至社会制度的批判也更加坚定了深层生态学的信心,使他们看到了深层生态运动未来的希望。20 世纪 60—20 世纪 70 年代中期,可以被看成深层生态学的孕育时期。20 世纪 70 年代是深层生态学的初创时期。从 1973 年的"深层生态学"一词的首次提出到 1970 年代末期,并没有引起生态哲学的重视。那时的生态哲学始终不能进入西方哲学的领地,而是徘徊于西方哲学的边缘,且不说西方哲学,就是生态哲学本身其"话语"也是人类中心主义的。深层生态学在生态哲学中被排挤到一个小小的角落,有关深层生态学的文章一直很少在生态哲学的文献中出现。然而,进入 20 世纪 80 年代后,这种情况有了显著改善。这一方面是经过 20 世纪 70 年代生态危机根源的大讨论后,一些生态哲学家逐渐放弃人类中心主义立场,转而对人类中心主义持批判态度,这些人开始重视起深层生态学。另一方面,一些民间生态运动组织广泛采纳深层生态学的提议,使深层生态学的影响开始扩大,成为生态哲学不得不关注的方面。1983 年,澳大利亚著名哲学家帕斯莫尔在《人对自然界的责任》一书中写道:"按现在的惯例,那些严肃地对待环境问题的生态哲学家被分为两类:'浅层的'和'深层的'。"①而弗劳尔(R. W. Flowers)则认为:"近 3 年来,深层生态运动正以惊人的速度引起了公众的注意。"②之所以如此,是与深层生态学的理论家和活动家的努力分不开的。在推动深层生态学在

---

① PASSMORE J. Political Ecology:Responsibility and Environmental Power[J]. The Age Monthly Review,1983(Feb):15 – 16.

② FLOWERS R W. Of Old Wine in New Bottles:Taking up Bookchin's Challenge[J]. Earth First!,1987(1):19.

美国早期的传播上,它的两位重要代表人物德韦尔(B. Devall)和塞欣斯
(G. Sessions)起了重要作用。德韦尔和塞欣斯对深层生态学的主要贡献在于:第
一,在1979—1980年间他们把奈斯的思想学说完整地引入了生态哲学的领域,使
深层生态学成为生态哲学领域中一个正式的思想流派;第二,努力使奈斯的学说
成为深层生态学正统理论,并扩展它在生态哲学中的影响;第三,努力促成生态哲
学家与深层生态主义者的相互认同。由于上述工作,他们在深层生态学中的地位
被生态哲学家所认可。① 他们两人在1984年出版了《深层生态学》一书,全面系
统地论述了深层生态学思想产生的背景、理论主张、思想根源和深层生态运动的
情况,对深层生态学思想在美国的传播和发展起了重要作用。20世纪80年代中
期以后,澳大利亚深层哲学家福克斯脱颖而出。与塞欣斯不同,他更注重对外部
意见的分析和对深层生态学自身的批判。早在20世纪80年代,他就对深层生态
学的一些根本问题提出过自己的独到见解。② 在深层生态学与生态女性主义、社
会生态学,以及其他环境哲学流派争论最激烈的时期,他能够冷静地对各家观点
的相同和分歧进行客观的分析评价,使他成为深层生态学中的一个重要人物。③
他的《超越个人的生态学》是迄今对深层生态学阐述最系统深入的著作。在书中,
他对深层生态学的概念、奈斯的生态哲学体系,以及其他深层生态主义者对深层
生态学的个人观点均有十分透彻的分析,并提出了独特的看法。他试图用"超越
个人的"一词来表达深层生态学是一种既关注个体又超越个体意义的整体主义,
以弥补奈斯体系中对个体关注不足的缺陷,这无疑是对深层生态学理论的一种发
展。当然,他的这种做法也遭到内部的一些批评。④

　　除了上述重要人物外,还有许多学者在捍卫和发展深层生态学思想过程中发
挥了积极作用。如谢泼德(P. Shepard)、德雷格逊(A. Dregson)、齐默尔曼(M.
Zimmerman)、拉夏佩尔(D. LaChapelle)、席德(J. Seed)、麦西(J. Macy)、海沃德
(J. Hayward)、埃文登(N. Evernden)、利文斯顿(J. Livingston)、麦克劳夫林(A.
McLaughlin)、马修斯(F. Mathews)、罗森伯格(D. Rothenberg)、威特贝克(A. Witt-
becker)、艾肯特(R. Aitken)、罗德曼(D. Rodman)、弗劳尔斯(R. W. Flowers)、麦科

---

① FOX W. Toward A Transpersonal Ecology [M]. Shambhala,Rondom House,1990:55 – 77.
② FOX W. Deep Ecology:A New Philosophy of Our Time[J]. The Ecologist,1984 (5/6):194 –
　　200.
③ FOX W. The Deep Ecology – Ecofeminism Debate and Its Parallels[M]//Sessions G. Deep E-
　　cology For The 21ˢᵗ Century. Boston:Shambhala Publications Inc. ,1995:269 – 289.
④ MCLAUGHLIN A. The Heart of Deep Ecology[M]//Sessions G. Deep Ecology For The 21ˢᵗ
　　Century. Boston:Shambhala Publications Inc. ,1995:85 – 93.

马克(B. McCormick)等人。他们或是在与浅层生态主义者的争论中为深层生态学辩护,或是站在深层生态学的立场对人类中心主义进行批判,或是针对浅层生态学某些具体的理论方面加以完善。由于他们的工作,深层生态学在20世纪80年代末期和20世纪90年代初期迅速发展并成为西方生态哲学领域和生态运动中一支不可忽视的力量。深层生态学使用的概念也为生态哲学家所接受。生态哲学家把生态哲学分成两个阵营,即由人类中心主义构成的改良环境主义(Reformist Environmentalism)或温和的环境主义(Modest Environmentalism)与以生态整体主义思想为核心的激进环境主义(Radical Environmentlaism)。深层生态学成为激进环境主义的主要代表。现在无论是在学术领域还是在生态实践领域,不管人们是否情愿,都已不能无视深层生态学的存在了。①

这一理论的阐发在许多方面都与环境伦理学有契合之处。深层生态学反对在环境问题上的改良主义观点,主张对环境危机予以彻底的根治,根治的举措就是谋求人类的价值观念、伦理态度和社会结构的根本性变革。深层生态学认为,环境危机是有着深刻的价值论渊源的,这主要就是西方传统的机械论自然观,主客二分的认识模型和人类中心主义的价值立场,它们都将自然物看成人的工具,认为自然价值仅仅是对人类的工具价值。同时,西方社会的发展过于强调经济的增长,将经济指标作为判定社会发展的最重要的标准,这也是导致环境危机的重要因素。所以,深层生态学强调要从制度上和文化上寻找生态危机的深层根源,要从制度改变和文化变革的意义上来谋求人与自然的和谐。今天,深层生态学已经成为西方环境哲学的一个重要理论流派和环境运动中环境主义思想的主导力量。

二、浅层生态学与深层生态学

环境运动带来的生态学领域中最引人注目的动向即深层生态学理论的提出和发展。深层生态学(Deep ecology)最初由挪威哲学家阿恩·奈斯1973年在《浅层生态运动与深层、长远生态运动:一个概要》一文中提出。由哲学家乔治·塞欣斯和社会学家比尔·德维尔最早带到美国。②

奈斯是挪威著名的哲学家、纳粹抵抗者、登山爱好者,他相信,生态学家和哲学家应当在一门被称为"生态哲学"的新学科中共同培养他们的智慧。他在1972年的演讲中首次提出了他的这一理论,并于1973年在《探索》杂志上发表了《浅层

① 雷毅.深层生态学思想研究[M].北京:清华大学出版社,2001:62.
② DEVALL B. and Sessions, G. Deep Ecology[M]. Salt Lake City, UT:Peregrine Smith,1985.

生态运动与深层、长远生态运动：一个概要》①一文，对上述两种主张做了区别和分析。他把前者称为浅层生态学和浅层生态运动，把后者称为深层生态学和深层生态运动。深层生态学与浅层生态学是性质截然不同的两种生态思想。这种本质上有区别的观念反映在当代生态运动的具体行动中便有了完全不同的现实主张。② 在解决污染问题上，浅层生态学通常的做法是用技术来净化空气和水，缓和污染程度；或用法律把污染限制在许可范围内；或干脆把污染工业完全输出到发展中国家。与此不同，深层生态学从生物圈的角度来评价污染，它关注的是每个物种和生态系统的生存条件，而不是把注意力完全集中它对人类健康的作用方面。例如，浅层生态学对酸雨反应的做法是更多地研究树种和寻找高抗酸性的树种避免它的危害。深层生态学则把注意力集中在它对整个生态系统的作用上，它首先反对的是应对产生酸雨负责的经济环境和技术，认为最重要的是寻找污染的深层原因，而不仅仅是表面的、短期的效果。它要求对污染问题给予长远的关注，要求发达国家对第三世界国家无力支付治理污染的费用给予援助，它的口号是：输出污染不仅是对人类的犯罪，也是对所有生命的犯罪。在资源问题上，浅层生态学仅仅为了人，尤其是为了富裕社会的现代人而强调资源问题，它认为，地球资源属于那些有技术开发能力的人；相信资源不会耗尽，因为当它稀缺时，市场的价格就会保护它，通过技术进步就会找到替代品；而且，植物、动物以及自然对象作为资源对人类是有价值的。深层生态学则把资源与所有生命及其生活习性联系在一起，而不是把自然对象当作孤立的资源来看。这种认识必然要求对人类生产和消费模式进行重新评价，于是便产生这样一类问题：生产和消费究竟增长到何种程度才能促进人类的终极价值，才能在何种程度上满足基本需要？这种基本需要是区域性的还是全球性的？怎样才能使经济、法律和教育体制发生以抵消破坏性的增长？资源利用如何才能为生活质量服务而不是为消费主义者普遍倡导的经济生活标准服务？从深层的观点看，人们应当加强对生态系统的认识而不只是孤立地考虑生命形式或局部情况。

在人口问题上，浅层生态学把人口过剩看作发展中国家的问题，它鼓励了西方国家为了短视的经济、军事以及其他理由而增加人口，认为增加人口数量对自己的国家有价值，经济上也有利可图。深层生态学认为地球生命系统造成巨大压

① NAESS A. The Shallow and The Deep, Long – Range Ecology Movement：A Summary［J］. Inquiry,1973(16)：95 – 100.

② NAESS A. The Deep Ecological Movement：Some Philosophical Aspects［M］//Sessions G. Deep Ecology For the 21ˢᵗ Century. Boston：Shambhala Publications Inc. ,1995：64 – 84.

力源于人口爆炸,来自工业社会的这种压力是一个主要因素,减少人口是当代社会必须优先考虑的事。在文化多样性与适宜技术问题上,浅层生态学把西方的工业化作为发展中国家追求的目标,认为西方的技术与文化的多样性是一致的。深层生态学则认为浅层生态学低估了非工业社会深层文化的差异,这种差异与当代西方标准是完全背离的。深层生态学致力于保护非工业社会的文化,使它尽可能地免遭西方工业文化侵蚀,理由是文化的多样性与生物学上生命形式的丰富性和多样性是完全一致的。工业社会需要优先考虑的问题是在普通教育中加入文化人类学的内容。深层生态学主张限制西方技术对非工业化国家的影响,也不应当支配发展中国家。工业社会中的政治经济政策应有利于亚文化群,区域性的软技术应被允许作为对技术发明与革新的一种基本的文化评价,当高技术具有了文化上的破坏潜力时应当允许对它的自由批判。在关于自然的伦理问题上,深层生态学坚决反对浅层生态学在观念上对自然景观,如风景区、生态系统、河流及所有自然存在物所做的划分,这些被划分的碎片最终被当作个人、组织和国家的财产,并用"成本效益分析"之类的方法来计算它的"多种用途"。相反,资源开采与使用的社会成本和长远的全球生态成本则被忽略。野生自然的保护和管理被看成为了"子孙后代"。深层生态学认为,地球并不属于人类,因而地球资源也就不应当属于某个国家、组织或个人。人类只是大地的居住者,使用资源以满足基本需要。如果人类的非基本需要与非人类存在的基本需要发生冲突,那么,人类需要就应放在后位。生态破坏不可能靠技术来解决。因此,必须坚决反对工业社会流行的骄傲自大观念。

在环境教育问题上,浅层生态学认为,对付环境退化与资源耗竭需要培养更多的"专家",他们能提出如何把经济增长与保持环境健康结合起来的建议。如果全球经济增长使地球环境退化,那么我们就用更强的操纵技术来"管理"这个星球。科学事业必须优先考虑这类"硬"的科学技术。教育也应当与实现这类目标保持一致。深层生态学则认为,我们需要采取明智的生态教育对策,尤其要使公众(主要是发达国家)认识到他们的消费已经十分充足,从而教导他们加强对非消费品之类的东西的关注。深层生态学反对用价格来决定物品价值的教育,主张科学重心应从"硬"向"软"转换,这种转换充分考虑到区域文化和全球文化的重要性。在尊重生物系统完整性和健康发展的框架内,把世界保护战略作为优先考虑的教育对象。

概括地说,浅层生态学的思想基础是人类中心主义的,它主张在不削弱人类的利益的前提下改善人与自然的环境。它把人类的利益作为出发点和归宿,认为保护资源与环境本质上就是为了人类更好地生存;它把生态危机看成人类发展过程中难以避免的现象,认为生态危机只能表明人类发展得不充分,只要我们不断完善社会建制、改进分配体制、发展科学技术,这类问题最终都能得到解决。因此,它主张在现有经济、社会、技术框架下通过具体的治理方案来解决环境问题。深层生态学所持的是一种整体主义的环境思想,通常被称为生态中心主义。这种观点把整个生物圈乃至宇宙看成一个生态系统,认为生态系统中的一切事物都是相互联系、相互作用的,人类只是这一系统中的一部分,人类的生存与其他部分的存在状况紧密相连,生态系统的完整性决定着人类的生活质量,因此,人类无权破坏生态系统的完整性。它的信念是:如果自然受到损害,我们也就好不了。它要求人们对人与自然的关系做批判性的考察,并对人类生活的各方面都进行根本性变革。深层生态学认为,浅层生态学的做法不能从根本上解决环境问题,它把注意力集中在环境退化的症状上而不是原因上,这是典型的头痛医头、脚痛医脚的办法。以技术乐观主义和追求经济效率的方案来解决环境危机所涉及的伦理、社会、政治问题,这只不过是以治标代替治本,这些做法不仅不能从根本上解决环境问题,而且本身潜伏着危机。因此根治环境危机的药方也必须针对价值观念、伦理态度和社会结构。与浅层生态学看法相反,深层生态学把生态危机归结为现代社会的生存危机和文化危机,认为生态危机的根源恰恰源于我们现有的社会机制、人的行为模式和价值观念。因而必须对人的价值观念和现行的社会体制进行根本的改造,把人和社会融于自然,使之成为一个整体,才可能解决生态危机和生存危机。深层生态学首先致力于破除生态哲学和生态运动中的人类中心主义价值观念,试图通过批判人类中心主义树立起生态中心主义价值观念,并最终建立一种无等级差别的理想的生态社会。要深入理解深层生态学思想,首先要对它所批判的东西进行认真地考察。

奈斯首次把环境主义分成两个对立的阵营:浅层生态学和深层生态学。奈斯认为,浅层生态学是人类中心主义的,只关心人类的利益;深层生态学是非人类中心主义和整体主义的,关心的是整个自然界的利益。浅层生态学专注于环境退化的症候,如污染、资源耗竭等;深层生态学要追问环境危机的根源,包括社会的、文化的和人性的。在实践上,浅层生态学主张改良现有的价值观念和社会制度;深层生态学则主张重建人类文明的秩序,使之成为自然整体中的一个有机部分。①奈斯的区分原则上为环境主义者普遍接受,尽管许多人并不赞同他的学说。这也

---

① NAESS A. The Shallow and the Deep, Long – Range Ecological Movement [J]. Inquiry 16 (Spring 1973):95 – 100; and The Deep Ecological Movement:Some Philosophical Aspects[J]. Philosophical Inquiry ,1986 (Fall):10 – 31.

就是所谓"改良环境主义"（Reformist Environmentalism）与"激进环境主义"（Radical Environmentalism）的对立。自 20 世纪 70 年代至今,激进环境主义代表着环境运动的主流。

三、深层生态学的主要原则

深层生态学之所以是深层的,就在于它对浅层生态学不愿过问的根本性问题提出质疑并不断向深层追问。浅层生态学在人与自然的关系问题上所持的是人类中心主义立场,它必然地视人类利益高于一切。浅层生态运动的出发点和最终依据是人类利益而不是自然界的整体利益。因此,它不必怀疑人们对生态问题所采取的对策的合理性,也就自然不会对它的任何主张进行深层追问。深层生态学所持的是生态中心主义的立场,它对在人类中心主义框架下所做出的任何决定都保持着警惕。深层生态学反对浅层生态学,"不是因为它是建立在一种清晰明确的哲学和宗教基础上,而是因为它是建立在不正确的哲学和宗教基础上。也就是说,他是缺乏深度的,缺乏具有指导意义的哲学和宗教基础"①。深层生态学者喜欢用"追问"（to Seek,be Asking or be Questioning）这样的词。在他们看来,只有像"深层的""追问"这类词才能恰当地表达他们的思想和态度。这种深层追问成了区别深层生态学与浅层生态学的标志。正如深层生态学的开创者奈斯指出的那样:"……形容'深层的'强调了我们问'为什么……''怎样才能……'这类别人不过问的问题。作为科学的生态学,并不考虑何种社会能最好地维持一个特定的生态系统,这是一类价值理论、政治、伦理问题。只要生态学家们狭隘地固守自己的领域,他们就不会过问这类问题。例如,我们为何把经济增长和高消费看得如此重要? 通常的回答是指出没有经济增长会产生的经济后果。但是从深层生态学的观点来看,我们对当今社会能否满足诸如爱、安全和接近自然的权利这样一些人类的基本需求提出疑问,在提出疑问的时候,我们也就对社会的基本职能提出了质疑。我们寻求一种在整体上对地球上一切生命都有益的社会、教育和宗教,因而我们也在进一步探索实现必要的转变我们必须做的工作。我们不限于一种科学方法,我们有义务用文字表达一种总体的观点。"②因此,严格地说,深层生态

① NAESS A. The Deep Ecological Movement:Some Philosophical Aspects[M]. in Amstrong S. J. Botzler R. G. ed, Environmental Ethics:Divergence and Convergence, McGraw – Hill Inc. , 1993:411 – 421.

② BODIAN S. Simple in Means,Rich in Ends:A Conversation with Arne Naess,Ten Directions [J]. California:Institute for Transcultural Studies,Zen Center of Los Angeles,1982,Summer/Fall.

学应该被理解为深层追问的生态学(Deep Questioning Ecology),它强调的是"问题的深度"(Deepness of Question)。奈斯曾明确指出,"'深层'的含义就是指追问的深度"。①深层生态学讨论一切问题都是以这种深层追问的方式为出发点,通过深层追问而达到问题的本质。这种深层追问的生态学就是我们通常意义上的深层生态学。在奈斯的深层生态学著作中,这种深层的追问处处可见。奈斯相信,通过深层追问的过程最终能够揭示出问题的本质,并由此得到一些基本的原则。他曾以"问题的深度"为题,专门探讨过深层追问的方法。② 深层追问方法是奈斯构造深层生态学理论最重要的工具,它已经成为深层生态学方法论的最重要组成部分。

深层生态学与浅层生态学虽然都关注环境问题,但出发点和最终目标却有本质的差别,因此,无论在自然观、价值观,还是在社会观、政治观、经济观和技术观方面都存在着根本分歧。就自然观而言,以人类中心主义为基础的浅层生态学信奉的是占主导地位的机械唯物论的形而上学,它是还原论和人类中心主义的。在这种世界观图景中,宇宙是原子论的、可分的、孤立的、静止的、互不关联的,可以通过还原的方法来理解。通过还原,人同他的自然环境分离开来,其他事物也与自然界分离了开来,整个世界成了由分离的物体构成的集合体。在这个集合体中,只有个体才是真实的,而且,对个体的还原越是基本就越能接近"真实的实在"。"真实的实在"严格遵循物理学定律,不过只有一个例外,那就是人。人具有"心灵""自由意志""理性""情感",这些品质使他并不必然地受到物理学定律的控制。近代以来的西方哲学传统一直主张人与自然分离的二元论,并且通过概念上的主体与客体、主体性与客观性、描述与评价把人与自然对立起来。人被认为不同于自然中其他存在的理性存在,因而高于其他存在,一切自然存在只是服务于人的对象。浅层生态学赞成人与自然分离的传统观点和人类中心主义的主张,它把人与自然的关系理解为形象与底色的关系,衬托人的底色只有把人的形象美化成重要的形象才具有重要意义;它将知识划分为几个相互隔绝的部分,认为伦理学与形而上学是分离的。

深层生态学把当前的生态危机归咎于西方文化传统中对待自然的二元论、还原论和功利主义态度。它拒斥近代哲学主流中的机械唯物论和人类中心主义世界观,而主张一种整体论的观点。这就是斯宾诺莎(Baruch de Spinoza)等人所倡

---

① NAESS A. Spinoza and Ecology[J]. Philosophia,1977(7):45-54.
② NAESS A. Deepness of Questions and The Deep Ecology Movement[M]. in Sessions G. ed, Deep Ecology for the 21st Century[M]. Boston:Shambhala Publications Inc. ,1995:204-212.

导的一元论。它把整个宇宙看成由一个基本的精神或物质实体组成,由实在构成的"无缝之网"。人和其他生物或自然都是"生物圈网上或内在关系场中的结",是它的不同表现形式。它认为,把个体看成脱离各种关系之网的、彼此分离的实在,那就打破了实在的连续性和统一性。因此,"深层生态学的中心直觉是,在存在的领域中没有严格的本体论划分。换言之,世界根本不是分为各自独立存在的主体与客体,人类世界与非人类世界之间实际上也不存在任何分界线,而所有的整体都是由它们的关系组成的。……只要我们看到了界线,我们就没有深层生态意识"①。在本体论上,深层生态学坚持一切实在基本上都是动态的、易变的、整体的、相互关联的和相互依赖的;从长远的观点看,人类必须建立一种人与自然关系的新的理解,这种理解应当是生态中心主义的,而非人类中心主义的、二元论的。德韦尔和塞欣斯说:"深层生态学始于统一体而非西方哲学中占支配地位的二元论。"②深层生态学对对二元论、还原论的批判和坚持一元论、整体论的主张,得到了一些人士的赞同。如巴里·康芒纳对生态危机进行深入分析后,得出的结论是,技术在生态问题上的失败是由于人们无视生物系统的整体性而造成的,并认为"这是还原论的过错,还原论认为研究复杂系统的孤立部分的属性可以获得对整个系统的充分理解。还原的方法论是许多现代科学研究的特点,但它对于分析系统面临着退化威胁的巨大的自然系统来说,并不是有效的手段"③。在价值观层面,浅层生态学坚持的是一种人类中心主义的价值观。它把人看成一切价值的来源,非人类的世界只有外在的工具性价值。因而浅层生态学很自然地把人类的利益作为出发点和归宿,认为保护资源与环境本质上就是为了人类更好地生存。在他们看来,保护环境不是为了环境本身,而是因为环境对我们有价值,环境一旦离开了人就失去了存在的意义。因此,浅层生态学关注的是人的价值的最大化,关注自然不过是实现人的价值的手段,因而它不需要过问生态环境问题背后的深层根源。奈斯指出,浅层生态学向污染和资源耗竭开战的中心目标,是发达国家公民的健康和富裕。④ 与此相反,深层生态学从整体论立场出发,把整个生物圈乃至宇宙看成一个生态系统,认为生态系统中的一切事物都是相互联系、相

① FOX W. Deep Ecology:A New Philosophy of Our Time[J]. The Ecologist,1984 (5/6):194 – 200.
② DEVALL B. and Sessions G. Deep Ecology:Living as if Nature Mastered[M]. Salt Lake City: Peregrine Smith Books,1985,chapter 3.
③ 巴里·康芒纳. 封闭的循环[M]. 长春:吉林人民出版社,1997:153.
④ NAESS A. The Shallow and The Deep,Long – Range Ecology Movement[J] Inquiry,1973(16): 95 – 100.

互作用的,人类只是这一系统中的一部分,人既不在自然之上也不在自然之下,而在自然之中。人类的生存与其他部分的存在状况紧密相连,生态系统的完整性决定着人类的生活质量,因此,人类无权破坏生态系统的完整性。整体论强调每一物种在维护整个生态系统健康存在中所起的作用,也主要从这个意义上评价一个物种的价值。因此,深层生态学理论的基本前提之一就是生态系统中的每一存在物都具有内在价值。这种信念用康芒纳的"生态学第三定律"来表述就是"自然界最了解自己"(Nature Knows Best)。人类对自然系统所做的任何改变都可能影响该系统。因此,深层生态主义者主张对自然过程做出谦卑的默认:让自然按照自己的节律"生活"而不要去破坏它。

与上述自然观和价值观相适应,在社会层面,浅层生态学坚持一种改良主义的环境运动。它不加区分地接受一切致力于经济增长的思想观念,资源管理的目的是更有效地开发利用。它还常常把生态危机的根源归结为广义的"技术"问题,相信现有社会制度再加上技术进步足以解决我们所面临的问题。它认为目前的生态环境危机不过是一个本质上好的社会出现的某种偏差,是科学技术发展不够充分的结果。因此,它对资源与环境问题的处理方式是技术决定论:技术的发展不仅能使严重的资源耗竭的势头得到遏制,而且能使污染降低到可忍受的程度。浅层生态学试图以改良主义的方式来改造"占主导地位的社会范式",在不变革现代社会的基本结构,不改变现有的生产模式和消费模式的条件下,依靠现有的社会机制和技术进步来改变环境现状。因而它们诉诸法律,把希望建立在立法上,指望各种法案使政府改变资源与环境政策并要求用减少资源消耗、高效能技术、改进价格、项目补偿以及鼓励市场机制等手段来对付环境危机。

深层生态学则把生态危机的根源归结为制度危机和文化危机,因而主张经济必须被视为生态学的辅助手段,反对对价值进行经济还原。在它看来,不对社会体制和价值观做根本的变革,技术就不可能从根本上解决问题。从《增长的极限》中,深层生态学的倡导者归纳出支持他们观点的三个基本思想:"第一,技术解决(广义的也就是本质上在现有经济、社会和政治实践限度内的解决)不能创造一个可持续的社会;第二,被工业化社会和正在实现工业化的社会作为追求目标的快速增长具有指数性质,它意味着长期积累起来的危险可能突然产生灾难性的效果;第三,增长所引起的问题存在于一种相互作用之中,也就是说,解决一个问题并没有解决其余问题,甚至也许加剧了其余问题。"①因此,深层生态学试图以系统整体观和生态中心主义思想为基础,来构造全盘改造工业社会的方案,最终目

① DOBSON A. Green Political Thought[M]. London:Unwin Hyman,1990:74.

标是实现一种"生态社会"(Ecological Society)。生态社会是一个真正自由的社会——一个真正建立在生态学原则之上,可以调节人与自然关系的自由社会。在政治上,深层生态学主张反等级制度、非中心化,主张地方自治。反等级制度和非中心化旨在消除有特殊地位的地域或团体。地方自治的好处在于,它减少了决策链上众多的登记环节,从而提高了效率。因此,深层生态学倡导的生态社会是一种主张多元化、以自治的共同体为主要形式的政治结构,其基本原则是自由、平等和直接参与。它认为非中心化的、地方自治形式的模式更符合生态学原则,更有利于人与人、人与自然建立起直接接触的亲密关系,更易实现直接民主。在经济上,深层生态学主张用节制物质欲望的"生活质量"(Living Quality)来代替工业社会的"生活标准"(Living Standard)。传统经济学是以生产为中心的理论模式,以生产为目的,消费为生产的一个过程,流通的一个环节,刺激消费的目的是生产规模的维持和扩大。"增长"是这种经济学最主要的概念。深层生态学从基本需求出发去考虑生产和消费,这一切都必须建立在生态合理的基础上,即人类的消费必须与地球资源的可持续性保持一致。因此,这里的基本需求是指维持人正常的生活需要,是一种适度需要。经济的目标不是生产,生产的目的是满足两种需要:一是为满足人的基本需要提供必要的物质保障;二是给人提供一个利用和发展自己能力的机会,使自己通过生产劳动克服自我中心的思想,达到与他人的认同。经济学的目的应该是以最小的消耗取得最大的幸福。降低生活标准(主要指工业化国家)有利于减少人与人之间、国家与国家之间为积累资源的对抗。

与这种经济模式相适应,深层生态学并不追求技术的复杂化、大型化,且对高技术的未来前景持审慎态度。它主张走中间道路,更倾向于人性化的、对环境有利的技术。适宜技术、软能源道路是深层生态学的主要目标。深层生态学认为软能源道路是摆脱能源危机的唯一途径。软能源道路是指"更有效地利用能源的资源保护,理智地使用非更新能源作为过渡燃料,加快发展用于可更新能源生产的软技术"①。深层生态学的技术主张并不意味着要回到过去,恰恰相反,它要求发展的是那些更具人性和独创性的新技术。到目前为止,我们的技术从整体上是笛卡儿主义实在观的产物,它基本上是反生态的,因而需要发展符合生态原则的新技术,如再生能源技术、物质回收技术等中间规模的"软"技术来替代它们。深层生态学的社会变革方案集中在个体意识的转变上,它首先要求每个个体改变态度、价值和生活方式,尊重自然,与自然和平相处。它相信,当足够多的人做到了这一点,社会就会发生改变。

---

① 弗·卡普拉. 转折点[M]. 北京:中国人民大学出版社,1989:299.

四、深层生态学理论及其发展

深层生态学的基础理论主要为阿恩·奈斯所奠定。尽管他很谦逊地认为他的学说只是对深层生态学做出的一种个人说明,但几乎所有的深层生态主义者都把他的学说视为深层生态学的理论基础。即使是那些试图建立自己理论的人也把他们的工作看作对奈斯思想的发展。

奈斯指出:"深层生态学的一个基本准则就是,原则上每一种生命形式都拥有生存和发展的权利。当然,正如现实所示,我们为了吃饭而不得不杀死其他生命,但是,深层生态学的一个基本直觉是:若无充足理由,我们没有任何权利毁灭其他生命。深层生态学的另一个基本准则是:随着人类的成熟,他们将能够与其他生命同甘共苦。当我们的兄弟、一条狗、一只猫感到难过时,我们也会感到难过;不仅如此,当有生命的存在物(包括大地)被毁灭时,我们也将感到悲哀。在我们的文明中,我们已经具有了随我们支配的强大的毁灭性工具,然而我们的情感却是相当不成熟的。迄今为止,绝大多数人的情感都是十分狭隘的。"①奈斯所说的这两条基本准则,前者被称为生态中心主义平等原则,后者被称为自我实现准则。作为深层生态学理论的基础,它被视为深层生态学的最高准则。② 这两条根本准则是内在相关的,它所依据的前提十分广泛,既有西方的文化传统,又有东方的许多思想。然而,从前提向基本准则转换的基础是直觉而不是逻辑。在深层生态主义者看来,逻辑并不比直觉可靠,看似严密的逻辑推演,其最终的依据仍然是直觉。所以,深层生态主义者更愿意相信直觉,他们认为人们可以通过不断提问的方式来把握直觉。

1. 自我实现

德国哲学家卡西尔(E. Cassirer)指出:"认识自我乃是哲学探究的最高目标——这看来是公众公认的。"③然而,"自我"这一概念在不同的文化传统中其内涵差异颇大。西方传统中的"自我"(Self)是一种分离的自我,一方面它把自我看成特定的、单个的人,而不是各种因素紧密联系的个人;另一方面它又把自我的概念割裂成主体的自我与客体的自我两个部分。西方传统中的自我常常与"本我"

---

① BODIAN S. Simple in Means, Rich in Ends: A Conversation with Arne Naess, Ten Directions [J]. California: Institute for Transcultural Studies, Zen Center of Los Angeles, 1982, Summer/Fall.

② DEVALL B. and Sessions, G. Deep Ecology: Living as if Nature Mastered[M]. Salt Lake City: Peregrine Smith Books, 1985: 66 – 70.

③ 恩斯特·卡西尔. 人论[M]. 上海: 上海译文出版社, 1985: 3.

(Ego)相联系,强调个人的欲望和为自身的行为,追求享乐主义的满足感,或一种狭隘的对个人的此生或来生的拯救感。而深层生态学所寻求的"自我"不是西方文化传统中的"自我",而是东方文化传统中的"自我"。由于奈斯的"自我实现"概念主要来自甘地的思想,而甘地的"自我实现"思想中的"自我"直接来源印度哲学中的"自我"(Atman)①,这种"自我"常常与宗教上的自我状态相联系。深层生态学的"自我"具有 atman 的含义。奈斯认为,在这种意义上使用"自我",就无须道德规劝来表示对其他存在的关心。澳大利亚生态女性主义者哈伦(P. Hallen)强调,我们来到世上是要拥抱而非征服这个世界,颇能说明深层生态学的"自我"的意义。因此,深层生态学的"自我实现"原则便具有了特殊的含义。从这种意义上讲,它与西方心理学和社会学意义上的"自我实现"相关,但又超越了现代西方"自我"和"自我实现"概念。

在深层生态主义者看来,现代西方狭隘的自我打乱了人们的正常秩序,使人变成了社会时尚的牺牲品。人类也因此失去了探索自然独特精神与生物人性(人的生物属性)的机会。只有当人们不再把自己看成分离的、狭隘的"自我",并使每个人都能够同其他人——从他的家庭、朋友到整个人类——紧密地结合在一起,那么,人自身独有的精神和生物人性就会成长、发育。随着人自身独特精神和生物人性的进一步成熟,"自我"便会逐渐扩展,超越整个人类而达到一种包括非人类世界的整体认同:人不是与自然分离的个体,而是自然整体中的一部分,人与其他存在不同,是由与他人、与其他存在的关系所决定的。正如奈斯所说:"所谓人性就是这样一种东西,随着它在各方面都变得成熟起来,我们就将不可避免地把自己认同于所有生命的存在物,不管是美的丑的,大的小的,是有感觉无感觉的。"②人们必须超越狭隘的当代文化模式和价值观念,超越这个时代的日常智慧而不断反思和往深层追问,才能达到这一目的。自我实现是人的潜能的充分展现,使人成为真正的人的境界。深层生态学"自我实现"中的"自我"是形而上的"自我",它用大写的字母 S 构成(Self),通常称为"大我",它与小写的自我有本质的区别。那么,人们怎样才能实现由小我向大我的转换或者完成自我实现的过程呢? 奈斯认为,自我的成熟需要经历三个阶段:从本我到社会的自我,从社会的自

---

① atman 一词为梵文,原意为"呼吸"。在婆罗门教、印度教中,该词意被引申为个体灵魂(生命我)和世界灵魂(大我)或"宇宙统一的原理"。在佛教中则指支配人和事物的内部的主宰者,即自我。而在西方文化中常常被理解为"心灵"或"精神"。

② NAESS A. Self Realization: An Ecological Approach to Being in the World [M]. in Sessions G. Deep Ecology for the 21ˢᵗ Century [M]. Boston: Shambhala Publications Inc. , 1995: 225 - 239.

我到形而上的自我。他用"生态自我"（Ecological Self）来表达这种形而上的自我，以表明这种自我必定是在与人类共同体、与大地共同体的关系中实现。自我实现的过程是人不断扩大自我认同对象范围的过程，也是人不断走向异化的过程。随着自我认同范围的扩大与加深，我们与自然界其他存在的疏离感便会缩小，能够达到"生态自我"的阶段，便能"在所有存在物中看到自我，并在自我中看到所有的存在物"。这里的"看"不是认识论意义上的认识或反映，而是与被"看"的存在物具有某种价值关系。

自我实现的过程，也就是逐渐扩展自我认同的对象范围的过程。通过这个过程，我们将会越来越深刻地认识到，我们只是更大的整体的一部分，而不是与大自然分离的、不同的个体；我们人性的展现是由我们自身与他人，以及自然界中其他存在物的关系所决定的。因此，自我实现的过程，也就是把自我理解并扩展为大我的过程，缩小自我与其他存在物的疏离感的过程，把其他存在物的利益看作自我的利益的过程。自我实现同时也意味着所有生命的潜能的实现，因为人的"自我实现"有赖于其他存在的"自我实现"。对此，德韦尔和塞欣斯形象地把自我实现的过程概括为一句话："谁也不能得救，除非大家都获救。"①这里的"谁"不仅包括我自己或单个的人，而且包括全体人类、鲸、灰熊、整个雨林生态系统，以及山川、河流、土壤中的微生物，等等。奈斯多次强调，最大限度的自我实现离不开最大限度的生物多样性和共生，生物多样性保持得越多，自我实现就越彻底。奈斯指出："我不在任何狭隘的、个体意义上使用'自我实现'的表述，而要给它一个扩展了的含义。这是一种建立在内容更为广泛的大写自我与狭义的本我主义的自我相区别的基础上的，在某些东方的自我传统中已经认识到了。这种大我包含了地球上的连同它们个体自身的所有生命形式。若用5个词来表达这一最高准则，我将用'最大化的（长远的、普遍的）自我实现'！另一种更通俗的表述就是'活着，让他人也活着'（指地球上的所有生命形式和自然过程）。如果因担心不可避免的误解不得不放弃这一术语，我会用术语'普遍的共生'来替代。当然，'最大化的自我实现'可能被误解成为集体而消除个性。"②"如果我们所认同对象的自我实现受到阻碍，那么，我们的自我实现也将受阻。"③

① DEVALL B. and Sessions G. Deep Ecology：Living as if Nature Mattered[M]. Salt Lake City：Peregrine Smith Books，1985：67.
② NAESS A. The Deep Ecological Movement：Some Philosophical Aspects [M]. in Sessions G. Deep Ecology For the 21ˢᵗ Century[M]. Boston：Shambhala Publications Inc. ，1995：64 - 84.
③ NAESS A. Self Realization：An Ecological Approach to Being in the World[M]. in Sessions G. Deep Ecology for the 21ˢᵗ Century[M]. Boston：Shambhala Publications Inc. ，1995：225 - 239.

　　从奈斯的这段重要表述中可以看出,深层生态学的"自我实现"实质上是更深刻、系统地表达了生态中心主义的自我认同思想。像"本我"、"小我"和"大我"这类概念已被当代人编入不同的哲学体系中,而在宗教中这些概念原本是紧密联系的。由于在工业社会中宗教的影响不断减小,宗教精神的核心即大写的自我被本我和小写的自我概念所淹没,以致于人们不再把它作为追求的目标。深层生态学从东西方文化和宗教传统中重新把它发掘出来,并赋予它们当代意义,这无疑是十分有益的。当然,"自我实现"并不只是为深层生态学所关注。早在19世纪,英国哲学家布拉德雷(F. Bradleg)就把"自我实现"当作其伦理学的一个主要命题。在他看来,道德的目的就是自我实现。他所理解的"自我"既不是功利主义者孤立的自我,也不是康德主义者尽义务行动的抽象自我,而是在社会中与其他自我相联系的自我。因此,自我实现是人类主体精神在社会及其社会关系中的道德价值实现,即人类共同善的实现。① 布拉德雷理解的自我是社会自我,而深层生态学理解的自我是生态自我,它强调的是所有存在物的善或利益。从形式上看,这两种自我实现都具有一个共同的特征:"在整体自我中实现个体自我,在个体自我的实现中求得整体自我的存在。"但二者所理解的"整体"或"大我"却有本质上的差别。

　　大卫·罗森伯格针对人们对奈斯"自我实现"论的误解做了专门的说明。他指出,第一,自我实现中的"自我"是大写的"自我"而不是个人的自我和本我;第二,一个人要扩展他的自我,利他主义不是必然的,因为更大的世界是我自身利益的一部分;第三,自我实现是一种行动的条件,而不是一个人所能达到的地点。它类似于佛教的涅槃境界。自我实现只是一个过程,一种生活方式。② "自我实现"是深层生态学的一个极其重要的概念。它既是环境保护的出发点,又是实现人与自然认同的归宿。利奥波德通过确立人是自然中的普通一员,来要求人尊重自然。罗尔斯顿试图通过确立非人类的存在具有内在价值,来实现人对自然的尊重。与他们不同,深层生态学则是通过自我实现,即发掘人内心的善,来实现人与自然的认同。这是一种积极的主动的过程。正如奈斯所说:"认同的范式是什么?

---

① F. N. 麦吉尔. 世界哲学宝库[M].北京:中国广播电视出版社,1991:731－735.

② NAESS A. Self Realizaiton:An Ecological Approach to Being in the World[M]. in Seed J. ET AL ED. ,Thinking Like a Mountain:Towards a Council of All Beings[M]. Philadephia:New Society Publishers,1988:19－30; Naess, A. Ecology, Community and Lifestyle[M]. Cambridge: Cambridge University Press,1989:9.

是一种能引起强烈同情的东西。"①任何一个人,当他看到一只身陷泥潭的鸟在进行生死挣扎时,如果能站在鸟的立场去感受,那么,他就会产生一种同情的痛苦感觉。这便是与其他存在的自我认同,它本质上是人内心的善的显现。因此,"自我实现"原则可以能动地引导人去自觉地维护生态环境,实现人与自然的和谐相处。

2. 生态中心主义平等

与"自我实现"密切相关的是生态中心主义平等。作为深层生态学的另一最高准则,生态中心主义平等是指生物圈中的一切存在物都有生存、繁衍和充分体现个体自身以及在大写的"自我实现"中实现自我的权利。可见,深层生态学主张的平等,既不是动物权利论意义上的平等,也不是其他非人类中心主义狭隘意义上的平等,而是生态中心意义上的平等。它把平等的范围扩大到整个生物圈,一种彻底的平等主义。"生物圈中所有事物都拥有生存和繁荣的平等权利,都拥有在较宽广的大我的范围内使自己的个体存在得到展现和自我实现的权利。"②在深层生态主义者看来,生物圈中的一切存在物,无论是我们自身还是我们所认同的对象都具有某种同一性,这种同一性就是内在价值。既然我们认为我们拥有内在价值,而我们自身的存在又与其他存在物密不可分,那么,那些存在物也应当拥有内在价值。因此,生态中心主义平等的基本思想是生物圈中的所有生物及实体,作为与整体相关的部分,都具有平等的内在价值。对深层生态学来说,生物圈中的一切存在物都具有内在价值(或固有价值),这是可以被直觉到的东西,无须靠逻辑来证明。因为逻辑预设了基本前提,而这个前提作为逻辑的起点又是不能被逻辑证明的。亚里士多德曾经说过,试图证明一切是缺乏教养的表现。深层生态学强调直觉并非要排斥逻辑,也不是毫无根据的直觉。从根本上讲,它的直觉来源对生态学的一种深刻认识。正如奈斯指出的那样,深层生态学的直觉并不是缺乏理性基础,而是这种直觉的说明需要涉及一些其他的因素。③ 他一直认为,具有一百个物种的生态系统显然要比仅有三个物种的生态系统具有更大的丰富性和稳定性。在这种意义上,生态系统中的一切存在都有助于系统的丰富性和多样性,这种丰富性和多样性正是生态系统稳定和健康发展的基础,因此,一切存在物对生态系统来说就是有价值的。当我们把注意力转向包括人类自身在内的生

---

① NAESS A. Ecology, Community and Lifestyle [M]. Cambridge: Cambridge University Press, 1989:9.

② DEVALL B. and Sessions, G. Deep Ecology: Living as if Nature Mattered[M]. Salt Lake City: Peregrine Smith Books, 1985:67.

③ NAESS A. Equality, Sameness, and Rights[M]. in Sessions G. Ed, Deep Ecology for The 21ˢᵗ Century, Boston: Shambhala Publications Inc. , 1995:222 – 224.

态系统时,就会发现,一切生命都具有内在目的性,它们在生态系统中具有平等的地位,没有等级差别。人类不过是众多物种中的一种,在自然的整体生态关系中,既不比其他物种高贵,也不比其他物种卑微。因此,人在自然生态系统中并无优于其他生存物的天赋特权。深层生态学所说的平等不是绝对的平等,而是生态系统赋予人和自然存在物的权利和利益的平等,因为人和自然存在物都是生态系统"无缝之网"上的一个"结"。

生态中心主义平等直接来源奈斯"原则上的生物圈平等主义"。在《浅层生态运动与深层、长远的生态运动》一文中,他指出:"对生态工作者来说,生存与发展的平等权利是一种在直觉上明晰的价值公理。它所限制的是对人类自身生活质量有害的人类中心主义。人类的生活质量部分地依赖于从与其他生命形式密切合作中所获得的深层次的愉悦和满足。那种忽视我们的依赖并建立主仆关系的企图促使人自身走向异化。"①深层生态学把生态系统看成一个有生命的整体,因而也赋予生态系统中的所有存在物以生命,如大地、河流、山川。因此,深层生态主义者在词语的使用上通常把前缀"bio-"(生命)等同于"eco-"(生态),以此表达他们的生命价值观。生态中心主义平等与大写的"自我实现"是内在相关的,自我实现的过程是一个不断扩大与自然认同的过程,其前提就是生命的平等和对生命的尊重。从这个意义上讲,如果我们伤害自然界的其他部分,那么我们就是在伤害自己。从这一思想出发,深层生态学给出了一条基本的生态道德原则:我们应该最小而不是最大地影响其他物种和地球。深层生态运动就是依据这一道德原则,呼吁人们"手段简朴、目的丰富"。

对人类中心主义者来说,深层生态学要求生物圈范围内的平等,不是把非人类的存在提到人的地位,而是把人类降到非人类生命存在的地位。但在深层生态主义者看来,无论是提高非人类存在的地位,还是降低人类地位的说法都不重要。因为这种说法只是一种参照系的不同,人类中心主义者时刻以人为中心,自然地把人与其他存在的平等看成人的地位的降低。对于深层生态学,参照系没有任何意义,人与非人的存在本身是一体的。其实,"生态中心主义平等"不仅是深层生态学的主张,也是其他生态整体主义者的共同主张。深层生态学对"生态中心主义平等"准则的解释之所以着墨不多,乃是因为它对于"自我实现"是必然的,这一主张在其他非人类中心主义者的论著中已有相当多的阐述。不过,概括地说,深层生态学的"生态中心主义平等"准则的提出更多地来自生态学的的原理。它源

---

① NAESS A. The Shallow and The Deep, Long-Range Ecology Movement: A Summary[J]. Inquiry,1973(16):.95-100.

于生态学的一个基本前提,即生态系统中的每一个物种都担负着自己独特的功能,而无价值上的高低贵贱,所谓高与低只是人为划分的食物链能级结构而非实际的地位和确定的价值。这是利奥波德在《大地伦理》中明确表达了的思想。利奥波德指出:"这种迄今还仅仅是由哲学家们所研究的伦理关系的扩展,实际上是一个生态演变中的过程。一种伦理,从生态学的角度来看,是对自下而上竞争中行动自由的限制;从哲学观点来看,则是对社会的和反社会性的行为的鉴别。这是一个事物的两种定义。事物在各种相互依存的个体和群体中相互合作的模式发展的意向,是有其根源的。……大地伦理只是扩大了这个共同体的界限,它包括土壤、水、植物和动物,或者把它们概括起来:大地。……简而言之,大地伦理是要把人类在共同体中以征服者的面目出现的角色,变成这个共同体中的平等的一员和公民。它暗含着对每个成员的尊敬,也包括对这个共同体本身的尊敬。""事实上,人只是生物队伍中的一员的事实,已由历史的生态学所证实。"①

深层生态学家不仅严厉批评了西方传统文明,还严厉批评了传统的环境保护运动。像奈斯那样,他们把旧式资源保护运动的特点概括为肤浅的和人类中心主义的。奈斯指出,传统那种反对污染和资源枯竭的斗争的根本目的是"发达国家的人的健康和福利"。传统的资源保护运动是以众所周知的功利理由来保护大自然的:人们细心呵护环境以便环境能更好地关怀他们。在深层生态学家看来,人们所认可的建立国家公园和荒野区的理由是人类中心主义的,而非生物中心主义的,因为它更强调人类娱乐的需要而非其他物种寻求一个它们能够生长繁荣的栖息地的需要。奈斯宣告,"荒野区有其独立的价值,而不管人们是否进入其中"。德韦尔提出了"为什么要保护荒野"的问题并提供了一个荒野保护政策很难接受的答案。在德韦尔看来,只有梭罗、缪尔以及我们这个时代的大卫·布劳尔才能理解,保护荒野的意义远不只帮助人们享受较好的生活,而是有自然存在物的权利,荒野区为自然存在物实现这些权利提供了一个机会。在德韦尔看来,建立荒野区是限制地球上占统治地位的生命形式的一种形式。他解释说,荒野区是那些有权为自己生存和繁荣的存在物的栖息地。人们不应把荒野区理解为寻求户外娱乐的场所,而应把荒野区的建立理解为我们对地球表示谦虚的方式,理解为我们尊重和敬畏大自然的内在价值的表现。从这个角度看,荒野保护所展现的是人的这样一种承诺:与目前和未来的所有自然存在物、岩石和树木共享环境。

---

① 利奥波德. 沙乡年鉴[M]. 长春:吉林人民出版社,1997:192-195.

五、激进环境组织及其行动

深层生态学不只是要建立一种抽象的理论,而且十分重视将其理论运用于深层生态运动。它的思维方式和行动方案对美国激进环境运动产生了积极影响。激进环境运动反对把环境问题定义为社会问题,更反对仅仅用技术方式解决。它们认为像大气污染这类问题仅仅是更深层问题所反映出的征兆,是不能单靠技术来解决的,因为技术的解决方式隐含着某些重大的危险。在深层生态学思想影响下,生态抵制运动正在突破浅层生态意识,实现向深层生态意识的转变。

20 世纪 80 年代,许多激进环境主义者对像塞拉俱乐部、奥杜邦学会、荒野学会等改良主义环境组织的人类中心主义思想倾向感到失望,对主流环境组织的官僚主义化、领导人职业化、脱离基层以及缺乏活动成效深感不满。环境运动的活跃分子逐渐脱离主流环境组织走向激进环境运动。梅斯(C. Manes)在《绿色风暴》中对此做了很好的说明。① 西方的生态抵制运动正是在这些激进环境主义者的非政府的环境干涉行动,如生态破坏演示(Ecotage)、流动剧场、静坐、示威等。它远比通常的宣传或劝诫方式更引人注目,更具影响力。深层生态学是逐渐与激进的环境行动主义联系起来的。尽管深层生态学没有为激进环境主义提供一种形式化的意识形态,但却展示了一个具有包容性的思想体系,或者说表达了行动主义背后的整体观念。这种观念拒斥主流环境运动中的浅层思想和改良主义。以深层生态学为思想基础的激进环境组织有地球第一、绿色和平、海洋牧师学会、雨林行动网络等。②

在各种激进的环境主义行动组织中,"地球第一!（Earth First!）"被认为与深层生态学的联系最为紧密。在深层生态学的早期阶段,"地球第一!"组织的主要创始人戴夫·弗尔曼(D. Foreman)等人就是深层生态学坚定的支持者。他们接受了深层生态学的哲学思想,要求承认自然界的内在价值,主张生态中心主义的平等,呼吁人类从根本上转变对自然的态度。他们强烈地信奉深层生态学的生态中心主义原则,原因在于他们认为深层生态学创立了一种比先前的环境主义哲学更系统的关于自然的哲学理论。因此,弗尔曼把深层生态学的主张作为"地球第一!"行动的指导原则。在深层生态学思想的指导下,他们探索各种形式的直接行

---

① MANSEC. Green Rage; Radical Environmentalism and the Unmaking of civilization[M]. New York:Little Brown,1990:44.

② DUNLAPR E. and Mertig A. G. American Environmertalism:The U. S. Environmental Movement,1970－1990[M]. New York:Taylor & Francis,Inc. 1992:6.

动,如消极抵制、流动剧场、以破坏阻挠破坏、非暴力示威、主张无政府主义,等等。在"地球第一!"的行动策略中,最为引人注目的是"以破坏阻挠破坏",这种行动也称为"为保护生态而破坏"。所谓"以破坏阻挠破坏",用其领导人弗尔曼的话说就是"破坏那些勇于破坏自然界的机器和财产"①。"生态破坏"是"以破坏阻挠破坏"的另一种表达形式。这里所说的"破坏"不同于通常意义上的破坏,而是以保护生态环境为目的,是保护生态环境的一种较为极端的手段。其行动包括破坏大型机械以阻止在荒野地区筑路、建坝、采油、开矿,在树上钉钉子以阻止伐木,凿沉捕鲸船,等等。促使"地球第一!"采取这种激进方式的原因有两方面:一是20世纪80年代的环境运动所采取的妥协策略没有带来生态环境的改变,生态环境运动本身反而走向倒退;二是它们受到美国小说家爱德华·阿比(A. Abbey)的小说《破坏分子》的启发和鼓励。这部小说讲述了一帮年轻人为保护生态环境而破坏大型机械的故事。"Monkeywrenching"的含义因此而得。尽管有人把"以破坏阻挠破坏"的策略看成具有暴力或有暴力倾向的,但在"地球第一!"成员看来,这种只针对破坏财产而非人的行动根本不能被视为暴力行为。弗尔曼指出:"以破坏阻挠破坏是对破坏自然和荒野多样性的非暴力抵制行动。它不伤害人和其他生命,它的目标是那些无生命的机械和工具,并总是考虑着把对他人的威胁降到最低限度。"②作为一种生态抵制运动,"地球第一!"在"以破坏阻挠破坏"行动的基本原则中也强调非暴力,但他们所理解的非暴力是指对人和生命的非暴力,而不包括对物所采取的暴力行为。在他们看来,对物或财产的行动无所谓暴力和非暴力可言。由于他们的行动以非组织的个体为主,而且行动的时间、地点以及所针对的具体目标等方面的差异,因而难以对这种行动方式做出统一的规范。不过,在"地球第一!"成员看来,他们为保护生态而破坏的策略在理论上得到了深层生态学的支持。

然而,这种激进的行动经常受到人们的批评。美国《新闻周刊》一篇文章认为"地球第一!"的行为是胡闹。环境哲学家哈格罗夫指责"以破坏阻挠破坏"的行动是"准军事的行动","比消极抵制更接近恐怖主义"③。一些人则把它视为非法行为。④ 需要指出的是,"地球第一!"是一个主张直接行动的松散的民间组织,其

---

① FOREMAN D. Confessions of an Eco – Warrior[M]. New York:Harmony Books,1991:118.

② FOREMAN D. Ecodefence:A Field to Monkeywrenching[M]. Tucson,AZ:Ned Ludd,1987:12.

③ HARGROVE E C. Ecological Sabotage:Pranks or Terrorism[J]. Environmental Ethics, 1982 (4):292.

④ MANSE C. Green Rage:Radical Environmentalism and the Unmaking of civilization[M]. New York:Little Brown,1990:81.

宗旨是保护野生生物和自然的完整性,并且它的大多数成员通常只专注于实际的野生生物物种和荒野的拯救行动,而对其行动带来的深层生态含义并没有太多的重视。因此,洛斯特(P. C. Lost)认为这种直接行动关注的焦点是实际问题,环境哲学则有点像粉饰门面的东西(Window dressing)。① 尽管深层生态学在观念上是激进的,但它在阐释我们时代的生态危机方面已成为一种对当代生态环境运动极有影响力的力量;尽管深层生态学反对暴力行动和其他激进行为,但它的思想却正在成为激进环境运动的一种主要的哲学信念。正因为如此,人们常常把深层生态学观念上的激进与"地球第一!"组织行动上的激进联系起来。即使是那些温和的环境主义者也把"地球第一!"的激进行动看成与深层生态学紧密相关的。

如果说"地球第一!"的行动策略不是纯粹的非暴力行为,那么另一个更有影响的组织"绿色和平"的行动策略则要比它更具有非暴力的含义。绿色和平组织(Greenpeace)建立于1971年,是由为保护大气不受核武器试验所泄漏的放射性物质污染而斗争的激进的业余活动者所创建,它是历史最长久同时在成员数量上也最庞大的组织。他们采用甘地式的非暴力直接行动,从事保护海洋鲸鱼的国际性激进环境运动。再加上他们进行了有效的直接邮递行动(direct mail efforts),因此成功地动员了众多的追随者,成为最大的国际环境运动组织。到1990年,至少有15个国家的成员参加,其中在美国有230万成员,是世界上其他地区成员的2倍。绿色和平组织反对各国政府进行的核试验行动,并不惜为此采取暴力。"'绿色和平'组织虽然在规划和运用引起公众对环境破坏行为注意的策略上具有某种创见性,但它却从不支持'为了生态而进行破坏'的行动策略。"②因此,把"绿色和平"组织看成介于温和环境主义与激进环境主义之间的一个过渡类型是适当的。绿色和平组织一方面不满足于制止生态破坏的常规手段,另一方面又拒斥直接破坏设备的策略。在亨特(B. Hunter)和沃森(P. Watson)的领导下,绿色和平组织在反对地下核试验和太平洋捕鲸方面颇有成效,他们的行动引起了公众的广泛关注和强烈反响,在西方世界声名大振。与"地球第一!"相比,它在基本思想、组织原则和行动方案是更倾向于一致,更与深层生态学思想趋同。这一点在它于1976年发表的"相互依赖宣言"中体现得十分清楚。他们把"一切生命形式都是相互依赖的"、"生态系统的稳定性取决于其多样性和复杂性"、"所有资源都是有限并且

---

① LIST P C. Radical Environmentalism [M]. Belmont, Calif: Wadsworth Publishing Company, 1993:7.

② LIST P C. Radical Environmentalism [M]. Belmont, Calif: Wadsworth Publishing Company, 1993:7.

所有生命系统的生长也是有限度的"视为生态学三大法则。宣言指出:"地球是我们的身体的一部分,我们必须学会像尊重我们自己一样的尊重它;正像爱我们自己一样,我们也必须爱这个星球上的一切生命。"①在直接行动中,他们更倾向于奈斯所提出的非暴力四项基本原则:(1)坦率地说明你从事的事业,明确宣布运动的目标,分清哪些是本质的哪些是非本质的;(2)寻求与对手的个人交往,使你对他有用,把团体冲突转化为个人接触;(3)把对手转变成你的事业的信仰者和支持者,但不要强迫他或利用他;(4)如果有意或无意地破坏你的对手的财产,你就会激怒他。② 在直接行动中,他们依据这些原则,采取与捕鲸者和猎海豹者非暴力的直接对抗策略,对减少对抗和仇恨产生了积极作用,由此赢得了公众的普遍同情。德韦尔和塞欣斯在《深层生态学》一书中对"绿色和平"组织的生态抵制策略做了很好的概括:"我们是生态主义者,积极致力于保护我们脆弱的地球。我们与法国的核试验斗争并赢得了胜利。我们在海上与俄国的捕鲸工业对抗,把他们从北美海域赶了出去。我们以生态学的名义公布捕猎者屠杀海豚的情况;我们揭露纽芬兰地区残杀幼海豹的惨景。生态学使我们知道,在这个星球上人类并不是生命的中心。生态学告诉我们,整个地球是我们'身体'的一部分,我们必须学会像尊重自己一样尊重它。就像感受我们自身一样去感受所有的生命形式——鲸、海豹、森林、海洋。生态思想的巨大的美在于它向我们展示了理解和评价生命自身的一种途径……"③

海洋牧师保护学会(The Sea Shepherd Conservation Society)是由沃森创立的,他因过于富有战斗性而被绿色和平组织开除,之后便创建了这一组织。在一个苏族印第安人(Sioux)的棚屋仪式上,他得到了一个幻想,认为自己命中注定要去拯救海洋中的哺乳动物,尤其是鲸鱼。海洋牧师学会通过采取直接行动,包括"猴子抢夺策略",阻止了加拿大境内猎取海豹的行为、日本海域对海豚的屠杀以及南极洲北部的捕鲸行动,为承担责任,沃森飞到冰岛与政府官员进行谈判,他们拘留了他,最后又释放了他并把他送回加拿大。④ 这个有着 15000 个成员的组织有一个

① Greenpeace Declaration of Interdependence,1976[M]. Greenpeace Chronicles (2ⁿᵈ Edition), 1976,2(2):2.

② DEVALL B. and Sessions G. Deep Ecology:Living as if Nature Mattered[M]. Salt Lake City: Peregrine Smith Books,1985:200.

③ DEVALL B. and Sessions G. Deep Ecology:Living as if Nature Mattered[M]. Salt Lake City: Peregrine Smith Books,1985:200.

④ DEVALL B. In Dunlap, R. E. , and Mertig, A. G. American Environmentalism:The U. S. Environmental Movement,1970 – 1990[M]. Philadephia:Francis Taylor,1992:51 – 62.

口号:"我们不谈论问题,我们行动。"①他们确实是这样做的。

　　美国绿党(The U. S. Greens)最初形成于 1984 年,在明尼阿波利斯的一次会议上作为通信委员会而成立。其灵感来自德国绿党。德国绿党(The Green Party)形成于 1979 年,当时的政治左倾主义者、反抗核武器与环境破坏的行动主义者、女权主义者们克服了相互之间的疑虑及对传统政治的不满,组合了一个多元的拼盘,加入了争取国会和欧洲议会席位的斗争中。② 美国这一运动则把德国最初的 4 个意识形态支柱(生态智慧、社会责任、基层民主和非暴力)加以扩展,又增加了 6 个[社区经济、非集权化、后父权价值观(Postpatriarchal Values)、多样性、全球责任和可持续性],成为一个新左派的生态观体系,以吸引所有的选民。为防止组织内部产生从上到下的等级制,创立者们建立了一种由地方分会、地区代表和堪萨斯城的信息交换中心所组成的较为笨拙的系统。这一组织发展到在 50 个州有了 200 个地方分会,它的名字也改为美国绿色组织,并创立了一个全国性的管理实体和政治宣言,并于 1991 年举行全国性政治会议。但是绿色组织也因为派别性和策略上的分歧,尤其是为组织常规政策和竞选方面的分歧而苦恼。美国选举系统不同于欧洲议会系统,它对少数派和第三党都是不友善的,因此绿色组织作为一个全国性组织的表现并未成功。他们在地方层面上获得了更多成功,尤其在西海岸,于 1992 年获得了候选人地位。

　　雨林行动网络和雨林信息中心:雨林行动网络(RAN)和雨林信息中心(RIC)代表了各种迥然不同的激进运动组织。RAN 总部设在旧金山,RIC 总部设在澳大利亚的利斯摩尔(Lismore),它们称自己为网络,能把对同一个主题(雨林问题)有兴趣的人们聚集起来。网络的目标就是广泛传播信息,组织基层行动者来抗议公司和政府机构的特定行动。他们运用广泛的计算机网络如 CEDNET 来提供特定行动的警报并请求雨林行动者的支持。强调要保护国家生物多样性和在雨林有千年居住历史的部落群体的人权。二者都传播有关政府和跨国公司袭击雨林的信息,都采用各种各样的策略,包括写信战役、在世界银行和股东年会上举行示威、联合抵制跨国公司选举等。二者都声讨日本、美国和欧洲政府这些破坏热带雨林行动的基本参与者。③ RAN 和 RIC 都以里格罗斯曼(R. Grossman)所说的

① SALE K. The Green Revolution:The American Environmental Movement 1962 – 1992[M]. New York:Hill&Wang,1993:. 68.
② DOMONICK R H. The Environmental Movement in Gremany[M]. Bloomington:Indiana University Press 1992:219 – 220.
③ DEVALL B. In Dunlap R. E. and Mertig A. G. American Environmentalism:The U. S. Environmental Movement,1970 – 1990[M]. Philadelphia:Francis Taylor,1992:51 – 62.

"作证"(bearing witness)为基础,这是由贵格会会员(Quakers)和其他非暴力基督徒以及佛教徒发展出的一种实践。"作证"就意味着站在他人面前做他人的榜样,它阐明了精神上奠基于深层生态学的激进环境主义与绿色政治之间有很强的关联。①

六、对深层生态学的评判

深层生态学的出现是环境运动由改良向激进的一个转折点。它的思想还是后现代生态世界观的重要来源,这又使它变得引人注目起来。日益增多的评论,无论是赞赏还是批评,实际上都扩大了它的影响。

美国神学家托马斯·贝里(T. Berry)指出:"现代社会需要一种宗教和哲学范式的根本转变,即从人类中心主义的实在观和价值观转向生物中心主义或生态中心主义的实在观和价值观。"他认为,"由所有物种构成的共同体才是最大的价值",只有实现了实在观和价值观向生态中心主义的转向,"才能有效地解决环境危机"②。贝里的话在很大程度上是对深层生态学思想的肯定,因为深层生态学的中心任务就是致力于实现世界观和价值观从人类中心主义向生态中心主义的转换。现代社会由传统范式所支撑,其核心是笛卡儿—牛顿的机械论世界观。这种世界观的一个基本特征就是,在认识论上,它强调主客二分,并把分离的人与自然、思想与物质对立起来;在方法论上,它强调分析,把整体的事物分割成局部,并不断地进行还原,事物的部分决定着整体性质;在真理观上,它强调知识的确定性,即通过对事物局部的深入认识去寻求基本规律,主张用因果决定论的线性思维方式去获得确定的知识。然而,这种对自然的理解方式隐含着人对自然的统治。培根深信人类控制自然的力量深藏于知识之中,科学的作用在于运用正确的方法寻求这种知识,他提出了"知识就是力量"的名言。笛卡儿则强调人的理性力量。他运用"我思故我在"的演绎推理方式,赋予自然以逻辑秩序,并把人置于中心支配地位。在伽利略、笛卡儿、培根和牛顿的科学革命以前,科学的目标是寻求智慧、理解自然秩序和与这种秩序和谐的生存方式。这一点在古代希腊人那里表现得尤为明显。但在17世纪以后,科学的目标变成了寻求控制、操纵和剥夺自然的知识。如果说蕴含着巨大能量的科学技术被用于一种明显有害的和反生态的统治目的,那么,今天我们所面临的生态环境危机对人类生存构成的巨大威胁就

① SPRETNAK C. The Spiritual Dimensions of Green Politics[M]. Santa Fe,NM:Bear,1986.
② BERRY T. The Viable Human[M]. in Sessions G. Deep Ecology For the 21ⁱˢᵗ Century[M]. Boston:Shambhala Publications Inc. ,1995:8-18.

不难理解了。由于各种人文因素不断地渗入科学技术之中,科学技术的价值负荷也就日益明显。因此,寻求造成这种危机的思想文化根源就变得十分必要和更加迫切。而在深层生态主义者看来,这种危机最深层的根源就是人类中心主义的机械论世界观。他们认为,要改变现代社会的危机,人们就必须超越传统范式,而转向一种新的世界观,并在这种新的世界观的指导下,进行一场真正世界观的文化革命。① 这种新文化运动标志着一种新范式的出现。"新范式可以被称为一种整体论世界观,它强调整体而非部分。它也可以被称为一种生态世界观,这里的'生态'一词是深层生态学意义上的。自从奈斯在20世纪70年代区分了浅层生态学和深层生态学以后,这一术语便在环境思想领域中被广泛接受和使用。"②"从机械论范式转向生态范式并不是将来某个时刻才会发生的事情,这一范式转变目前正发生在我们的科学中,发生在个人和集体的态度和价值观中,发生在我们的社会组织模式中。"③需要指出的是,这种转变不是由一种模式去替换另一种模式,而是一种占绝对优势的模式向在两种模式之间保持更大的平衡方向转变。④"为了强调这种更深层的生态意义,哲学家和空想家已经开始'浅层环境主义'和'深层生态学'之间的区别。浅层环境主义是为了'人'的利益,关心更有效地控制和管理自然环境;而深层生态运动却已看到,生态平衡要求我们对人在地球生态系统中的角色的认识,来一个深刻的变化。简言之,它将要求一种新的哲学和宗教基础。"⑤

在深层生态运动中,大多数人对生态中心主义世界观和在精神上与自然界的强烈认同感的要求,无疑是对主流环境运动的挑战,并且成为激进环境主义有力的精神支柱。那些深层生态运动的参与者和支持者批判现代生活日趋单一的文化传统,试图通过文化和制度的批判赋予人与自然关系新的涵义,探索减轻自然压力的方便的生活方式。他们主张无等级社会、非中心、地方自治和适宜技术,配合自我实现的精神力量,最终建立起人与自然和谐相处的理想社会模式。他们的这些思想构成了后现代主义思潮的一个重要来源。

---

① 卡普拉. 现代物理学与东方神秘主义[M]. 成都:四川人民出版社,1984:244-245.
② CAPRA F. Deep Ecology:A New Paradigm[M]. Earth Island Journal 1987(2),in Sessions G. Deep Ecology For the 21ˢᵗ Century[M]. Boston:Shambhala Publications Inc. ,1995:19-25.
③ 卡普拉. 转折点[M]. 北京:中国人民大学出版社,1989:306.
④ CAPRA F. ,Deep Ecology:A New Paradigm[M]. Earth Island Journal 1987(2),in Sessions G. Deep Ecology For the 21ˢᵗ Century[M]. Boston:Shambhala Publications Inc. ,1995:19-25.
⑤ 卡普拉. 转折点[M]. 北京:中国人民大学出版社,1989:309.

　　按照大卫·格里芬(D. R. Griffin)的说法,后现代主义"是一种广泛的情绪而不是任何共同的教条——一种认为人类可以而且必须超越现代的情绪"①。它的代表人物有伽达默尔(H. Gadamer)、福柯(M. Foucault)、德里达(J. Derrida)、利奥塔(J. F. Lyotard)、罗蒂(R. Rorty)、霍伊(D. C. Hoy)等人。后现代主义具有极其丰富的思想和理论内涵,"是人类有史以来最复杂的一种思潮",对现代世界观和现代工业社会进行了无情的批判,致力于消除现代性所设置的人与世界之间的对立,重建人与自然、人与人的关系,而重建人与自然、人与人的关系的最好方式就是建立一种生态世界观。格里芬说:"后现代思想是彻底的生态学的",因为"它为生态运动提供了哲学和意识形态方面的根源。"②在生态学家的世界观中,价值不是以人类为中心的。无论从内容上还是从形式上,生态科学与它已经背弃了的现代观念的方法和信念都有本质上的不同。而且,生态学的一系列价值观与以操纵、控制为特征的现代科学价值观截然不同,它是一种适应于生态意识的价值观,即一种适度的、自我节制的和强调完整性的价值观。生态学的价值观既不以人类为中心也不憎恶人类。生态意识的基本价值观允许人类和非人类的各种正当利益在一个动力平衡的系统中相互作用。从这种意义上讲,生态学代表了一种新世界观。③

　　深层生态学是一种生态学的思维方式,在所有的环境思想中,它最接近、最忠实于生态学。奈斯建构深层生态学的理论基础就是生态学最基本的原则:多样性原则和共生原则。生态学内部蕴藏的整体论思想,通过深层生态学的理解、挖掘、运用和传播而得到强化或受到关注。在这种意义上,深层生态学使人们认识到生态学思想的巨大力量。从深层生态学角度看后现代主义思潮,后现代主义要解构的正是深层生态学致力于批判的;后现代主义要建构的恰恰也是深层生态学竭力倡导的。两者不谋而合。其实这并非巧合,后现代主义所建构的理论在很大程度上来自生态主义和绿色运动,这里说的"生态主义"和"绿色运动"实质就是深层生态学和深层生态运动。浅层生态学或浅层生态运动不是生态主义的,它缺乏对现代性危机的必要的历史、政治、哲学知识,更缺乏对现代性的深层批判。深层生态学恰恰以此为己任,并试图在对现代性的批判上建立起一种新的本体论、一种新的思维方式。在这种意义上,它同生态女性主义一道,被称为生态后现代主义

---

① 大卫·格里芬. 后现代科学——科学魅力的再现[M]. 北京:中央编译出版社,1995:英文版序言.

② 大卫·格里芬. 后现代精神[M]. 北京:中央编译出版社,1997:9.

③ 大卫·格里芬. 后现代科学——科学魅力的再现[M]. 北京:中央编译出版社,1995:111－124.

（Ecological postmodernism）。

当代,可持续发展已成为全人类共同关注的话题,但对不同的人来说其含义就截然不同。按照世界环境与发展委员会的说法,可持续发展是指既满足当代人的需要,又不对后代人满足其需要的能力构成危害的发展。作为基本前提,可持续发展战略在当代的社会层面必须优先解决两方面的问题:贫穷国家的人民基本需要的满足问题和富国人民消费方式转变的问题。因此,可持续发展有两个重要的概念:一是"需要"的概念,二是"限制"的概念。前者尤指世界上贫困人民的基本需要,需将此放在特别优先的地位来考虑。后者则是技术状况和社会对环境满足眼前和将来需要的能量施加的限制。① 由此看来,可持续发展的关键是发展的可持续性,现在人们已认识到人类的经济和社会发展必须维持在资源和环境的承载能力之内,只有这样才能保证发展的可持续性。它的实质是把经济合作、社会发展和生态发展联系起来并作为一个整体来考虑。正如世界环境与发展委员会所说的那样:"从广义上来说,可持续发展战略旨在促进人类之间以及人类与自然之间的和谐。"实现这样一种目标,需要建立一种全新的社会体制,这就是:(1)保证公民有效地参与决策的政治体系;(2)在自力更生和持久的基础上能够产生剩余物资和技术知识的经济体系;(3)为不和谐发展的紧张局面提供解决方法的社会体系;(4)尊重把保护生态基础作为义务的生产体系;(5)不断寻求新的解决办法的技术体系;(6)促进可持续性方式的贸易和金融的国际体系;(7)具有自身调整能力的灵活的管理体系。② 同时,可持续发展的实质是指可维持的长久性的发展。可持续发展的基础应有利于保持基本的生态过程和生命维持系统,以保证人类对自然资源的利用。因此,它最根本的是人与自然的协同发展。既然是协同与合作,就必须在考虑人的利益的同时也同等地考虑自然的利益。没有一种生态整体主义观念,没有真正实现从"自然的立法者"向"大地共同体中的普通一员"的转换,仅从人的利益出发就不可能有真正的可持续。在这种意义上,可持续发展观应当是生态中心主义的而非人类中心主义的,是一种人与自然的整体主义世界观。生态整体主义世界观为可持续发展提供了思考问题的方向和总体框架。它把当代人类生存的地球生物圈看作由自然、社会和经济相互联系、相互制约而组成的一个复杂系统。世界环境与发展委员会指出,地球只有一个,但世界却不是。我们大家都依赖着唯一的生物圈来维持我们的生命。我们是生活在生态系统中的呼吸空气的动物。我们在生态圈内按国家和地区分处界线,但是它仍然属于一

----

① 世界环境与发展委员会. 我们共同的未来[M]. 长春:吉林人民出版社,1997:52.
② 世界环境与发展委员会. 我们共同的未来[M]. 长春:吉林人民出版社,1997:80.

个整体。人与自然关系的整体性,在当代由于各国经济上和生态上的相互依赖性急剧增加而不断加强,人和自然的关系已经被紧密地交织为一张复杂联系的因果网。可持续发展思想在生态观上的重要意义,就在于它突出了地球生态环境和人类社会的整体性,特别是突出了人类经济活动造成的对生态系统依赖的紧密性。

　　然而,当我们用深层生态学的眼光看当前的可持续发展观,便会发现它的严重不足。首先,它完全立足于满足人类的需要、实现人类持续发展的考虑,始终没有明确地提出人类在地球生态圈中的地位,没有阐明人类对自然应尽的道德义务和责任。这明显地表现在《我们共同的未来》的报告中提到自然伦理或生态伦理。而人类如果不把自己作为地球大家庭中一个负有首先使命的成员,不会自觉地捍卫整个行星的利益,那么单是从自身立场去看待经济社会发展和生态环境保护的关系,就不会以强大的道德伦理来约束人对自然的行为,尤其是在那些一时认识不清而又具有长远的自然后果的复杂情况下,人们就更不会主动限制自己可能破坏自然的行为。缺少生态伦理是可持续发展思想中的最大缺陷,由此决定了可持续发展观缺乏人类保护自然的强大的道德感召力。①　其次,可持续发展观较之增长和发展观,无疑是一种进步。但是,可持续发展是否就是我们当下所理解的那种可持续发展?　如果不是,那么它的真实含义究竟是什么?　我们所制定的可持续发展战略能否具有持久的可持续功能,是值得思考的。从深层生态学的观点看,我们的可持续发展战略充其量只能算是一种低层次(或短期的)可持续。从世界环境与发展委员会对"可持续发展"的定义来看,它的观念过于狭隘。它关注的只是人类这一个物种,它所要解决的只是人类代际的利益,而并没有真正关注人以外的存在,因此,它仍然是人类中心主义的,而在人类中心主义的立场上,实在是无可持续可言的。曼弗雷德·马克斯尼夫(Manfred Max - Neef)指出,人类中心主义者把人类物种凌驾于自然之上,由此产生的生产行为是传统模式的基本特点。从经济主义的发展眼光来看,只管毫无区别地使用 GNP 一类的累积指标来衡量所有交易过程的好坏,而不管它们是生产性的还是非生产性的或是破坏性的,不分青红皂白地开掘自然资源来增加 GNP,这就好像一群病人拼命滥用药和医疗设施一样,药量和费用在不断增加,但病人健康状况改善如何就不得而知了。马克斯尼夫的话显然是针对人类中心主义增长观的,的确,从增长观到发展观再到可持续发展观,其间经历了深刻的变化。很显然,可持续发展比"增长"具有更丰富的内容,至少它要求改变增长的内涵,降低原料的能源的密集程度,以及公平地分配发展所带来的影响。因此,许多人把人类中心主义的可持续发展观看成是生态

---

①　余正荣.生态智慧论[M].北京:中国社会科学出版社,1996:164 - 168.

是合理的,如马克斯尼夫认为:"既然'另一种发展'中要关注的是满足现在和未来人类的基本需要,那么它就应把'发展'看作一个生态是合理的概念。这意味着要努力建立一套指标可以用它们来区别在真正符合人性的发展过程中,什么是积极的,什么是消极的,以保证在长远发展过程中,基本资源开发与利用的持续性。"①这就需要对可持续发展的内涵进行必要的分析。然而,现代人类中心主义的可持续发展观虽然力图避免上述弊端,却无法彻底摆脱这样一种局面,尤其是当人类的利益与自然的利益发生冲突的时候。

　　从增长到可持续发展是我们观念上的一个进步,但目前我们对可持续发展的理解仍然是狭隘的和浅层的。在这方面,深层生态学能够对我们有所启发。至少从深层生态学那里我们能够看到我们现在所面临的深层问题,以及应该努力的方向。可持续发展应当是经济、社会与生态可持续性的统一,一种充分考虑三者之间相互关系的整体观是必要的。这种整体观本质上是非人类中心主义的。鉴于生态系统和生物圈正常的功能发挥是经济与社会可持续发展的前提条件,减轻人对自然的压力,维护物种多样性和生态系统的稳定性,促进物种健康地生存和发展,就变得十分重要了。在传统范式中,无论我们如何提高效率,也不能把我们的需求限制在地球生态系统的承载范围之内。相反,深层生态学所倡导的生态型生活方式对于我们走出传统范式,实现人与自然和谐的新型关系将会有所帮助。这种生态型生活方式的主要目标是满足基本需要、降低西方的物质生活标准,提高生活质量。深层生态学世界观本身就是一种可持续发展观,而且是一种高度可持续发展观。它的最重要的特征是拒斥人与自然分离而赞同人与自然作为整体形象。它十分强调"重新定居"的概念,这就是要求按照生态区域而不是按照行政的规划划分国家和地区,并认为这种方式最适合人与自然协同发展。它试图建立的生态社区以及它为实现生态社区所制定的一系列措施,如小规模、地方自治、自力更生、适宜技术等,都是为了人与自然的协同发展。而且深层生态主义者相信,可持续发展的道路不可能是单一的,它与生态学上的多样性和文化的多样性相对应。正如奈斯所说:"今天的可持续发展意味着沿着各自的文化道路的发展,而不是沿着一条共同的、中心化路线的发展。"②其实,深层生态学构想的生态社会就已经成为一种可供选择的可持续发展。尽管这种模式被许多人视为一种生态乌托邦,但它的思想至少为我们理解可持续发展的真正含义,并且为我们朝着可持

① P. 伊金斯. 生态经济学[M]. 合肥:中国科学技术大学出版社,1991:48-68.
② FOX W. The Deep Ecology – Ecofeminism Debate and Its Parallels[M]. in Sessions G. Deep Ecology For The 21ˢᵗ Century[M]. Boston:Shambhala Publications Inc. ,1995:269-289.

续发展的方向迈出正确的一步提供了理论支持。

20世纪80年代以来,深层生态学的影响遍及整个环境运动,但它一直受到来自环境运动内外的各种批判。深层生态学对生态哲学的影响主要体现在生态哲学家对它的批判上。生态哲学家对深层生态学的批评主要是他们之间存在着许多分歧,如自然界是否具有内在价值等。环境哲学家大卫·佩珀在综合了各种对深层生态学的批评意见后指出,对深层生态学的一些最重要的指控往好处说,深层生态学在政治上是天真的;往坏处说,是政治上的反动。① 说它天真,是因为它过分迷恋个人的价值、态度和生活方式的改变,并把这些看成促进社会变革的主要动力。这会使它在现有沙皇制度和经济合作所固有的、那些阻碍变革的巨大力量面前失败。而布克钦则认为像深层生态学热衷的共同体、与自然一体这样一些词语应当送进纳粹主义的阵营中。美国前副总统阿尔·戈尔在《濒临失衡的地球》中清晰地表达了他对当代环境问题的深刻见解,尽管他对强人类中心主义持批判态度,也赞同深层生态学的某些主张,但他无论如何不愿站到生态主义一边。他说:“有个名叫‘深层生态主义者’的团体现在声名日隆。它用一种灾病来比喻人与自然的关系。按照这一说法,人类的作用有如病原体,是一种使地球出疹发烧的细菌,威胁着地球基本的生命机能。深层生态主义者把我们人类说成是一种全球癌症,它不受控制地扩张,在城市中恶性转移②,为了自己的营养和健康攫取地球以保证自身所需的资源。深层生态学的另一种说法是,地球是个大型生物,人类文明是地球这个行星的艾滋病毒,反复危害其健康和平衡,使地球不能保持免疫能力。”“为深层生态学正名的挪威哲学家 A. 奈斯和其他许多深层生态主义者似乎也将人类定义为地球上的异化存在……深层生态主义者并不把人视为抽象思想的生物,只通过逻辑和理论与地球相联系。他们犯了一个相反的错误,即几乎完全从物质意义上来定义人与地球的关系——仿佛我们只是些人形皮囊,命里注定要干本能的坏事,不具有智慧或自由意志来理解和改变自己的生存方式。”这种说法虽有些言过其实,却反映了西方多数涉足政坛的绿色人士的担心:既批判保守又害怕激进。分析起来,这是否与某些激进生态主义者的过激言论和极端观点有某种关联呢? 来自发展中国家的批判主要是印度学者古哈《美国激进环境主义与荒野保护:来自第三世界的批评》,认为美国所倡导的深层环境运动只适合于发达国家的富裕阶层,并不适合于发展中国家的国情。

深层生态学的出现是环境运动由改良向激进的一个转折,它起源于对生态环

---

① PEPPER D. Modern Environmentalism:An Introduction[M]. New York:Routledge,1996:29.
② 阿尔·戈尔. 濒临失衡的地球[M].北京:中央编译出版社,1997:186 – 187.

境问题的关注,又很快与其他反主流文化合流,并迅速成为激进环境运动的主导力量。它的思想是构成后现代生态世界观的重要来源,这又使它变得引人注目起来。日益增多的评论,无论是赞赏还是批判,实际上都增加了它的影响。深层生态学作为一种激进的环境主义,从一开始就以反人类中心主义世界观的姿态出现,而且态度十分鲜明。它认为人类中心主义把人看成高于其他物种的存在,并有权随心所欲地支配和塑造自然,仿佛自然界只是因为有了人的需求才有了存在的价值,是人类的自命不凡造成的错觉,是人类毁灭性行为的根源。深层生态学试图通过否定人类中心主义来摆正人在自然界中的位置,试图说明人的智慧恰恰在于他有能力认识到自己是自然界中的普通一员,有能力自觉地改变自己的生存方式。它把人与自然的认同(Identification)视为一种崇高的境界,通过最大限度地发掘人内心的善、弘扬这种善来达到人与自然的内在和谐,这无疑是一种十分深刻的思想,但这并不表明它是一种"精致"的思想体系。要在西方传统中建构一种体系完备的环境哲学,还有很长的路要走。

七、本章小结

第二次世界大战后的美国经济的高速发展引起整个环境状况恶化,并且出现了十分严重的环境污染。海洋生物学家卡逊以《寂静的春天》一书揭示了污染带来的巨大危害。她通过对 DDT 滥用的分析,利用生态学中生物链的原理揭示了杀虫剂中毒素的聚集过程,说明它层层影响,最终会危及整个人类的健康,从而向公众表达了一种环境危机意识。然而她更深层的含义却在于对人类近代以来征服自然的意识的质疑和对当代人对待自然的傲慢态度的无情批判。这本书改变了美国人看待环境的方式,即使利奥波德在 20 世纪 40 年代就提出了大地伦理学,但人们仍然是以漠不关心的功利主义态度看待地球资源,不承认人与大自然的一体性,而今人类对付自然的武器居然也瞄准了人类自己。她的观点引发了美国社会对环境问题的大讨论,为传统的自然保护主义增添了新的时代内容;扩大了环境的概念,说明人与环境是互动的、一体的。近代以来人类的技术发展和进步也带来了严重的环境危机。只有深入我们文明的意识形态之中,我们才可能认识到环境问题的实质性根源。正是这种对人与自然关系的深刻反思导致美国现代环境运动的产生以及环境主义的不断走向深入。

在关于环境问题的反思中,环境主义内部也出现了改良主义与激进主义的分裂。改良主义者利用主流环境组织进行传统的环境保护活动,并成立"十人团"在首都华盛顿推行改良主义路线,主要进行院外游说、诉讼等政治活动。激进主义者采纳奈斯提出的深层生态学原则,追问环境危机的根本原因并把前者称为浅层生态学,浅层生态学是人类中心主义的,只关心人类的利益;深层生态学是非人类中心主义和整体主义的,关心的是整个自然界的利益。浅层生态学专注于环境退化的症候,如污染、资源耗竭等;深层生态学要追问环境危机的根源,包括社会的、文化的和人性的。在实践上,浅层生态学主张改良现有的价值观念和社会制度;深层生态学则主张重建人类文明的秩序,使之成为自然整体中的一个有机部分。深层生态学不仅批评西方传统文明,也批评传统的环境保护运动和自然保护运动,并成立一系列激进环境组织如"绿色和平""地球第一!"等进行激进的生态抵制运动,逐渐与激进的环境行动主义联系起来。这些活动比主流环境组织的宣传或劝诫方式更引人注目,更具影响力。

同时,深层生态学提倡"自我实现"和"生态中心主义平等",通过否定人类中心主义来摆正人在自然界的位置,它把人与自然的认同视为一种崇高的境界,通过最大限度地发掘人内心的善、弘扬这种善来达到人与自然的内在和谐,这无疑是一种十分深刻的思想,但并不是一种完整的思想体系。深层生态学把保护环境的希望过多地寄托在改变个人的态度和行动上,而实际上,造成环境危机的主要根源是整个文明和社会传统,而非单个人。① 当然,作为一种正在发展和变化的理论和运动,深层生态学总是有些不妥当之处,随着时间的推移有待进一步完善。但是,作为一种较深刻的环境主义思想,深层生态学在对西方文明传统的批判、对东方文化和土著文化的吸收方面都具有极其深刻的作用,这对惊醒西方社会的思维模式、改变西方由来已久的主客二分传统、实现人与自然的和谐乃至中国古代哲学中所倡导的"天人合一"境界都将有极大的启发和促进作用。一切对于深层生态学整体性的恰当评价都可能为时过早。

---

① FOSTER J B. Global Ecology and the Common Good[J]. Monthly Review 46,1995(9).

第三部分 03

从天赋权利哲学传统对
环境主义的扩展

第六章

从天赋权利到大自然的权利

第一节 天赋权利思想的扩展

一、关于自然界的权利

美国环境主义产生的另一个重要因素是近几十年来天赋权利理论的扩展。西方现代意义上的"权利"首先是作为人的权利被提出来的。在法律上从肯定少数人的不完全权利到最终认可所有的人的完全权利,人类付出了数世纪的努力和奋斗。如今,天赋权利形成了西方国家一个既定的文化前提和毋容置疑的理想追求。西方环境伦理学家认为,权利的下一个逻辑扩展阶段是肯定大自然的权利。所谓自然权利就是自然界有着按照自然规律生存的资格或利益。这是一种客观存在的权利,是人不可否认的"天赋权利"。而当权利作为法律道德范畴时,它是指人赋予自然的法律权利和道德权利,这是一种人必须承认的"人赋权利",它具有人的主观性。自然所具有的这两类权利,虽然来源不一,但却系于一身,应为人类所尊重。

在人类出现之前,生命和自然界的生存是一种自然现象。那时,自然界的权利是一种自然状态,它们以生态规律自发的作用进行自动调节,所有的一切都是当然如此的。这种"当然如此"就是大自然的秩序、完美与和谐,这里不存在道德问题。中国古代哲学家庄子提倡"因任自然"的哲学,非常强调生命的自然性,认为天然是最可贵的。人类产生以后,其生产生活活动改变了自然状态。人类以文明的生活方式,利用智慧指导下的劳动适应自然、利用自然和改造自然。人类活动不仅改变了生物物种,而且改变了生物圈的结构和整个自然面貌,创造了新的自然界。"在人类历史中即在人类社会的生产过程中形成的自然界是人的现实的自然界;因此,通过工业——尽管以异化的形式——形成的自然界,是真实的,人类学的自然界。"①人类活动改变了自然界"当然如此"的状态,促使自然界权利从自然性向社会性的历史性转变。当人们完全忽视自然界的权利,对大自然采取掠夺性态度时,便导致了自然生态破坏。这不仅损害了其他生命生存的权利,而且还威胁到人类自身的生存。正是这种情况下,西方学者提出了生命和自然界的权利问题。这样,自然界权利的问题就不再是纯粹自然的问题,而是具有了社会性,它要求人们对这个问题有进一步的认识。

　　西方现代环境伦理学从承认自然界的价值出发,把道德权利概念扩大到生命和自然界其他实体,即对于动物、植物和自然界的其他事物,应当确认它们在一种自然状态中持续存在的权利。自然界的权利是指生命和自然界的生存权。"生存权,从生物学上讲,是指为了生存适应性配合的权利。适应性配合,需要经过上千年的维持生存过程。这种思想至少使人们想到,在某一生态位的物种,它们有完善的权利。因此,人类允许物种的存在和进化,才是公正的。"②也就是说,自然界的权利是指生物和自然界的其他事物有权按照生态规律持续生存。这一定义主要包括两方面的内容:权利所有者要求它的生存权益要受到尊重;这种权利要求是合理的,权利所有者对侵犯它们利益的行为提出挑战。自然权利是自然界的权益与自然界的权力的统一。

　　同时,对自然权利这一概念的认识还要意识到,权利是不断进化的。人类道德对象的范围是不断扩大的,道德权利的范围也是不断扩大的。达尔文认为,人类最初对异族是不同情、不关心的。对异族的关心、同情是后来才发生的,乃至越来越细腻和广泛、深透,形成人道这种美德。而人道观念发展到最后,"终被广泛到一切有知觉的生物"③。罗尔斯顿指出,原始部落的道德对象只限于本部落的成员,杀死别的部落的人,不受道德约束;古希腊罗马道德对象的范围仅限于奴隶主和平民,奥德赛杀死女奴不涉及适当不适当的问题;中世纪,道德对象的范围扩大到所有基督徒;近代初期,欧洲人认为道德对象的范围只限于欧洲白人,不包括有色人种;现代道德权利扩大到所有种族的整个人类,并逐步扩大到动物和植物;将来道德对象的范围会随着历史的发展而突破生物的范围,进一步包括地球上的所有存在物。

① 马克思恩格斯全集:第 42 卷[M].北京:人民出版社,1979:128.
② 罗尔斯顿.环境伦理学:自然界的价值和对自然界的义务[M].北京:中国社会科学出版社,1994:288.
③ 徐少锦.西方科技伦理思想史[M].南京:江苏教育出版社,1995:333.

二、从天赋权利到仁慈主义

自从希腊和罗马衰落,大自然在西方伦理学中就没有得到公平对待。越来越多的人相信,大自然没有任何权利,非人类存在物的存在是为了服务于人类,并不存在宽广的伦理共同体。因此,人与大自然之间的恰当关系是便利和实用。这里无须任何内疚意识,因为大自然的唯一价值是工具性和功利性的——是根据人的需要来确定的。近代,笛卡儿提出伦理学与人——自然关系无关的哲学思想。在笛卡儿看来,动物是无感觉无理性的机器。它们像钟表那样运动,由于没有心灵,动物感觉不到痛苦,不可能受到伤害,它们没有意识。相反,人具有灵魂和心灵。事实上,思想决定着人的机体。"我思故我在"是笛卡儿的基本原则。这种把人与自然分离开来的二元论,证明了活体解剖动物和人对环境的所有行为的合理性。笛卡儿坚信,人类是大自然的主人和拥有者,非人类世界成了一个"事物",他认为这种把大自然客体化的做法是科学和文明进步的一个重要前提。

但是,在西方思想的大潮中,也存在着另一股对人类中心主义进行挑战的涓涓细流,它的部分源头活水是希腊、罗马的这样一种传统观念:动物是自然状态的组成部分和自然法的主体。希腊和罗马的哲学家曾拥有一种明确的自然法思想。虽然他们没有谈到"权利",但却认识到了人们是先于政府或其他文明秩序而存在的。这种原始的自然状态是根据某些基于存在和生存的生物学意义上的原则而组织起来的,这些原则被称为自然法。相反,人类建立在这一基本秩序之上的公正观念被称为"社会法",社会法是适用于人的普通法,它体现在不同国家或民族的法律中。对古典思想家来说,人类明显地不是孤立地存在于荒野中、伊甸园中或任何一种自然状态中。动物与环境中那些没有生命的构成要素一道,也存在于其中。在自然法中,作为一个整体的大自然构成了一种人类应当予以尊重的秩序。

在近代早期,关于道德在多大程度上应用于大自然的讨论是围绕着动物活体解剖实验问题展开的。从其最坏的方面讲,这种实验是直接切割那些被捆绑在案板上未经麻醉的动物。这种实验遭到了早期仁慈主义者(Humanist)的严厉谴责。针对笛卡儿的理论,洛克在《关于教育的几点思考》(1693)中指出,动物能够感受痛苦,能被伤害。毫无疑问,对动物的这种伤害在道德上也是错误的。但是,这种错误不是源于动物的天赋权利,而是源于对动物的残忍给人带来的影响。洛克说道许多儿童折磨并粗暴地对待那些落入他们手中的小鸟、蝴蝶或其他这类可怜动物,这种行为应被制止并予以纠正,因为它将逐渐地使他们的心甚至在对人时也变得狠起来。在他1693年的论文中,洛克超越了那种狭隘的功利观点。人们不仅要善待以往那些被人拥有且有用的动物,而且还要善待松鼠、小鸟、昆虫……事实上是所有活着的动物。

1776 年,普莱麦特(H. Primatt)博士以一篇题为《论仁慈的义务和残酷对待野生动物的罪孽》的论文揭开了英国关于动物权利问题的讨论序幕。他争辩说,作为上帝的作品,所有的创造物都应获得人道的待遇。在他看来,既然痛苦是"罪恶",那么,对任何一种生命形式的残忍行为都是亵渎神的和不虔诚的。功利主义哲学家边沁(J. Bentham)写于 1789 年的著作也用类似语言要求结束对动物的残酷行为。他宣称,总有一天,其他动物也会获得这些除非遭专制之手剥夺,否则绝不放弃的权利。边沁的伦理学是从其"最大幸福原则"推导出来的。痛苦是恶,快乐是善。因此,一个行动的正确或错误取决于它所引起的快乐或痛苦的程度。边沁把行为的这些后果称为功利。他的理论就是著名的功利主义,但他的观点包含着超越功利主义一词狭隘的人类中心主义含义的可能性。边沁知道如何把最大幸福的逻辑从殖民者扩展应用到奴隶和非人类存在物身上去。他论证说:"皮肤的黑色不是一个人无端遭受他人肆意折磨的理由。人们总有一天会认识到,腿的数量、皮肤上的绒毛或脊梁骨终点的位置也不是驱使某个有感觉的动物遭受同样折磨的理由。"①边沁反对把推理或说话能力视为人与其他生命形式的伦理分界线。"问题的关键不是它们能推理或说话吗? 而是它们能感受苦乐吗?"他不同意笛卡儿的观点,而认为动物能感受痛苦。因此,边沁问道:"为什么法律拒绝保护所有具有感觉的存在物?"人的解放的一种形式(指奴隶的解放)是支持他挑战现存的法律与道德的一个令人鼓舞的例子,"我们已开始关心奴隶的生存状态,我们将把改善所有那些给我们提供劳力和满足我们需要的动物的生存状况作为道德进步的最后阶段"②。很明显,对边沁来说,那些对人有益的动物所占据的伦理地位低于奴隶,但高于其他生命形式。

边沁的哲学和18－19 世纪英国的仁慈主义运动都把对动物的残忍行为视为人所犯的一种错误,或从宗教的角度视为一种罪孽。但是边沁的同时代人却提出了一种更为激进的观点:他们把权利赋予动物,并从正义的角度讨论如何对待动物的问题。1796 年,英国文学家劳伦斯(J. Lawrence)写了《关于马以及人对野兽的道德责任》。在《论畜类的权利》一章中,他反对那种认为动物没有权利的观点,也反对那种认为动物完全是为了人的使用和人的目的而存在的笛卡儿式的观点。他以自然法原理为依据,指出:生命、智力和感觉就是拥有权利的充足条件 。在这

① 纳什. 大自然的权利:环境伦理学史[M]. 青岛:青岛出版社,1999:25.
② 纳什. 大自然的权利:环境伦理学史[M]. 青岛:青岛出版社,1999:25－26.

些方面,动物与人是相同的,正义的本质上不可分割的。劳伦斯认为,动物没有权利的根源在于"人们所制定的宪法无一例外地都存在着一个缺陷,没有一个政府承认动物法,而真正说来,动物法应当是任何一种建立在正义与人性原则之上的司法制度的一部分"①。因此,他建议,国家应正式承认兽类的权利,并依据这种原则建立一种法律,以保护它们免遭那些明目张胆的、不负责任的残忍行为的伤害。他明确指出,他并不反对为了食物而宰杀动物,只要在宰杀动物时采取一种十分人道的方式。他痛恨纵狗斗牛和斗鸡的行为,但并不反对打猎。在反思边沁的功利主义时,他认为猎杀过剩的动物比让它们慢慢痛苦地饿死更仁慈。就其实质而言,劳伦斯的伦理学关注的是人们使用的那些动物,特别是马,但是他的"兽类的权利"的观念在西方思想上却是一个重要的伦理进步。②

三、仁慈主义运动的发展

早在 15 世纪,特别是在 17 – 18 世纪,抗议下列行为的呼声就不绝于耳:活体解剖、斗鸡、故意让狗追咬牛和熊、打猎以及洛克在 1693 年指出的那类毫无目的的残忍行为。像洛克那样,英国的早期仁慈主义运动也指出了残酷对待动物的行为对残害动物的人所产生的有害影响。他们认为,既然动物是上帝创造的一部分,那么,作为最受宠爱和最强大的生命形式,人类就有责任站在上帝的立场成为动物福利的优秀受托人或托管人。③ 把仁慈主义的理想变成法律的做法,可追溯到 1596 年英国切斯特郡的一项关于纵狗斗熊的禁令。17 世纪,英国又限制在本土斗鸡。

范围更广泛、内容更具体且更易实施的法律是在 18 世纪后期出现的,它使仁慈主义者意识到了关于天赋权利的广延哲学(Extended Philosophy)的内在逻辑。1822 年,英国议会通过《禁止虐待家畜的法案》(马丁法案)。虽然该法案的倡议者马丁(R. Martin,1754—1834)希望该法案的适用范围更广泛些,但这一法案的最后修订本关注的只是那些较大的家畜。当时的社会气氛决定了人们只能从是否伤害了他的家畜的角度来理解马丁法案。因为财产权是神圣不可侵犯、非常明显的一种天赋权利,非人类存在物的天赋权利还根本不可能对之构成挑战。尽管如此,在把对动物的残酷行为确定为一种在全国都应受惩罚的罪行方面,马丁法

---

① 纳什. 大自然的权利:环境伦理学史[M]. 青岛:青岛出版社,1999:26.

② NASH R. The Rights of Nature, A History of Environmental Ethics[M]. Madison:The University of Wisconsin Press,1989:23 – 25.

③ NASH R. The Rights of Nature, A History of Environmental Ethics[M]. Madison:The University of Wisconsin Press,1989:19.

案仍为现代立法机构提供了第一个例子。1824年,马丁和其他仁慈主义者组织了
"禁止残害动物协会",1840年后改为禁止残害动物皇家协会,他们的主要成就是
在全国范围内禁止了在下层民众中广为流行的某些娱乐方式,诸如纵狗咬牛和纵
狗斗熊和斗鸡。1876年,仁慈主义者争取立法的斗争达到顶点。活体解剖是当时
讨论的热门话题,1876年的法案是调和的产物:活体解剖可以继续进行,但只能在
被法律许可的医学中心进行,而且要用麻醉药把动物的痛苦降低到最低限度。

　　伦敦学院的自由主义者尼乔尔松(E. B. Nicholson)把他1879年创作的关于
动物权利的作品奉献给劳伦斯及边沁。他指出,和人一样,动物也拥有神经系统,
而且能够体验痛苦和快乐。他总结说,动物和人享有同样的生存权和个人自由。
他大胆地把"与人相同的权利"赋予了动物。如果说普莱迈特、边沁、劳伦斯、马丁
和尼乔尔松的思想开启了英国扩展伦理共同体的思想先河,那么这种思想则于19
世纪在塞尔特(H. S. Salt)那里达到了顶峰。1885年,塞尔特放弃他在爱顿城学
术大师的优厚职业,退居到乡村过一种清心寡欲的简朴生活。1891年他领导组建
了仁慈主义者同盟,次年他出版了《动物权利与社会进步》一书,这是继1796年劳
伦斯那篇哲学论文后论述这个问题的杰出著作,并且继续影响着美国的环境主义
思想。塞尔特明确指出:如果人类拥有生存权和自由权,那么动物也拥有。二者
的权利都来自天赋权利。塞尔特认为,1822年的马丁法案标志着动物法在英国法
律中的最早出现。但他又冷静地指出,人们在应用这一法律时更多是"出于财产
的考虑而非出于对原则的尊重"。他觉得在英国人和美国人的态度中,缺乏一种
与非人类存在物的"真正亲属感",道德共同体的范围需要扩展。因此,塞尔特提
出一个对他那个时代来说卓尔不群的观点:"如果我们准备公正地对待低等种属,
我们就必须抛弃那种认为在它们和人类之间存在着一条巨大鸿沟的过时观念,必
须认识到那个把宇宙大家庭中所有生物都联系在一起的共同的人道契约。"塞尔
特把他的天赋权利哲学扩延得如此宏大,以致他认为人和动物最终应该也能够组
成一个共同的政府。他号召人们把所有的生物都包括进民主的范围中来,从而建
立一种完美的民主制度。他还宣称,并非只有人的生命才是可爱和神圣的,其他
天真美丽的生命也是同样神圣可爱的。未来的伟大共和国不会只把它的福恩施
惠给人。塞尔特深信,人类和动物之间能够建立互惠的伦理和政治关系,但我们
却不能指望动物能以伦理的方式去行动。动物的解放将取决于人类的道德潜能
的彻底发挥,取决于人类变成真正的人。通过这种方式,塞尔特巧妙地把动物权
利转换成了改善人的运动,而后者是很少有人不同意的。塞尔特说,维护动物的
权利,远不止要求我们同情或公正地对待受虐待的动物受害者,这不仅仅是为了
也主要不是为了那些我们为其辩护的动物受害者,而是为了人类自己。我们的真

正文明,我们民族的进步,我们的人性……都与道德的这种发展有关。如果我们践踏了那些我们对其恰好拥有司法权的存在伙伴的权利,那犯错误的……就是我们。通过重新理解人类中心主义,塞尔特巧妙地超越了人类中心主义。他因此使自己成为一个过渡性的人物,他的伦理学在现代动物权利主义者激进的非人类中心主义面前戛然止步。

　　总之,劳伦斯、边沁、塞尔特和英国19世纪其他的仁慈主义者强调的只是动物和家畜的权利,"环境"在他们的词汇中是不重要的。但他们的仁慈主义却是通向环境主义的一个意识形态桥梁。更进一步的发展要等待生态学的出现,要等待塞尔特及其同伴所理想化了的人与动物之间的"亲缘"或"兄弟情谊"能够得到科学事实的证明。人类伦理观察的进化过程如图6-1所示。塞尔特《动物权利与社会进步》一书的成就在于把古老的天赋权利论与18、19世纪的自由主义融为一体,并在20世纪前把这种思想发挥到了极致。在他的影响下,美国密歇根大学的伊文斯(E. P. Evans)就指出,任何一种试图把人从大自然中孤立出来的企图"在哲学上都是错误的,在道德上是有害的"。① 1949年,当生态学已经开始扩展伦理共同体的范围后,利奥波德即倡导一种"把人类的角色从大地共同体的征服者改造成其中的普通的成员与普通公民"的大地伦理。与此同时,环境哲学的前沿已开始超越塞尔特对动物的偏爱。1978年,美国仁慈协会的官员福克斯宣称:如果人类仅仅由于其存在本身就享有自由的天赋权利。……那么这种权利肯定也应赋予所有其他生物。像辛格的《动物解放》和里根(T. Regan)的《为动物权利辩护》这类著作都是直接以塞尔特的观点为依据的。区别仅在于,辛格、里根和整体主义的环境伦理学是从一种更值得人同情的思想和政治角度立论的。

---

① NASH R. The Rights of Nature, A History of Environmental Ethics[M]. Madison: The University of Wisconsin Press, 1989: 32.

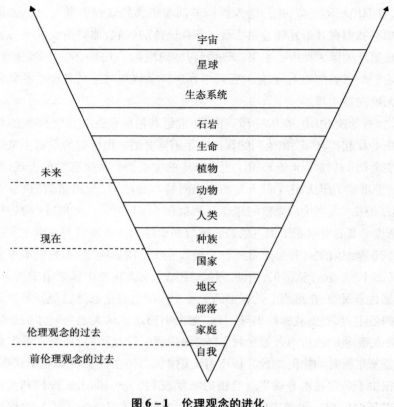

图 6－1　伦理观念的进化

第二节　美国自由主义的扩展

一、天赋权利在美国的发展

研究美国历史的大多数人都认为,自由是美国思想中最具活力的一个概念。作为欧洲民主革命和北美拓疆的产物,自由主义说明了美国的起源和代代相传的使命。天赋权利是美国的一个既定的文化前提,更是一个不容怀疑的理想。美国人对个人的善和内在价值所抱有的自由主义信念,导致他们追求自由、政治平等、宽容和自主。美国历史中最成功的改革都是以这种自由主义传统为依据的。20世纪60年代,当环境主义者开始谈论环境问题的时候,他们也运用了自由主义的话语和理想。在被赋予伦理色彩并融入美国的自由主义传统后,环境主义就具有了活力。自从"天赋权利"概念在 1215 年英国《大宪章》中出现以来,其内容得到了逐步扩展,这是美国自由主义传统的一个特点。是否应当扩大这一传统,使之包括非人类存在物的利益——甚至作为一个整体的大自然的利益——正是建构环境主义所要探讨的问题。

　　1215 年,在英国泰晤士河畔的一个牧场,聚集在那里的英国贵族迫使国王约翰接受了以拉丁文书写的《大宪章》,由此以后逐渐扩展了天赋人权的观念。在英美文化中,《大宪章》是自由的一个里程碑。这一文献首次阐述的是这一观念:社会的某些成员因其存在本身就享有独立于英国国王意愿的某些权利。英国哲学家洛克的思想是美国天赋权利传统最重要的精神源泉。正如其《政府论》(1690年)所展示的那样,洛克的思想包含着一种对像美国这样一个在荒野中缔造社会的民族来说尤其具有吸引力的逻辑。在洛克的伦理学体系中,"自然状态"是一个前社会、前国家的状态,在其中,所有的人在上帝和他人面前都是平等的、自由的。在这种状态中,自然法或基本法由绝对永恒的或"不能放弃的"道德公理组成。其中,最重要的道德公理是:每一个人,仅仅由于其存在的缘故,就享有继续存在下去的天赋权利。据此,洛克开列了人的天赋权利清单:生命、自由、健康或私有财产。后来杰弗逊在论述天赋权利时用"幸福的权利"代替了"私有财产权"。而美国《独立宣言》是那个时代天赋权利思想真正扩展的开始。自 1776 年以来,民主的意识形态每扩展一次,它就把一个新的群体当作杰弗逊所说的平等的"人"的共同体的成员接受下来(如图 6-2 所示)。人类所属的共同体并不以人为界这一观念出现在缪尔、伊文斯等人的思想中。

　　在发展民主的内容方面,美国扮演着一个重要的角色。美国人把自由视为其民族所承担的使命的基础。约翰·亚当斯相信,他的国家是"上帝挑选出来作为"人类追求自由的"舞台"的。福克斯于 1978 年写道:"或许美国能够领导其他民族,向他们展示可供选择的价值观……这种价值观不仅对生存于同一地球的所有人有利,而且对地球上的所有存在物(包括所有有感觉的存在物与栖息地)有益,因为所有的存在物都是相互联系、相互依赖的。"①但是 18 和 19 世纪,在建构一种关于人与自然关系的伦理哲学、实施与动物有关的法律方面,英国都走在美国前面。② 直到 20 世纪,梭罗才变成了一个环境主义英雄,他的现代声誉主要得益于

---

① NASH R. The Rights of Nature, A History of Environmental Ethics[M]. Madison: The University of Wisconsin Press, 1989: 33-34.

② NASH R. The Rights of Nature, A History of Environmental Ethics[M]. Madison: The University of Wisconsin Press, 1989: 5-6.

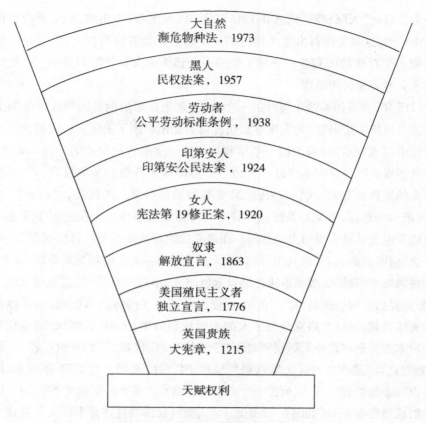

大自然
濒危物种法，1973

黑人
民权法案，1957

劳动者
公平劳动标准条例，1938

印第安人
印第安公民法案，1924

女人
宪法第19修正案，1920

奴隶
解放宣言，1863

美国殖民主义者
独立宣言，1776

英国贵族
大宪章，1215

天赋权利

图6-2　不断扩展的权利概念

英国著名的动物权利主义者塞尔特对他的发现和推崇。① 美国人直到20世纪才
对大自然的权利问题感兴趣的第一个原因,是在19世纪的大部分时间里,美国拥
有的大部分领土还是荒野。在独立后的一个世纪中,地大物博一直是美国占统治
地位的神话。功利主义的环境保护论甚至都是多余的。即使是批评资源掠夺的
人也不免有这种感觉:在这个新世界中,毕竟有足够的空间供人和自然生存。那
时,与印第安人的战争正处于高潮;西部的许多地方都荒无人烟。在这种地理背
景下,进步与增长、发展、征服大自然似乎是同义语。在伦理学的意义上与大自然
和谐相处的观念与19世纪美国所要优先考虑的问题是格格不入的。第二个原因
是早期的知识分子和改革家们关心的主要问题是人的权利问题。美国革命释放
了一股以天赋权利原则为基础的理想主义洪流,但是在一个世纪的时光中,这种

---

① NASH R. The Rights of Nature, A History of Environmental Ethics[M]. Madison:The University
of Wisconsin Press,1989:34.

理想主义所关注的对象几乎只限于奴隶制这类社会问题。1776 年后的近一个世纪,美国人全神贯注于黑人被压迫的问题,以至于他们看不到自己所犯的其他错误。对信奉天赋权利的理想主义者而言,奴隶制是必须首先予以解决的压倒一切的问题。对国会来说,在有数百万人仍像未受保护的牲口那样生活着的情况下,要通过禁止残酷对待动物的法律是不合时宜的。第三,当美国人在 19 世纪开始保护大自然的时候,他们的指导思想完全是地地道道的人类中心主义的国家公园理想。美国人设立自然保护区的目的,是人们的愉悦以及水源、猎物供应这类功利。在当时,英国已没有荒野区,因而它只得把环境保护的理想指向大自然中那个与人较为接近的部分——动物,特别是家畜。

梭罗之所以选择 1845 年 7 月 4 日离开城市到瓦尔登湖去,就是想把他的离去本身当作一种"声明"。在他看来,他的国家建国以来的 69 年中,没有多少值得庆祝的事情。美国人似乎沉迷于爱默生所说的"俗事"中。梭罗想到商店买一本用来记录他的思想的笔记本,可他在那里发现的全是用来记账的账本。他居住的那个地方的村民,对功利价值之外的其他价值视而不见。梭罗发现,新英格兰地区的森林正迅速减少,他是第一批把美国的地大物博视为一种神话的美国人之一。正如唐纳德·沃斯特所说,在"生态学"产生以前就已出现了生态学家。梭罗就是这些生态学家之一。他以自己的超验主义视野提出:如果那些虐待儿童的人要被起诉,那么,那些毁坏了大自然的面容的人也应被起诉。梭罗在此似乎想指出,像其他被压迫的少数群体一样,大自然也应拥有法律权利。他虽然没有明确使用"权利"一词,但他那种把虐待大自然与虐待人联系起来思考的思想却使他成为环境主义者的开路先锋。不过,在 19 世纪,梭罗的这些思想不仅史无前例,而且他在坚持这些思想时完全是孤军奋战。事实上,直到 1906 年梭罗未出版的著作第一次出齐之前,读过他的这些具有反传统精神的日记的美国人很可能不会超过一打。①

二、美国的仁慈主义运动

在美州,马萨诸塞湾各殖民地 1641 年制定的"自由法典"是正视残酷对待家畜这一问题的普通法。"自由法典"的作者华德(N. Ward,1578—1652)在"惯例"这一栏的第 92 条列举了这样一个规定:"对那些通常对人有用的动物,任何人不得行使专制或酷刑。"虽然这还是一种功利主义观点——只有家畜得到保护——

---

① NASH R. The Rights of Nature, A History of Environmental Ethics[M]. Madison:The University of Wisconsin Press,1989:37 - 38.

但是,在 1641 年,当笛卡儿的影响在欧洲正值高峰时,这位新英格兰人能够第一个站出来维护"动物并非毫无感觉的机器"的观点,可谓意义深远。而且,"专制"一词的使用似乎隐含着这样一种观念:在动物法传统中,非人类存在物也拥有天赋权利或自由。或许,在荒野中创造一个新社会的任务使得清教徒的心灵更容易接受一种宽广的伦理原则,这种伦理原则产生于一种与他们所征服的荒野相似的自然状态。①

虽然美国的奴隶制问题是统治了美国近一个世纪的时代主题,但天赋权利意识形态却包含着把权利扩展到非人类存在物身上去的巨大的潜在可能性。潘恩(T. Paine)1793 年看到了这种联系,他宣称,人与人之间的任何残害和报复行为,以及对动物的任何残酷行为,都是违背道德义务的。对自然神论者潘恩来说,这是不言而喻的:上帝创造了并明显地敬重各种各样的生命形式。有道德的人尊重所有的生命形式。菲利普斯(W. Phillips)在 1859 年认为,人类生存在大自然中,就如同一滴水"融入无尽的民主之海"。这个比喻代表人类与自然万物不但互相交融,而且相互含摄,彼此旁通而又互动,他别巨匠心地称此为"民主之海",代表其中一切万物均一往平等,各具同样尊严,犹如民主之中人人平等,而且人格尊严均为相同。② 神学与民主意识形态的结合产生了巨大的思想力量,从而促使了少数几个州在 19 世纪早期制定了反对残酷对待动物的法律。1866 年,美国仁慈主义运动代表人物亨利·贝弗(H. Bergh,1811—1888)成立了"禁止残害动物美国协会",发表了一份前所未有的"动物权利宣言",禁止残酷对待所有的动物,包括家养动物和野生动物。指出残酷对待动物的行为,会使做出这一行为的人道德堕落,变得野蛮起来。一个不能阻止其成员残酷对待动物的民族,面临着这种残酷行为殃及自身、且最终导致文明的衰落和退化的危险。由于奴隶制已在最近被废除,因而他呼吁其同胞把人道主义运动推进到下一个阶段——禁止虐待动物。《汤姆叔叔的小屋》的作者斯托夫人(H. B. Stowe)1877 年加入仁慈对待动物的运动,从而强化了仁慈对待动物的道德思想在美国的延续性。19 世纪美国的仁慈主义运动及相关的改革运动(诸如素食主义运动与反活体解剖运动)都是环境伦理学的思想先驱。

19 世纪美国的仁慈主义运动反对残酷对待动物的努力主要限于家畜,施加给人们所熟悉的动物的痛苦,是需要加以革除的罪恶。更重要的是,仁慈主义者是

---

① NASH R. The Rights of Nature,A History of Environmental Ethics[M]. Madison:The University of Wisconsin Press,1989:18.

② 冯沪祥. 环境伦理学——中西环保哲学比较研究[M]. 台北:学生书局,1991:99.

从人的角度来考虑问题的。仁慈运动所经常关注的,与其说是动物的痛苦,不如说是麻木不仁的人对这种痛苦的明显的欣赏态度。仁慈主义者重新关注了洛克所关心的问题:对动物的残酷很容易演变为对他人的残酷。隐藏在 19 世纪仁慈主义背后的伦理原则是:对人来说,残忍是错误的,而非这种残忍侵犯了动物的权利。基于这一点,当代环境伦理学家克利克特、萨戈夫激进地认为,囿于其有限的道德视野,19 世纪的仁慈主义者与新的环境主义者之间毫无联系。这种批评是不全面的。仁慈主义确实缺乏哲学上的严密性和整体主义的生态学意识,19 世纪那些关心动物的人的观点也明显不是生物中心论的,他们从道德角度考虑得更多的确实是动物个体,而非自然生态系统。但是,在超越那种认为道德共同体起于且终于人的观点方面,他们迈出了艰难的一步。从逻辑上讲,这第一步只是共同体扩展过程的一个阶段,这一阶段开始于关心那些为人们最为熟悉、且在生物学的意义上与他们最为接近的家养动物或关在实验室中的动物。正如达尔文所理解的那样,道德的进化是一个历史的进步过程。动物是排在人之后需要关心的下一个对象。从西方主流伦理思想的角度看,他们的思想已经具有十分明显的革命色彩了。

即使美国早期的环境保护主义运动偶尔也超越传统的功利主义,开始保护那些不是作为猎物的鸟类的运动。美国鸟类学家联盟从 19 世纪 80 年代起就开始了这种努力,并于 1886 年后获得了由格雷尼尔(G. B. Grinnell)领导的奥杜邦学会的支持。格雷尼尔是《森林与溪流》杂志的出版者,他希望保护"任何一种不是用作食物的野生鸟类",这些鸟类包括歌鸟和那些被羽毛收集者收集的鸟。格雷尼尔称那些为了金钱而猎杀这些鸟类的行为是"亵渎神灵的行为"。这种把保护大自然与宗教结合起来的做法,可以和缪尔对约塞米蒂和赫奇赫奇的保护相媲美。19 世纪 90 年代后期,格雷尼尔的朋友勒西(J. F. Lecey)议员发起了旨在阻止把羽毛从佛罗里达运往新英格兰的服装中心的立法运动。1900 年通过的勒西法案使得在不同州之间贩运被非法猎杀的野生鸟类的行为成为一种违反联邦法律的行为。这是对这一观念——即使是没有功利价值的物种也应允许与人共存——的制度化。对物种的生存权与栖息权的这种认可,最终将促成保护濒危物种的立法。①

在英国仁慈主义者劳伦斯呼吁关注"兽类的权利"后的一个世纪,语言学家伊文斯在美国第一次提出一种完整的伦理学观点。他在《大众科学月刊》1894 年 9

---

① NASH R. The Rights of Nature, A History of Environmental Ethics[M]. Madison:The University of Wisconsin Press,1989:49.

月号上发表的《人与兽类的伦理关系》中指出,他要纠正心理学和伦理学的"人类中心预设",就像在过去的几个世纪中,人们对天文学中的以及最近对生物学中的人类中心预设所做的纠正一样。他的主要目的是抨击人类中心主义的宗教基础,并以科学为依据,进一步说明了人与动物的共性。他立足于动物心理学这一新学科,讨论了"灵魂转世"、沟通能力、美感体验以及动物普遍具有"意识"或所谓"心灵"的问题。他提出:"和其他动物一样,人的确只是大自然的一部分,是大自然的产品;那种试图把人从大自然中孤立出来的观点,在哲学上是错误的,在道德上是有害的。"缪尔等人已经提出了"宇宙中所有事物之间都存在着一种精神上的亲属关系"的观点,但只有伊文斯才把这种亲属关系理解为"伦理关系"的基础。在他看来,人类之外的生命形式拥有人类不应侵犯的内在权利。根据同样理由,伊文斯批评了那种把动物的痛苦当作施加给动物拥有者的伤害来加以处理的法律措施,他宣称,罚金的支付并没有纠正这一错误。他预言,总有一天,"我们的后代子孙终将明白,和人一样,动物也有着不可剥夺的权利"①。

三、生态学对共同体范围的扩展

生态学是关注共同体、生态系统和整体的学说,由于洛克思想的影响,美国人很容易把共同体或社会理解为充满伦理色彩的概念。人类所属的共同体并不以人为界这一观念至少出现在缪尔、伊文斯等人的思想中。梭罗的"神学生态学"的特征之一就是它以信念而非事实为基础。上帝提供了把事物联系在一起的最后的黏合剂。达尔文为人们相信这一论断——从其起源上看,所有生命都是相互联系在一起的——提供了大量的科学证据,但他没有进一步揭示生物在当前状态下相互联系的方式。他也让一位朦胧的上帝出场,以便解释科学尚不能解答的生命产生之谜。然而,生态学家却进入野外,观察作为整体的大自然,并用相互影响和相互依赖的原理来解释作为共同体的大自然的运行。② 相互依赖的观念,既是对大自然的描述,也作为决定人对大自然的行为的基础,是伴随着生态学而出现的。18 世纪 70 年代,民主共和理论为把权利观念扩展至"所有人"提供了基础。在 20 世纪早期,生态学进一步扩展共同体的观念,从而为扩大权利观念及伦理行为的范围提供了基础。利奥波德的大地伦理学是扩展自然权利的代表。

① NASH R. The Rights of Nature, A History of Environmental Ethics[M]. Madison: The University of Wisconsin Press, 1989:. 51 – 54.
② NASH R. The Rights of Nature, A History of Environmental Ethics[M]. Madison: The University of Wisconsin Press, 1989:56.

　　利奥波德在从事自然资源管理工作期间,及时地吸收了生态科学的成果。他相信,大地有机体的复杂性是20世纪杰出的科学发现。英国和美国的仁慈主义者明显地只关注动物,但是,应当如何看待海洋、森林、高山这类地理存在物?它们是生物还是无生物,是有生命的还仅仅是机械的?仅凭直觉,利奥波德就反对"僵死的地球"这一观念。他从事林业管理的经验和他所获得的生态学知识已使他理解相互联系与相互依赖的重要性。把地球上的存在物紧密地联系在一起的是食物链和能量循环,而不是神的力量或其他什么本体。生命共同体的范围远远超出了人们对共同体这一概念的传统定义。他思考的重点是人与自然之间是否存在着一种以"地球自身是有生命的"和一观念为基础的"更亲密、更深刻的关系"。他呼吁在人与共同体的其他组成部分以及整个大自然之间建立一种伦理关系。他的那些最激进的思想以及他那些对20世纪60年代以后的环境主义具有重要影响的观点,关注的是人之外的生命形式与生命共同体的内在权利。

　　在《大地伦理》的前半部分,利奥波德提到了奥德赛与其女奴的故事:威严的奥德赛(希腊《荷马史诗》中的英雄)回到希腊的家乡时用一根绳子绞死一打女奴,她们被指控在他离家期间有不轨行为。但是,奥德赛是一个道德高尚的人,他并未被当作杀人犯来加以谴责。原因在于奴隶只是一种财产,作为一种财产,她们处于奥德赛所属的伦理共同体之外。主人与她们的关系完全是功利性的,是一个划算不划算的问题,而不是一个正确与错误的问题。利奥波德进一步指出,随着时间的推移,伦理的范围开始扩展了,奴隶成了人,奴隶制也随即被废除了。但是,人还没有从伦理的角度来理解人与大地以及生长于大地之上的动植物之间的关系。大地,如同奥德赛的女奴一样,还只是一种财产。"我们滥用大地,因为我们把它视为一种属于我们的物品。当我们把大地看作一个我们属于它的共同体时,我们也许就会开始带着热爱和尊重来使用它。"接着,利奥波德提出了"大地伦理",肯定了动植物,以及水和土壤继续存在下去的权利。那些与人共享这个星球的生命形式应该被允许生存下去,"这是一个生物权利的问题,而不管它们对我们是否有经济上的好处"。① 这意味着"我们对大地负有某些义务",这些义务建立在这样一种认识之上:人与大自然的其他构成者在生态上是平等的。

　　关于生物权利的这一观念是《沙乡年鉴》的思想炸弹,是把利奥波德与传统的美国环境保护主义思想区别开来的重要因素。达尔文以及仁慈主义者已经提出一种应用范围已超出人类社会的道德观念,但是,利奥波德却在生态学的帮助下,对这一观念给予最详细的说明。广延伦理学的辩护者关注的都几乎只是有机个

---

① A. 利奥波德. 沙乡年鉴[M]. 长春:吉林人民出版社,1997:192-193.

体,并且主要是高等动物。利奥波德的成就,是沿着这一道路走到了它的逻辑重点——关注生态系统、环境、大地。对他来说,有机个体,包括个人,在重要性上总是低于"生物共同体"。在扩展环境权利方面,利奥波德的思想是现代环境主义最重要的思想源泉。利奥波德清醒地意识到,要把道德引入人与环境的关系中来,还有许多障碍,在他看来,对大地伦理学的接受取决于根深蒂固的文化态度的改变,而 20 世纪 40 年代的美国人尚未触及道德行为的这些根基,那个时代的哲学和宗教尚未听说要把社会良心从人扩展到大地。西方思想普遍地缺乏他的道德哲学的那种整体主义性格,不过他也知道,在自由主义的权利观不断扩展的美国,这种价值观的缓慢转变是会来到的。在这之后的 20 年,公众对生态学的理解和接受为环境伦理学的发展提供了有益的思想氛围。生态学取代古代神秘主义的神学的有机体主义,为共同体的观念提供了一个新的生物学基础,它为扩展共同体的范围,为其他物种甚至作为整体的环境的内在权利提供了一个依据。

四、本章小结

环境主义是美国民主的象征和实践。荒野本身就是美国民主的传统象征。国家的标志秃鹰、国家公园体系等都是美国民主与自然丰厚资源之间密切联系的根据。对许多人来说,这是美国"最了不起的思想"。杰弗逊和托克维尔(A. D. Tocqueville)都相信美国民主的例外论及其成功都依赖于拥有大量肥沃土地,这片土地养育了美国人民的勤奋、公民道德、自由意识。其次,环境问题引起美国的民主情感。不论是国家公园还是臭氧层烟雾、清洁水还是有毒废弃物,所有的环境问题基本上都是公众问题,它突破了地理、政治、种族、阶级和性别界限。例如,国家公园是为所有人民的享受而建立的,其中包括下一代,不论他们居住在何方,无论其政治联系、皮肤颜色、收入、性别如何。同样,像空气污染、有毒废弃物等环境污染不可避免地影响整个共同体,而不仅是少数人。环境主义提出的基本问题是关于我们是谁、我们关心什么的问题。①

环境意识的深化代表了近年来美国思想和文化中一种最重要的倾向。当然,这种意识植根于美国的过去,主要是受梭罗、缪尔和利奥波德这些人的影响。但在最近几十年,这种意识在文化影响力、理论深度和政治影响方面都上升到了一个前所未有的水平。环境主义者对美国传统的许多批评都是言之有据的,但是在接受一种颠覆性的反文化态度时,他们忽视了一个重要的具有典型美国特征的保

---

① SHUTKIN W A. The Land That Could Be:Environmentalism and Democracy in the 21st Century [M]. Cambridge:The MIT Press 2000:89 - 90.

护大自然的思想基础——天赋权利的哲学。这正是他们应用于大自然的古老的美国式自由思想。即使我们相信,当代环境主义最激进的派别促进了美国生态共同体中那些被剥削和被压迫的成员的解放,它也不应被理解为对传统美国思想的背叛,而应被理解为对美国传统哲学的扩展和新的运用。应当用这一认识——环境伦理学的目标是要使那些和美利坚合众国同样古老的自由主义价值得到实现——来降低环境主义的所谓颠覆性色彩。这也许没有减少现代环境主义的激进性,但它确实把现代环境主义进一步纳入了美国的自由主义传统中。毕竟,美国的自由主义曾经也是一种革命性的思想。从这个角度看,以伦理为导向的环境主义者的目标在美国文化的框架内会比他们自己所相信的更容易得到实现。①

　　建构环境主义的一种新的办法是把环境主义解读成西方自由主义思想传统的最新发展和逻辑延伸。思考环境主义的一个方法,是考察伦理学从关心人类特定群体的天赋权利到关心大自然中的部分存在物或所有自然物的权利的进化过程。对"权利"一词的这种使用带来了大量的混乱。现在,我们只需知道,有些人是在哲学或法律的特定意义上使用这个词的,有的人则用它指大自然或其中的一部分所具有的人类应予以尊重的内在价值。从这个角度看,人们可以把环境伦理学视为一种由伦理原则调节或制约的关系——这种观点的产生是当代思想史中最不寻常的发展之一。有人相信,这一观念所包含着的从根本上彻底改变人们的思想和行为的潜力,可以与17、18世纪民主革命时代的人权和正义理想相媲美。②

---

①　NASH R. The Rights of Nature, A History of Environmental Ethics[M]. Madison:The University of Wisconsin Press,1989:12.

②　NASH R. The Rights of Nature, A History of Environmental Ethics[M]. Madison:The University of Wisconsin Press,1989:4.

第七章

对环境主义的拓展

第一节 从人权到动物权利

一、环境权的提出及其影响

环境权是伴随着环境危机而产生的权利要求。20世纪50年代以来,西方发达国家的环境受到严重污染和破坏,不断出现震惊世界的公害事件,人们为反对肆意污染和损害环境,争取过有尊严而健康的生活而提出环境权的要求。1960年,原西德一位医生向欧洲人权委员会提出控告,认为向北海倾倒放射性废物的行为违反了《欧洲人权条约》中关于保障清洁卫生的环境的规定,提出每一个公民都有在良好环境下生活的权利。虽因《欧洲人权条约》中未明确规定环境权的内容,该医生的控告被驳回,但环境权问题却引起国际社会的广泛关注。1960年美国密歇根大学萨克斯(J. Sax)提出的"环境权的公共信托理论"认为,空气、水、阳光等人类生活所必需的环境要素,在当今受到严重污染和破坏以致威胁到人类正常生活的情况下,不应再视为"自由财产"而成为所有权的客体,应该是全体国民的"公共财产",任何人不能任意对其占有、支配和损害。为了合理支配和保护这"共有财产",共有人委托国家来管理。这就是萨克斯提出的"环境权"理论。

1971年美国佐治亚大学召开的环境哲学会议上,布莱克斯通(W. T. Blackstone)在提交的《伦理学与生态学》的论文中认为,"拥有一个可生存的环境"是人类所拥有的一种新的"人权",因为,如果没有一个稳定、健康和可生存的环境,个人作为自由而理性的存在物所拥有的基本权利(平等、自由、幸福、生存、财富)就得不到实现。因此,可以把"拥有可生存的环境"的权利作为使人的生命得到实现的必要条件来加以捍卫。拥有可生存的环境的权利是"从这样一种不可剥夺的基本权利中——追求我们的政治传统所承认的平等和自由的权利——

推导出来的权利"。布莱克斯通无疑是从环境质量的角度来谈论天赋权利的,同时承认未来人也拥有这种权利,但权利只与人有关。因此,布莱克斯通仍然是在人类中心主义的框架内来谈论环境伦理问题。① 他既是对萨克斯观点的重复,也是对尼克松总统观点的重复。尼克松在 1970 年 1 月 22 日的国会发言中就曾指出,美国 20 世纪 70 年代的大问题就是如何确保"每一个美国人天生就具有"一个不受污染的环境的权利。基于相同的理由,国会议员、地球日的倡导者纳尔逊(D. M. Nelson)号召修改宪法,以确保每一个美国人对健康的环境拥有不可剥夺的权利。这些观点与限制个人自由以确保所有人的自由、权利和福祉的洛克哲学在逻辑上是一致的。布莱克斯通确实承认了未来人的权利,但其他生命形式仍被排斥在道德王国之外,权利只与人有关。

但是,环境权作为人权的一种延伸,很快得到国际社会的承认。1970 年 3 月,在东京召开的关于公害问题的国际会议所发表的《东京宣言》提出:"我们请求,把每个人享有的健康和福利等不受侵害的环境权和当代人传给后代的遗产应是一种富有自然美的自然资源的权利,作为一种基本人权,在法律体系中确定下来。"同年 9 月召开的日本律师联合会第 13 届人权拥护大会上,仁藤一、池尾隆良在《环境权的法理》报告中,倡议将各种有关环境的权利称为"环境权","我们有享受良好环境的权利;基于此项权利,对于那些污染环境、妨害或将要妨害我们的舒适生活的行为,我们享有请求排除妨害以及请求预防此种妨害的权利"。从而更为具体地提出了环境权的概念。

1972 年联合国召开的第一次人类环境会议通过的《联合国人类环境宣言》确认:"人类有权在一个能够过尊严和福利的生活环境中享受自由、平等和充足的生活条件的基本权利,并且负有保护和改善这一代和将来世世代代的环境的庄严责任。"这标志着环境权理论在世界范围内的确立。欧洲人权会议在 1973 年制定《欧洲自然资源人权草案》,将环境权作为一项新的人权加以肯定。1982 年召开的《内罗毕人类环境特别会议》和 1992 年召开的《联合国环境与发展大会》所发表的《内罗毕宣言》和《里约宣言》等也都重申了上述《人类环境宣言》关于环境权的观点。在 2002 出版的《中国大百科全书·环境科学》中,环境权是指公民有在良好、适宜的环境中生活的权利。

当代许多国家都在法律中确认环境权或涉及环境权的内容。1969 年颁布的美国《国家环境政策法》关于环境权的规定,对世界各国产生了较大的影响。该法

---

① BLACKSTONE W. ,Ethics and Ecology[M]. in Blackstone W. ed. ,Philosophy and Environmental Crisis[M]. Athens:University of Georgia Press,1974.

规定:"国会认为,每个人都应当享有健康的环境,同时每个人也有责任对维护和改善环境做出贡献。"日本《东京都防止公害条例》规定:"全体市民都享有过健康、安全和舒适生活的权利,此项权利不能因公害而受到侵害。"据统计,到 1995 年,有 60 多个国家的宪法或组织法包括了保护环境的特定条款。中华人民共和国宪法第 26 条规定:"国家保护和改善生活环境和生态环境,防止污染和其他公害。"1989 年颁布的《中华人民共和国环境保护法》第 6 条规定:"一切单位和个人都有保护环境的义务,并有权对污染和破坏环境的单位和个人进行检举和控告。"环境权的确立,有利于从法律上保护公民的环境权益和公众参与环境保护的活动。

二、从人权到动物权利

1971 年,洛克菲勒大学的范伯格(J. Feinberg)提出这样一个实质性问题:哪类存在物或事物才拥有权利? 1971 年,美国佐治亚大学布莱克斯通在该校组织了关于环境问题的第一次哲学会议。与会者希望,他们的工作能够成为"发展环境伦理的哲学序幕"。这次会议的文集《哲学与环境危机》虽然延迟到 1974 年才出版,但这却是哲学学科关注环境问题的征兆。

布莱克斯通主持的第一次环境哲学大会的基调虽然是人类中心主义的,但范伯格提交的《动物与未出生的后代人的权利》一文,却是后来关于扩展权利范围的合法性的大规模哲学研究的里程碑。范伯格认为,一个存在物只要拥有权益,它就拥有权利。动物也拥有权益,因而动物也拥有权利。范伯格的这一理论成为许多人证明动物拥有权利的根据。类似于美国的独立宣言,"一旦我们承认动物拥有生命和感觉,我们就必须承认它们拥有生存、自由和追求幸福的权利" ①。临床心理学家、动物实验的改革者理德的"动物实验"则以大量事实控诉了英国和美国的实验是对动物的滥用。理德的结论中指出,侵犯黑人权利的种族歧视主义已被克服,"总有一天,人们那启蒙了的心灵将能够像目前痛恨种族歧视主义那样痛恨物种歧视主义"。从此,理德新造的"物种歧视主义"(Speciesism)一词不胫而走,成为环境伦理的一个关键词。后来,理德在《物种歧视主义:活体解剖的伦理学》(1974 年)和《科学的牺牲品:实验研究用的动物》(1975)中进一步阐述了自己的观点。1973 年,澳大利亚哲学家辛格(P. Singer)在美国的《纽约书评》上以《动物的解放》为题,对《动物、人与道德:关于对非人类动物的虐待的研究》一书进行了

---

① NASH R. The Rights of Nature, A History of Environmental Ethics[M]. Madison:The University of Wisconsin Press, 1989:140 - 143.

评论。辛格高度评价了该书作者的基本观点,使物种歧视主义这一概念广为人知。两年后,为详尽阐述自己的观点,也为了对由该文引起的激烈争论做出回应,辛格把"动物的权利"一文的思想扩展成了一本书——《动物的解放》,揭开了现代动物权利运动的序幕。在此后的《实践伦理学》(1979 年)、《动物工厂》(1980年,与马逊合作)、《扩展伦理的范围:伦理学和社会生物学》(1981 年)等著作中,辛格进一步阐述了"所有的动物都是平等的"的观点。

在关于动物权利及其含义的讨论中,就其所写论文的数量和对思想界产生的影响而言,美国的汤姆·里根(T. Regan)是与辛格旗鼓相当的哲学家。里根是北卡莱罗纳州立大学的哲学家,他与辛格同时于 1972 年开始思考伦理扩展问题,之所以会有这种思考,是源于他对非暴力思想和甘地思想的研究。里根十分崇敬印度的极端和平主义,但他认为,对西方人来说,一种更重要的扩展伦理范围的方法可以在天赋权利中找到。1973 年他发表的早期论文中提出自己的理论前提:和人一样,动物也很看重它们自己的生活,因而也拥有"内在价值"和"一种对于生命的平等的天赋权利"。就像黑人不是为白人、妇女不是为男人而存在的一样,动物也不是为我们而存在的。它们拥有属于它们自己的生命和价值。一种不能体现这种真理的伦理学将是苍白无力的。因此,在实验室和畜牧业中残酷地对待或杀害动物是错误的——这并不是由于这种行为会给人带来有害的影响(如大多数仁慈主义者所相信的那样),而是由于它侵犯了动物的权利。纳什认为,里根的《为动物权利辩护》(1983 年)是"目前从哲学角度最彻底地反思'动物的权利'这一问题的著作"。里根明确指出,动物权利运动是人权运动的一部分。[1]

20 世纪 70 年代后期和 20 世纪 80 年代前期,关于动物的道德地位问题是环境伦理学关注的一个主要话题。声誉极高的杂志《伦理学》(1978 年 10 月号)和《探索》(1979 年夏季号)都以整期的篇幅关注动物的道德地位问题。《伦理学与动物》杂志则完全以这一问题为主题。有关这一问题的大型文献目录出现了。各种会议把处于这一领域前沿的理论家聚集在一起,并通过出版诸如《动物权利:专题论文》、《伦理学与动物》这类文集而把会议的成果传播开来。探讨与动物有关的伦理问题的学术著作也纷纷出现,如林塞的《动物权利》(1976),里根和辛格主编的《动物的权利与人的责任》(1976),克拉克(R. L. Clark)的《动物的道德地位》(1977)和《野兽的本性:动物讲道德吗?》(1982),莫里斯(C. Morries)和福克斯主编的《第五日:动物的权利和人类伦理学》(1978),福克斯的《动物的权利与人的

---

① NASH R. The Rights of Nature, A History of Environmental Ethics[M]. Madison:The University of Wisconsin Press,1989:143 – 144.

解放》(1980)和《重返伊甸园:动物的权利与人的责任》(1986)等。

　　在关于动物伦理学的现代讨论中,早期最有影响的观点是由澳大利亚哲学家和行动主义者辛格提出的。事实上,辛格的《动物的解放》一文对美国哲学的绿色化过程所产生的影响类似于林恩·怀特1967年的论文对环境神学所产生的影响。辛格力图把对动物权利的保护与当代捍卫妇女、黑人及同性恋者这类少数群体的权利的解放运动联系起来。

　　现代道德哲学首先关注动物权利问题,这是从人类中心主义伦理学走向把道德应用于更为宽广的领域的伦理学的必由之路。一种起源于洛克式自由主义的文化传统,在提出这样一种伦理学时,肯定会诉诸洛克式自由主义的天赋权利哲学,这种哲学已把尊重的对象扩展到所有阶层的人。但把环境伦理学限制在动物权利范围内,却令许多哲学家和更激进的环境主义者感到不满。辛格为什么要划定一条包括家畜却把牡蛎和所有简单的动物排除在外的道德界限呢? 里根的道德共同体为什么要止于精神上正常的哺乳动物呢? 生态学家已打开了把道德关怀扩展到整个生物世界的新的视野。以此为基础,许多哲学家已积极地探索人与整个生物世界以及范围更广的外部世界之间的关系的伦理意蕴。也许,自然共同体——生态系统、或用一个古老的词汇"大自然"——也应获得伦理关怀。这些思想与那种强调个体存在物的传统的天赋权利思想分道扬镳了,并把哲学家的注意力转向了过程、系统和整体。这意味着扩展共同体的范围,像一座山那样思考,如利奥波德主张的那样。

　　动物解放或权利论虽然突破了人类中心论的局限,把人们的道德关怀的视野从人类扩展到了人类之外的其他存在物,超越人类中心论的某些局限,但是这种理论本身及其所包含的实践结论却不是无懈可击的。批评意见主要有以下几种。第一,动物解放或权利论只关心动物个体的福利和权利,这与环境科学和生态科学强调生物联合体或生态系统的稳定与和谐的整体主义思维方式不太协调。第二,人生来就是杂食动物,这是生态规律决定的。当人发展成一个有道德的存在物后,他并没有义务去打破他自身的生态规律,没有义务去改变他的饮食习惯。第三,素食主义与动物解放或权利论的理论逻辑是相互矛盾的。从功利主义的角度看,继续完善现代的"动物工厂"将给人和动物带来更大的功利,而废除现代的"动物工厂"将给人和动物带来更大的"负功利":许多人将失业,许多人因吃不到肉而感到痛苦。而那些不再被人饲养的家畜,由于已不再能适应生态环境,如果把它们放回大自然,那么,它们中的大部分不是饿死、病死,就是成为其他肉食动物的牺牲品。第四,动物解放或权利论只关心动物个体的福利,否定物种、植物和生态系统拥有道德地位。当一个普遍动物个体的利益与一个属于濒危物种的动物个体的利益发生冲突时,动物解放或权利论并不能为我们优先考虑后者提供强有力的道德支持。由于偏爱那些摧毁着稀有和濒危植物的生长迅速的"有感觉的作为生活主体的动物,动物解放/权利论的环境伦理学不仅仅是忽视了而实际上是加剧了物种灭绝的环境问题"①。

由于动物解放或权利论有着上述诸多缺陷,许多环境学家认为,它们与环境主义是格格不入的,不是一种真正的环境伦理学,或者至多是一种有害的环境伦理学。如萨戈夫明确指出:"环境主义者不可能是动物解放论者。动物解放论者不可能是环境主义者。"②尽管如此,动物解放或权利论在环境伦理学中所占的地位也不应被抹杀。任何一种环境伦理学理论都不是十全十美的,但它们仍然能够在某种范围内对我们的道德生活发挥积极的作用,动物解放或权利论至少扩展了伦理学的思维视野,使伦理学第一次突破了对人的"固恋"(Fixation);它要求人们从道德上关心动物的主张,不仅有助于人类克服他们那种对其他存在物的痛苦麻木不仁,甚至残酷的人格倾向(这种倾向会使一个人对他人也变得冷漠无情),而且填平了横亘在人与动物之间的道德鸿沟,消除了人与动物的疏离感,使得"民胞物与"的博爱思想获得了一种现实的理论表现形态。对动物的关心还为人们自我完善道德修养提供了一种新的可能性和道德向度,为那些超越了利己主义且履行了基本人际义务的人提供了一种更高的值得追求的道德境界。

三、从动物权利到大自然权利

在关于法律权利及其在大自然中的适用范围的讨论中,1964 年,宾夕法尼亚大学莫里斯发表了关于"大自然的法律权利"的论文。在他看来,应当这样来理解环境保护法,即它表达的是"偏爱大自然的观念",而不是"打乱"环境的观念。他认为,下述假定有助于人们减少对环境的影响:反对污染和保护环境的措施包含着对大自然的原始法律权利的确认,"大自然的院外说客"应当在法庭上为这种权利进行辩护并使之得到实施。莫里斯非常严肃认真地把法律权利授予了"飞鸟、小花、池塘、凶猛的野兽、露天石矿、原始森林以及馨香的山村空气"。这种试图废除法律理论中源远流长的人类中心主义的愿望,直接开启了克里斯托夫·斯通

---

① CALLICOTT J B. The Search for an Environmental Ethic[M]. Regan T. ,ed, Matters of Life and Death: New Introductory Essays in Moral Philosophy[M]. NewYork: Mc Graw – Hill, 1980: 322 – 382.

② SAGOFF M. Animal Liberation, Environmental Ethics: Bad Marrige, Quick Divorce[M]. in Zimmerman M. E. et al. , eds, Environmental Philosophy, Upper Saddle River: Prentice – Hall, 1984:84 – 94.

（C. Stone）1972年主张给予树木及其他自然客体以法律地位的著名建议。莫里斯的观点在1964年确实没有引起人们的注意，但6年过后，环境主义者却呼吁制定一个"所有野生生物的权利法案"。这种权利的确不是指人类体验或享受野生生物的权利，而是指野生生物自身的权利。在过去的1/4世纪中，美国思想经历了一个漫长的发展过程。1940年，利奥波德就已模糊地提出了生物权利问题，并且对哲学为什么会忽视这一问题感到奇怪。到了20世纪70年代，不仅诗人和生态学家，而且律师和哲学家也提出了改变美国政治体制和具体措施，以便接纳大自然的权利的建议。

最明确的观点是南加利福尼亚大学的克里斯托夫·斯通提出来的。他认为，没有任何逻辑或法律的理由能给伦理共同体的范围划定边界。他不明白，道德共同体的范围为什么要划定在人类甚或动物之内？事实上起源于美国并作为美国立法制度基础的天赋权利是可以进一步加以扩展的。促使斯通撰写他那篇具有时代意义的，且题目引人的论文《树木拥有法律地位吗?》的契机，是20世纪60年代后期出现的关于开发位于加利福尼亚南部塞拉地区具有矿石王国之称的河流高地的建议。长期保护这一地区的塞拉俱乐部向法院递交了一份诉状，反对迪士尼投资公司在这里兴建一座大型滑雪场的计划。但是，1970年9月17日，加利福尼亚联邦上诉法院却裁定，既然这个俱乐部自身没有受伤害，它就没有资格或法律理由来控告这一发展计划。然而，斯通则推论说，肯定有某些事物将受到伤害，法庭应当接受它们的保护请求。为了影响最高法院对塞拉俱乐部上诉的裁决，斯通于1971年在《南加利福尼亚法律评论》上迅速发表了该文，提出了这一前无古人的论点：我们的社会应当把法律权利赋予森林、海洋、河流以及环境中的其他所谓自然物体——即作为整体的自然环境。斯通深知，环境保护运动虽然全面展开了，但许多人都不会接受他的这一观点。他指出，在历史上许多曾被认为不可思议的观念最终都变成了法律。大胆提出这一理论后，斯通立即指出，把权利给予环境，这并不意味着立即全部停止人类对大自然的利用。毕竟，人们也在不否认其他人的权利的同时"利用过"他人（例如，作为劳动力）。斯通希望，环境伦理学能够使得对大自然的类似利用（不是滥用）成为可能。把权利授予大自然，这能够使大自然获得一种比在传统的人类法律体系中更重要的法律地位。①

作为一位敏锐的哲学家，斯通过还批驳了那些针对他的观点可能提出的反对意见。首先，河流、树木和生态系统不会代表自己起诉。范伯格会说它们没有任

---

① NASH R. The Rights of Nature, A History of Environmental Ethics[M]. Madison: The University of Wisconsin Press, 1989: 29.

何利益。那么,它们的要求如何才能在法律面前得到体现呢?斯通通过援引监护人或受托管理人这一概念来回答这一问题。婴儿或弱智者的利益通常是由合法的监护人来代表的。斯通认为,通过扩展这一原则,就能使湖泊、森林和大地在美国的司法系统中获得"一席之地"。他超越了范伯格,认为自然物体也拥有一定的需要;只有那些理解力退化了的人才会否认这一点。例如,受污染的空气或水会使树木变得枯黄。因此,在斯通看来,作为大自然监护人的人类应当能够计算出这种损害。

使得斯通 1972 年的观点在美国环境思想史上引人注目的关键,是他不仅从人的角度而且还从大自然的角度来界定"伤害"的内涵。它的生物中心主义性质使得它与这类家喻户晓的美国式实践——(为了旅游或自然资源)保护国家公园和国家森林或补偿那些因污染灾难而受害的财产拥有者——分道扬镳了。斯通指出,严格说来,在河水受到污染的情况下,鳟鱼、苍鹭和三叶杨都应被视为受害者。罚款应当由监护人根据这些事物受害的程度来估计和确定,并被用来修复它们的栖息地或当这个栖息地被毁灭时创造一个可供选择的新栖息地。应当完全禁止那些对环境的损害非常严重,以致带来无法弥补的行为的发生。事实上,这给予了自然客体某种绝对权利,这种权利类似于曾用来证明美国的合理性的那些不可剥夺的权利。

斯通的伦理学体系把环境人格化到了一个前所未有的高度。梭罗曾称鱼和臭鼬为他的邻居,但斯通却要求他的社会设计一种法律安排,以便在其中大自然能够真正像一个人那样被对待。他说,提出一种把野生生物考虑进去的立法约定并非不可思议。例如,根据该地区的树木和土地、瀑布和森林的数量,阿拉斯加州应该比罗德岛州拥有更多的代表这些自然物的国会议员。为了不使他的读者过快地忘掉这一点,斯通过提醒他们,在解放黑奴之前,美国的政治制度曾规定,5 个奴隶所享有的代表人数相当于 3 个白人所享有的代表人数。在斯通看来,大自然在 1970 年代拥有的代表数量应与此相当甚或更多——就像奴隶们最终获得的代表人数那样多。他准备全力以赴地拓展他所属的伦理共同体的边界,扩大作为美国自由主义根基的洛克式社会哲学的范围。他的最终目的就是要把环境当作一名权利拥有者引入社会。

1972 年,斯通还只是敲响了大自然的权利这一理论大厦的大门,之后,哲学家和法律理论家们就很快把这一理论大厦的大门推开了。他们对这一问题的兴趣日益增长的迹象之一就是把约翰·罗尔斯(J. B. Rawls)的《正义论》(1971)应用于环境问题。罗尔斯的这本具有广泛影响的著作写于 20 世纪 50 年代后期和 20 世纪 60 年代早期,远在美国人对环境的关注开始促使哲学"绿色化"之前。他把他的理论严格限制在人的利益——获得公平、自由、公正和机会——的范围内。但在 20 世纪 70 年代,阅读罗尔斯著作的许多哲学家却想用他的理论来为大自然辩护。比较保守的人仅满足于指出,可以这样来理解罗尔斯,即他提出了一项为了人类后代的利益而阻止环境退化的道德义务。其他人则对罗尔斯的理论做了更为激进的发挥。1972 年,哈佛大学崔伯(L. H. Tribe)提出,应把大自然列入人们在(罗尔斯所设想的)人类社会初期所达成的契约安排之中。崔伯认为,罗尔斯的最大自由原则(罗尔斯规定这一原则普遍适用于共同体中的所有成员)不仅应使人类获得最大利益,还应使所有生命都获得最大的利益。在提到斯通的著作时,崔伯指出了新近出现的这样一种观点:人并不是这个世界中被认为拥有权利的唯一实体。虽然人们可能要把这一观点理解为法律上的虚构,但崔伯却宁愿把它理解为人类拥有下述能力的证据:尊重新的共同体,并为共同体提供新的基础。崔伯以达尔文的方式谈到了一种道德进化精神,这种进化不久前把黑人和女人包括进道德共同体中来,目前正开始吸纳动物和植物,在遥远的将来,它还可能把峡谷、大山或海洋包括进来。这表明,在罗尔斯的具有人类中心主义色彩的理论出版后 3 年,哲学家们至少已有能力去探索崔伯所说的道德的"遥远海岸"。

在斯通和崔伯提出他们那非同寻常的建议后不久,宾夕法尼亚大学的马克·萨戈夫(M. Sagoff)就从更为严肃的哲学层面向他们提出了挑战。1974 年,萨戈夫发表在《耶鲁法学杂志》上的文章就对下述观点进行了讥讽:大自然的所有成员都在为它们法律上的平等及所有成员的权利而奋斗,无论它们的种族、信仰、肤色、性别、叶子的结构或原子的成分是什么。

不仅是人类,所有生物种类、生态系统、景观等都具有生存的权利,所以,人类不应否定它们的权利。如果假定只有人类才拥有生存权,自然万物没有生存权,那么,对人类而言,自然破坏就被正当化,环境恶化就将继续发展。因此,如果不否定这种人类中心主义或人类优先权主义,环境就要被破坏。相对地,澳大利亚哲学家帕斯莫尔(J. Passmore)在《人对自然的责任:生态问题与西方传统》(1974年)中,承认过去、现在和未来的人类应有的权利,但不承认人类以外的事物的权利。"如果人类承认植物、动物乃至景观都有人格,那么,世界文化就不可能。"显然,帕斯莫尔这种理论产生的原因,是其存在基于超越神信仰的西方人物中心二元论。因此,不仅是人类,承认万物也拥有生存权,肯定万物中也有生命和灵魂的物心一元论、天人合一东方思想的同时,必然导致对万物中没有生命和灵魂的物心二元论思想的否定。这里重要的是,主张自然生存权的环境伦理学的目的,不是人的权利缩小,而是意味着人类权利向万物的扩展,因而必须被正确地接受。①
承认自然的生存权,就必须把自然看作具有灵魂的生命体。自然具有维持自我生
态系统的自我形成机能,人类是否给予自然以权利,自然都应该能够生存。自然
生存权之所以成为问题,是因为地球环境现状,仅仅在让自然发挥自我形成的机
能上,就已经到了不能继续维持生态系统的阶段了。即地球环境现状危及自然的
维持,迫使人类做出选择。现实的自然生存权的理想状态,只能是人类为生态系
统的一员,对维持这一系统的自我形成机能做出贡献。要想有效地利用自然,只
有立足于同时有效地利用自然和人类自己,这种共生性伦理,才是最现实的自然
生存权的理想状态。②

　　斯通的《树木拥有地位吗?》(1972)一文提出了一个大胆的论断:我们的社会
应把法律权利赋予森林、海洋、河流以及环境中的其他所谓自然物体——作为整
体的自然环境。他指出,在历史上,许多曾被认为不可思议的观念最终都变成了
法律。犹太人在 13 世纪,黑奴和加州的中国人在 19 世纪,儿童、妇女及某些动物
在 20 世纪,都获得了某些法律权利,现在该轮到大自然了。通过把权利授予大自
然,能够使大自然获得一种比在传统的人类法律体系中更重要的法律地位。纳什
指出,"斯通的伦理学体系把环境人格化到了一个前所未有的高度……他要求他
的生活设计一种法律安排,以便在其中大自然能够真正像一个人那样被对待……
他准备全力以赴地拓展他所属的伦理共同体的边界,扩大作为美国自由主义根基
的洛克式社会哲学的范围。他的最终目标是要把环境当作一名权利拥有者引入
社会"③。斯通还把他的论文扩展成一本书名相同的书《树木有地位吗? 走向自
然客体的法律权利》(1974)。该书成为非人类中心主义的生态伦理学的重要
文献。

　　罗尔斯顿发表在国际主流学术期刊《伦理学》上的论文《生态伦理存在吗?》
(1975)是生态伦理学的扛鼎之作。在这篇论文中,罗尔斯顿首次区分了两种不同
的环境伦理,即原发型(或根本意义上的)环境伦理与派生型(或派生意义上的)
环境伦理。原发型环境伦理即利奥波德所理解的大地伦理,派生型环境伦理即把
对生态系统的保护建立在人的利益这一基础之上的伦理。罗尔斯顿指出,把对生
态系统的关怀仅仅归结为人的利益,是难以彻底地真正阐明环境思想的道德倾向

---

① 岸根卓郎. 环境论:人类最终的选择[M]. 南京:南京大学出版社,1999:291.

② 岸根卓郎. 环境论:人类最终的选择[M]. 南京:南京大学出版社,1999:293 - 294.

③ NASH R. The Rights of Nature, A History of Environmental Ethics[M]. Madison:The University
　 of Wisconsin Press,1989:144.

的;把一切生态伦理都理解为变相的人类利益的努力是注定要失败的。"出于必要的实用性考虑,对生态道德之探索的大部分将是派生意义上的、保守的,因为这样的思路是我们较为熟悉的。这样做我们可以把伦理学、科学和人类利益混在一起而置于我们逻辑的控制之下。但我们认为,生态伦理学的前沿是超越了派生意义上的生态伦理的,是一种根本意义上的再评价。在此再评价中,作为伦理学之创造性的反映,良知必须向前进化……也许,无论我们的伦理是在派生意义还是根本意义上是一种生态伦理,其用于实际效果中都是相同的。"①人们走向派生意义上的生态伦理还可能是出于对它们周围这个世界的恐惧,但他们走向根本意义上的生态伦理只能是出于对自然的爱。利奥波德的大地伦理为现代生态伦理的建构提供了最重要的灵感和精神资源。罗特利(R. Routely)和罗尔斯顿的开创性论文以利奥波德的基本命题——一件事情,当它有助于保护生命共同体的完整、稳定和美丽时,它就是正确的;反之,它就是错误的——为出发点。克利克特的《捍卫大地伦理学》(1989),特别是其中的《大地伦理学的理论基础》一文,为利奥波德的大地伦理学提供了最有力的哲学论证。

四、从大自然的权利到生态中心伦理

保罗·泰勒1986 年所著的《尊重自然》进行了有关生物中心伦理方面最完全的在哲学上很复杂的论证。尽管施韦泽试图解释敬畏生命的含义以及采取这种态度在实践上的意义,他对采纳这种态度也从未给出足够的论证。泰勒观点的威力在于他仔细地论证了为什么要敬畏自然。作为生物中心理论学家,泰勒寻求找到一个系统地、综合地存在于人和其他生物之间的道德关系的证据。泰勒将这种关系视为所有生命都有的固有价值。"我论证的环境伦理理论的中心原则是:当其要表达和体现的具体的最终的道德态度是我称之为尊敬自然时,其行为和品德就是好的和道德的。"②泰勒的解释和论证有几个步骤。他首先论证了所有有生命的物体都有其自身的善,所有生命是生命的目的中心。泰勒相信这种"善"只是简单地来自生物有生命这个事实。与亚里士多德不同,这一本性不用有机体的重要或灵魂来判定,对泰勒来说,这一本性更像该物种的生态学功能。

认为有生命的事物有固有价值也就是接受了"尊重自然"的情感。只有在接受了对自然的最基本的情感后,才谈得上建立具体的根本性的行动和措施。接受了这种情感才会愿意去改善和保护其他生物的善,其原因只在于这是它们自己的

---

① 霍尔姆斯·罗尔斯顿. 哲学走向荒野[M]. 长春:吉林人民出版社,2000:35.

② TAYLOR P. Respect for Nature[M]. Princeton,N. J. :Princeton University Press,1986:80.

善。接受其他生命的善就是一个人行为的原因。泰勒的生物中心伦理涉及许多在施韦泽的敬畏生命伦理中没有的哲学问题。他对如何将固有价值赋予众生的解释给出了理性基础。这在施韦泽是没有的。同样,他对固有价值的描述及个人的善的描述给哲学讨论加了许多东西。

泰勒的规范伦理学集中在两个基本问题上:由尊重自然情感而来的一般规范或责任;解决人与其他生物之间冲突的优先权法则。从尊重自然出发,泰勒提出4个一般性责任,它们是无毒害法则(Nonmaleficence)、不干涉法则(Noninterference)、忠诚法则(Fidelity)和重构公平法则(Restitutive Justice)。无毒害法则要求我们不伤害任何生物,泰勒将此视为一个消极性责任,即我们有责任限制任何会伤害有其自身之善的生物的行为,但我们没有主动责任去防止我们不再引发的伤害,也没有义务去降低痛苦或帮助生物体去达到其自身之善。最后,如所有的责任一样,这一责任只对道德主体,比如,不能限制除了人之外的猎食性动物去伤害它们的猎物。不干涉原则也要设立一些消极性责任,我们不去干涉个体生物的自由,也不去干涉生态系统或生物群落。由于人类会以多种途径干涉个体生物,从而产生许多具体的义务。我们不应当人为地妨碍生物体自由地追求其善,也不应当破坏它们为达到目的而必需的东西。这样,我们不应当捕捉或奴役生物个体,也不应做对其健康和营养不利的事。不干涉义务要求我们不要试图操纵、控制、改变或管理自然生态系统,或介入其正常的功用。最后,因其为消极性责任,我们没有积极主动的义务去帮助什么生物体达到其目的,否则我们的行为就是伤害的原因。泰勒只把忠诚的原则应用于野生的动物。尊重自然的善要求我们不欺骗或背叛野生动物。大多的捕猎、钓鱼、设陷阱都企图欺骗并背叛野生动物。在任何形式的欺骗中,欺骗者都假定了其超越被欺骗者的优越地位。不论是动物还是人,被骗者都被认为在价值上比骗子低。捕猎、钓鱼、设陷阱典型地违反了不危害、不干涉责任,它对忠诚原则的违背也是另一种意义上对自然的不尊重。第四个原则是重构公平性原则,它要求伤害其他生物有机体的人对该有机体进行重构。公平性要求当一个道德主体被伤害后,对该伤害负责的人必须对该伤害进行修复。前三个责任建立了人类与其他生物之间最基本的道德关系。当其中任何一个原则被侵犯后,重构公平性原则则要求这两者之间的道德平衡要被恢复。这样,若我们毁了动物的栖息地,公平性要求我们恢复之;若我们捕捉到一个动物或植物,公平性要求我们将其重返自然环境。最后,泰勒提出了这四个原则的优先关系,他认为不危害责任是"我们对自然最基本的责任"。只要小心谨慎,其他三者之间的冲突是可以减到最小的。但是当冲突不可避免或不必经历持久的痛苦而显著的善即可得到时,重构公平性原则优先于忠诚原则,忠诚原则优先于不干涉原则。

也许生物中心伦理的最大问题在于人类利益与非人类利益的冲突。在众多方法中,这是对环境哲学最大的考验,同时也是发展环境哲学主要的推动力。当重要的人类利益与非人类生命的利益相冲突时怎么办? 为了维护生物中心伦理的基本原则,任何对此冲突的解决方法都不能给人类以持久的利益,也就是我们不能接受在假定原则上对人类有利的任何解决方案。解决冲突的方案必须尊重非人类生物的固有价值。这类道德冲突和问题不会出现在人类中心主义的体系中。只有在我们承认了其他生物的固有价值之后,这里面大量存在的矛盾才暴露出来。只有在我们认识到这些行为会对其他有生命的生物产生伤害时,道德问题才出现。但我们如何不只为人类的利益而解决这些矛盾呢? 沿用在自由政治哲学中的惯常做法,泰勒提出几个正式的或程式化的方案,以提供公平的解决矛盾的方法。它们是自卫、均衡、最小失误、分配公平性、重构公平性。

生物中心伦理避开了传统伦理中默认的道德等级,它让生命本身而不是生物具体的特征作为道德身份的判据。这样它就因为把道德身份扩展到大多的自然世界而在伦理思考上有了巨大的转变。但在打破旧传统方面做得还不够。生物中心伦理在更大范围的环境问题前显得还不够充分。按照生态中心伦理的方法,一个完整的伦理学必须给非生命自然物体和生态系统予以道德关注。生态伦理应当体现整体性,比如,物种和生态系统以及存在于自然客体之间的关系等生态总体应当受到伦理上的关注。生态中心伦理的思想家认为生物中心方法只见树木不见森林,对生态系统和荒野的关注与对其中个体的树、植物和动物的关注迥然不同。荒野、森林、湿地和湖泊本身就是有价值的,应当得到道德关注。根据这些评论,生物中心伦理没有也不可能考虑去赋予这些生态整体的价值。由于生态系统、物种、山川、河流等在任何的意义上都不是有生命的东西,生物中心伦理似乎不能考虑生态中心主义者要赋予生态系统整体的价值。

1973 年,澳大利亚哲学家罗特利在第十五届世界哲学大会上发表的论文《是否需要建立一种新的伦理——环境伦理?》是第一篇正式提出建构一种超越人类沙文主义的新的环境伦理的哲学论文。① 罗特利认为,在人与自然的关系问题上,西方文明有三个传统,即统治传统(人作为专制君主)、托管传统(人作为托管者)、合作传统(人作为完善者)。统治传统明显与环境伦理相冲突,因为根据这一传统,自然是人的统治对象,人完全可以随心所欲地对待自然,只要这种行为不对

---

① ROUTIY R. Is There a Need for a New, an Environmental Ethic? [M]. in Zimmerman M., et al., eds, Environmental Philosophy[M]. Englewood Cliffs: Prentice – Hall, 1993: 12 – 21.

他人构成伤害;而根据环境伦理,人不能所随心所欲地对待自然。托管传统主张人代替上帝管理自然,但上帝若不存在,人替谁托管呢? 它与合作传统虽然没有统治传统那样极端,但它们与环境伦理也是不协调的,因为它们都赞成全面干预自然的做法。而根据环境伦理,地球上的某些地区应不受人的干预,不管这种干预是否是为了使自然更完美。由于这三种传统都不适宜作为调整人与自然之间的关系的伦理,我们需要一种全新的伦理,即环境伦理。这种伦理即利奥波德倡导的大地伦理。这种伦理不是简单地把某些重要的环境保护概念如资源保护、污染、人口增长、环境保护等引入伦理学中来,而是要在元伦理学的层面重新审视价值、权利等概念的涵义,重新确认权利的基础、权利与义务之间的关系、行为规范的原则。1979 年,罗特利与妻子共同撰写了《驳人类沙文主义》一文,为非人类中心主义的环境伦理学的建立扫清了障碍。①

对奈斯和受他启发的美国人来说,新兴的深层生态学包含了一种新的哲学和宗教原则,这种原则将彻底瓦解那些用来理解人与环境之间关系的传统思路,或——深层生态学家常说的——西方思想家用来思考自然的"统治范式"。这一新范式中最激进的部分就是奈斯所说的"生态平等主义"。其他深层生态学家常常用"生物中心主义"或"反人类中心论"来指称这种哲学。奈斯称生物平等主义为"生物圈民主的精髓"。深层生态学的核心观念是:每一种生命形式在生态系统中都有发挥其正常功能的权利,或生存和繁荣的平等权利。奈斯和其他深层生态学家把生物平等原则建立在所有存在物都拥有的这样一种权利——生存、免遭过度的人类干扰的自由及追求其幸福的与生俱来的、内在的、天赋的权利——的基础上,这对于把西方自由主义与环境伦理学结合起来是非常重要的。自然,这是对众所周知的以三方缔约为基础的美国自由主义的明显应用,它给美国式自由主义披上了一件生态学的外衣,把权利拥有者的范围不仅扩展到了所有的生物,而且扩展到了河流、大地和生态系统。奈斯把幸福理解为生命形式拥有的繁荣和昌盛的机会。他有时也把这种权利称为"自我实现"的权利。河流有权成为河流(或像河流那样活动),高山有权成为高山,狼有权成为狼;而且,深层生态学家坦率地承认,人也有权成为人。这最后一个结论明显提出了许多哲学问题。作为生态学和哲学的结合者,深层生态学家对食物链思想和生物为生存而吞食其他生物的不可避免性非常了解。奈斯公开地承认,人类在生态系统中的参赞化育必然要伴随

---

① RORTELY R. and Routely V. Against the Inevitability of Human Chauvinism[M]. in Goodpaster,K. ,and Sayre. Ethics and Problems in the 21ᵗ Century[M]. South Bend:University of Notre Dame Press,1979:36 - 59.

着对某些生命的杀戮、掠夺和压迫。辛格和里根这些动物解放主义者认为,这一点与他们那种认为个体对其利益或生命拥有权利的基本信念很难合拍。但是,追随利奥波德的深层生态学家强调的却是生态过程。因而,人对环境的某些影响(即使是杀戮)在道德上是可以接受的,只要这样做是为了满足生死攸关的需要(Vital needs)。在深层生态学家的心目中,生死攸关的、基本的需要的对立面是边缘的、过分的、无关紧要的需要。现代技术文明的根本缺陷就是丧失了区分这两类对立的需要的能力。在未被干扰的生态系统中,就像在荒野中发现的那样,捕食者与猎物在满足生命需要的平衡中共存。等级、剥削和权力——所有这些都是深层生态学家深恶痛绝的词汇——在大自然中都是不存在的。塞尔(K. Sale)在评论两本书名相同——《深层生态学》——的著作时解释道,在非洲,狮子并不被视为森林之王,它也不是这样看待自己。事实上,它的生活每天都与舌蝇和羚羊这类生命形式保持着微妙的平衡。羚羊吞食绿草,狮子杀死羚羊,舌蝇或野蛮人又杀死狮子——所有这些都是在奈斯所说的自我实现的过程中发生的。在德韦尔和塞欣斯看来,荒野是一种自发的自我组织的生态状态。在这样一种生物平衡状态中,狮子和羚羊即使拥有正确或错误的观念,这种观念也是没有用武之地的。但是,与他们那靠打猎和采集为生的祖先不同,高度技术化了的现代人拥有的却是这样一种力量,这种力量对生态系统的改变远远超出了为满足他们那些生死攸关的或合理的需要的范围。

这种思维方式提出了一个不可避免的问题:人类能否拥有自己的文明(人类自我实现和繁荣的方式)而又不违背生态平等主义这一基本的深层生态学原理?如果人在思想上和技术上都进化到了一个能改变大部分地球的程度,那么他们对地球的这种改变与一头狮子用速度和力量为所欲为有什么区别?深层生态学家的回答是,虽然人类对大自然的某些影响是可以接受的,但是现代人已经大大地超越了适当的标准,就好像一头狮子一天要杀死15只羚羊那样,在深层生态学家看来,由于人口数量和资源消耗量急剧增长,特别是对濒危物种栖息地的侵占,人们已犯了严重侵犯其他自然物的权利的罪过。环境伦理学之所以重要,就在于作为一种文化创造,它可以约束人的上述行为。过量捕杀其他动物的狮子,不能用道德来约束它自己;但人却不仅拥有力量,而且拥有控制其力量的精神潜能。只有他才能认识到其他创造物自我实现的权利,并依据这些权利来判断他自己的行为。这种能力使得一种生物中心论的世界观和整体主义的环境伦理学成为可能。深层生态学家希望,这种观念能够促使人们大量降低其人口数量,大规模地自觉减少其对生态系统的有害影响,并从根本上变革经济、政治、社会和技术制度。他们的目标是摧毁二元论,人类应当作为一个成员而非主人投入生命共同体的怀抱。在某些生态哲学家看来,突破这一目标的途径是采取"生物区域主义"(Biore-gionalism)或"重新定居制度"(Re – Inhabitation)。人们应培养一种对其特定居住地的爱心,并建构一种能在该地区文雅地生活的生活方式。

第二节　保护自然权利的行动

一、保护动物权利的行动

1. 立法行动

环境主义者认为,大自然拥有权利,这些权利是人类应予以尊重和捍卫的。他们把环境保护理解为一个伦理问题,把环境保护与美国的自由主义联系起来,并因而使环境运动变得比以前更为有力。有些人在美国现存的法律和司法制度的框架内来实现他们的伦理信念。《仁慈屠宰法》(1958)、《动物福利法》(1966)体现的是那些想用动物的权利来限制人类行为的努力。

随着扩展伦理范围的运动势头的增大,那些遵守法律的维护动物权利的人取得了一些成就。1958 年的《仁慈屠宰法》要求家畜屠宰场杜绝施加给动物的那些没有必要的痛苦,那时,动物的权利还不是人们所关注的问题,但是,该法案的主要倡导者,明尼苏达州的参议员哈蒙弗里(H. Humphrey)却把该法律理解为美国传统的自由主义价值观的应用:如果我们对残忍和痛苦,不管发生在人身上还是发生在动物身上,视而不见,那我们就是在部分地辱没这样一种精神,这种精神使得美国能够作为一个把道德原则和行为准则看得高于纯粹的物质利益的民族屹立于世界。美国反活体解剖协会和美国仁慈协会这类古老的组织为 1958 年的《仁慈屠宰法》的通过进行了大量的游说工作;它们还在继续努力,力图通过用来指导对动物(作为食品被宰杀前)的搬运工作的附加法律。1978 年,随着《仁慈屠宰法修正案》的通过,这项努力获得了部分成功。

同时,用于研究的动物的处境也日益获得了环境主义者的关注。与此相关的第一个重要立法是 1966 年通过的《实验室动物福利法》,该法律的初衷是想用法律禁止那些为实验目的而每年都偷盗和买卖数百万只(作为宠物的)猫和狗的行为。动物福利研究所和动物保护立法协会这类组织自 20 世纪 50 年代以来就在为这项事业而积极行动,但是,政策要等到公众理解了被压迫的人与被压迫的动物之间的联系后才能做出。发表在《生活》杂志上的一篇具有里程碑意义的文章阐述了这二者之间的重要联系:宠物家庭离散的成员很可能要在肮脏不堪的动物待领地结束其生命,而动物在待领地生活的惨状绝不亚于"二战"中集中营的生活惨状。被压迫的人与被压迫的动物之间的另一个相似之处是"动物奴隶贸易"。不过,《生活》杂志所刊登的最有分量的东西,还是那些被虐待动物的令人震惊的图片。对那些对有关阿拉巴马和密西西比州的黑人的新闻图片感到震惊的美国人来说,《生活》杂志的图片传达的是一种具有浓烈伦理色彩的信息。①

为满足公众日益增长的结束对动物的虐待——不仅是在买卖那些用于研究的动物的贸易过程中,而且在对动物做实验研究的过程中——的需要,美国国会于 1970、1976 和 1985 年大幅度修改了的《实验室动物(或多尔—布朗)法》极大地增加了需要仁慈地加以保护并为其建立保护区的物种的数量。很明显,美国的政治制度有能力用法律来禁止人的残酷行为,减少动物的痛苦。禁止残害动物美国协会和美国仁慈协会(建立于 1874 年)这类组织以改变美国政治制度的这种可能性为基础奋斗了一个多世纪。在美国仁慈协会的基础上于 1954 年重组的全美仁慈协会把改变动物处境的运动推进到了现代阶段,并且取得了实在的法律成果。到《多尔—布朗法》通过时,仁慈协会拥有数以百计的州和地方小组,一笔可观的政治行动预算以及 60 万名会员。虽然被那些视野宽广的环境主义者讥笑为"狗和猫"的组织,但仁慈协会却已开始致力于保护圈养的动物,保护野马、野驴、海洋哺乳动物和长皮毛的动物。虽然在仁慈协会的官员希尔顿(D. Hilton)看来,该组织更喜欢关心"动物福利"的旧式观念,而非强调"动物权利"的新式思想,但该协会的主席霍伊特(J. Hoyt)却于 1979 年指出:"所有的生命都拥有内在价值,因而应获得我们通常给予人类的相同关怀。"霍伊特接着说,现代仁慈主义者相信,人没有为了他的利益而剥夺其他存在物的权利,不管是神圣的权利,还是其他的权利。他把他的工作理解为美国人"追求权利与正义的伟大事业"的一部分,甚至希尔顿也承认,在美国,使用"权利"这一术语具有极大的好处,因为它是美国人所熟悉的语言。② 尽管有人想把仁慈主义思想划入另类,但是,这些思想把现代仁慈主义运动与环境主义、环境伦理学联系起来,它与美国自由主义的联系更是一目了然。

2. 激进行动

但是,对现存秩序的这种零星的改良,却令环境主义的激进派感到不满。他

---

① NASH R. The Rights of Nature. A History of Environmental Ethics[M]. Madison:The University of Wisconsin Press,1989:183 – 184.

② NASH R. The Rights of Nature. A History of Environmental Ethics[M]. Madison:The University of Wisconsin Press,1989:184 – 185.

们通过采取非暴力的公民不服从行为来表达他们的不满。他们占领实验室,并把自己比作1773年波士顿倾茶事件的参加者。但是,不论从哲学还是实用主义的角度看,这些激进分子公开承认的违法行为与他们的现实福利之间并没有多少联系。两个世纪前,在美国自由主义形成的初期,波士顿的激进主义者也达到了类似的境界。

20世纪70年代后期,人们对其他动物实验的伦理问题的日益关心导致了更为直接的行动。纽约的高中教师斯皮拉(H. Spira)曾参加过20世纪60年代的民权和劳工权利运动,他读了辛格发表在《纽约书评》上关于动物的解放的文章并总结说,解放动物这一事业是我终身为之奋斗的事业——与那些没有权利、易受伤害、被统治与被压迫的人同呼吸共命运——的逻辑延伸。斯皮拉的计划是把在民权运动、工会运动和妇女运动中被证明是有效的斗争传统应用于动物解放运动。他将全神贯注地关注一种他认为可以改正的重要的不公正。对1956年的民权行动主义者来说,这种不公正就是发生在阿拉巴马州蒙哥马利市公共汽车上的对黑人的歧视。20年后,斯皮拉则对声誉卓著的美国自然史博物馆开展的研究(一项对被切除部分器官后的猫的行为的研究)提出了挑战。通过在开展该项目的实验室外抗议18个月并使公众广为了解后,联邦政府撤回了对该项目的支持,该实验室也被关闭。斯皮拉力图以人们熟知的、合法的方式影响公众舆论与公司的政策。但是,美国的动物权利运动并不总是遵守法律的规定。在这方面,它仿效英国的榜样。早在1974年,李(R. Lee)就因闯入实验室、破坏实验设施并放生动物而引起了人们的关注。4年后,李与其同事建立了"动物解放阵线",到20世纪80年代中期,这个英国组织已拥有近两千名成员,每年都组织上百次违法活动。与此同时,美国保护动物的直接行动也以各种形式表现出来。帕切科(A. Pacheco)于1980年创建了"以道德的方式对待动物协会"(PETA),反对残酷对待动物,促使马里兰当局扣押了一所实验室的猴子。到1987年,"以道德的方式对待动物协会"已拥有20万会员,它还在努力为那些获得解放的猴子寻找一个满意的家园。

在帕切科利用法律来保护动物的权利的同时,他的某些动物解放战友却没有那么多耐心,对法律也不那么尊重。从1982年起,美国各地的"动物解放阵线"成员就不断地冲进实验室,释放被关押的动物。这些攻击行为引起了媒体的关注。《新闻周刊》指出,许多行动主义者都是"反对种族歧视主义与性别歧视主义的老战士,他们把动物视为等待解放的下一个被压迫群体"。他们关注的不再是"动物的福利——为实验室的动物争取较好的生活条件,而是动物的权利——完全不被当作实验品的权利"。刊登在《纽约时报》头版的新闻告诉人们,最新潮的解放者相信,动物拥有在一个自然的环境中过完整生活的天赋权利,剥夺它们是不道德的,不管这能给人带来什么利益。麦尔尼克(E. Malnic)发表在《洛杉矶时报》头版的论述动物解放阵线的文章指出,这个组织的成员享有一种共同的观念——作为个体,所有动物都拥有不可剥夺的权利,在生活的整个计划中,所有的存在物都具有相同的重要性。斯达尔(D. Starr)发表在《奥杜邦》杂志上的文章宣称,动物权利者虽然已经是极端主义者,但现在已成为时代的"主流",而且正在变成一股重要的政治力量。他认为,动物权利运动是不可避免的,在经受住了民权和妇女解放运动的考验后,许多美国人已准备扩展权利拥有者的范围。

当动物解放阵线组织 1984 年 5 月 26 日袭击了宾夕法尼亚大学的大脑损伤实验室时,它引起了全美国的轰动,最终导致全国健康研究所暂时停止了资助并关闭了该研究室。动物解放阵线维护动物权利的非法而直接的行动,无疑是美国自由主义的一个引人注目的部分。动物解放阵线 1985 年攻击了加利福尼亚大学校园,放生了 467 只动物,捣毁了价值 68 万美元的设备。1987 年,在加利福尼亚大学戴维斯校园,解放阵线烧毁了价值 250 万美元的动物研究建筑物,以此来欢庆地球日和动物权利日(4 月 24)的到来。尽管有人认为这类行为比蓄意的破坏行为好不了多少,但其他人则把它们类比于约翰·布朗(J. Brown)1859 年对哈珀斯渡口军火库的袭击。一位解放者宣称,为了改变社会,人们有时得逾越法律的界限。

辛格也很关心民主社会中的公民不服从问题。1973 年,他在《民主与不服从》中完全是从对人的压迫的角度来讨论这一问题的。6 年后,在《实践伦理学》一书中,他转向了"当虐待动物的行为发生时,有道德的人应如何行动"的问题。辛格问道:"如果法律保护并认可那些我们认为是完全错误的事情时,我们有伦理责任服从法律吗?"他通过首先提出"法律与道德不同"这一论点来解决这一困境。例如,对动物和环境的虐待和掠夺可能是合法的,但许多公民仍认为这些行为是错误的。当然,辛格知道,法律也有"道德的成分"。特别是在共和政府治理的国家,大多数统治着国家,因而不应轻易采取蓄意的违法行为。因此,辛格认为,不同政见者所采取的上策应当是试图改变敌视大自然的法律或缔结新的保护大自然的法律。如果这种努力失败了,那么,在实际行为中我们就必须具体问题具体分析,以便弄清不服从的理由是否大于服从的理由。这样,我们就可以决定是否采取公民的不服从行为了。在辛格看来,要找到这样一些境遇——在其中,违法行为在道德上是恰当的——是很难的,主观性是不可避免的。采取违法,甚至暴力行为的决定,取决于行动者对与此有关的罪恶的严重性的认识,取决于他对行为后果的估计。辛格一般不赞成暴力,但他承认,要说暴力革命总是绝对错误的,完全不去考虑革命者力图阻止的罪恶究竟是什么——这也是片面的。例如,在英、美社会中,对基本权利和自由的侵犯被认为是非常严重的一种罪恶,以致可以合理地对它采取特别的抵抗措施。特别是在谈到对实验室和农场中的动物的虐待问题时,辛格认为,反对财产权的行为(如一群人强行冲进实验室以释放被拘禁的动物)的合理性是可以得到证明的,是否解放者把动物受压迫的状况视为一种不能容忍的道德错误;是否在袭击实验室的过程中没有人被杀死或受伤;是否作为结果,该行为给公众的态度和政府的政策施加了重要的影响。这些标准是许多行动主义者都会同意的。尽管披着学术的外衣,辛格的境遇论或他自己所说的"后果主义的"方法证明了保护动物的违法行为的合理性。比辛格的道德视野更为宽广的行动主义者在使用类似的逻辑来证明解放大自然的更为激进的行为的合理性时,不会感到有任何的困难。

二、保护自然权利的行动

1. 立法行动

虽然关心环境的某些哲学家已经打开了通向公民不服从行为的逻辑之门,但大多数环境主义者优先选择的还是合法的或立法措施。斯通在1972年主张把动物、植物,甚至自然区域的利益纳入美国的司法制度中来,1973年的《濒危物种法案》可视为朝这个方向迈出的第一步,它鼓励了维护大自然的权利的立法行动。

20世纪70和20世纪80年代,扩展伦理范围的拥护者都看到了美国的法庭和立法所取得的巨大进步。以1872年黄石公园的建立为起点的国家公园运动,至少表明了人们的这样一种决心:让自然界的某些部分照原样保持下去。但在早期,对人的快乐的关心几乎无一例外是建立公园的理由。1936年以前,美国公园里的肉食动物一直被定期捕杀。但是,自那以后,一种新的观念却深入人心:公园是所有野生生物自由地追求其幸福的避难所。国家的野生生物保护区制度更直接地反映了这种观念。同样,环境主义者也考虑到海洋哺乳动物对大自然所具有的重要性,人类于1892年建立了第一个保护区,以保护阿拉斯加阿佛格纳克(Afognak)岛的大马哈鱼、海洋鸟类以及海豹、海象和海獭。第一个完整的国家级野生动物保护区是佛罗里达的鹈鹕岛,这是西奥多·罗斯福1903年把它作为"当地鸟类的保护和繁殖基地"保留下来的。与国家公园相反,创立保护区的主要目的并不是人的消遣。1960年后,随着"环境"和"生态学"这类词汇的不胫而走,公众的激情促成了对美国的野生动物保护政策的重大修改。为获取皮毛而设陷阱捕捉动物的行为和对1080号农药这类有毒化学药品的使用,遭到了严厉的批评并在一定程度上受到了法律的控制。野马、野驴、狼、鹰、郊狼和山狮都成了一种更为慷慨的道德的受益者。在某些人看来,1964年的《荒野法案》(尽管是用人类中心论的语言表述的)为野生动物和生态系统免遭人类干扰的自由提供了法律保障。

在20世纪60和20世纪70年代,那些利用现存的政治制度来保护大自然的人受到美国这些法律和国际范围内"绿色"政治学的出现的鼓舞。那些其成员自称为绿色分子的绿党最早出现于西德并在欧洲迅速发展。它的基本纲领是强调和平,反对核政策,强调妇女的权利和环境伦理。在以两个政党为主的、政治力量不均衡的美国,绿党的作用虽然不那么明显,但在赞成和反对某个特定国会议员的政治运动中,它的影响力还是得到了体现。在美国,拥有41万成员的塞拉俱乐部是绿色选票的主要持有者。1987年,美国绿色组织的75名代表在马萨诸塞州的阿姆赫斯特(Amherst)城集会,他们决定把生态学当作他们的"哲学基地",把"生物区域主义"当作他们的适宜生活的指针,并宣称,"我们在政治上既不左,也不右,我们是前锋"①。

对那些想通过改变国家法律的方式来实现大自然的权利的人来说,各种濒危物种法给他们提供了重要的鼓励。正如皮图拉所说的那样,濒危物种法体现的是这样一种信念:在美国,被列入保护名单中的非人类栖息者被赋予了某种特殊意义上的生命权和自由权。虽然有些哲学家认为,物种——与组成它们的有机个体相反——并不拥有利益或权利,但1960年后的大多数环境主义者都认为,人类那种导致某种生命形式不可避免地灭绝的行为在道德上是错误的。野牛在19世纪90年代几近灭绝、1914年最后一只旅鸽"玛莎"②的死亡使许多美国人的心灵都受到了撞击。出于同样的理由,美国的环境主义者也把拯救陷于灭绝边缘的美洲鹤的行为理解为人们信奉新的生态道德的证据。在美国,制定保护濒危物种法规的运动,是在公众的生态学和环境主义意识日益觉醒的情况下于1964年开始的。根据该年通过的《土地与水源保护基金法》的一项规定,政府划拨了用于为某些濒危物种购买栖息地的基金。同时,内政部鱼类与野生动物管理局的"珍稀物种与濒危物种委员会"发布了第一份红皮书,列出了陷于困境的物种的名单。1966年,国会顺利地通过了《保护濒危物种法》。该法案的适用范围仅限于本地的脊椎动物,关注的主要是现存的野生动物保护区,而不是一般意义上的环境,因而并无新意或新的打算。它的措辞是如此含糊,以致意义不大。但是它却标志着美国的立法机构第一次认识到了一个很快将表现出浓厚的伦理色彩的问题。1969年的《保

---

① NASH R. The Rights of Nature, A History of Environmental Ethics[M]. Madison: The University of Wisconsin Press, 1989: 171.

② 玛利亚和拉撒路的姐姐,见《圣经·路加福音》。

护濒危物种法》也是很有限的,仅适用于少数从国外进口的珍稀物种。经济和政治的现实仍然比道德更为重要,而且当伦理学参与这一问题的讨论时,它也被认为是一个有关人的权利的问题,还很少有人考虑非人类生命的权利问题。但是,国会议员及其选民变得越来越关心长皮毛动物的处境。动物福利组织从道德的角度强烈谴责了那种把濒危动物物种的皮毛用于制造服装的行为。电视的普及使千百万人了解了海洋哺乳动物。1972 年,普通公众的这种关心和对世界范围内生物多样性危机的更为科学的分析共同促成了《海洋哺乳动物法》的通过。

在国会听证会上,那些认为鲸鱼、海豹和海豚对人们的福利很重要的人和那些认为海洋哺乳动物拥有权利的人之间出现了严重的分歧,这在历史上还是第一次。前者主张细心管理物种,就像平肖的环境保护主义者所做的那样;后者则根据缪尔的传统,为严格的环境保护和生物的权利进行辩护。国会的鱼类和野生动物保护小组委员会主席丁吉尔(J. Dingell)1971 年 9 月 9 日在发言中指出,目前讨论的这个问题的严重性被抬得过高了,因为"批评目前的海洋哺乳动物保护方案的人认为,不论为了什么目的而杀死任何动物的行为最终都将涉及道德或伦理问题"。他的这一评论是正确的。为强硬的保护政策辩护的人指出,杀死任何一种海洋哺乳动物在道德上都是错误的。美国的大众现在已经意识到强加给无辜动物的那些野蛮行为,他们要求这个国家的法律反映这种新道德。海洋哺乳动物应不受人的干扰,不应被侵扰、被杀害、被管理,也不应被捕捞。从这一观点推出的结论,就是要否定那种由自然资源管理论者提出的传统的明智使用、持续收获的观点。在动物权利论的激进分子看来,和杀死一个人一样,杀死一个海洋哺乳动物在道德上也是令人反感的。①

1972 年的法案没有把每一个海洋哺乳动物的生命都看得与人的生命同样重要,但它把对海洋生态系统的完整保护提到了高于一切的高度。不应允许一个物种的种群数量的减少超过这样一个限度,以致它们不能在所属的生态系统中发挥重要的功能。为实现这一目标,法律规定,把各州管理海洋哺乳动物的权力转交联邦政府,并对打猎给予了严厉的控制。它还要求美国参加国际范围的海洋哺乳动物保护。对环境伦理学的应用来说,这是一个巨大的进步。《海洋哺乳动物保护法》的颁布所释放出来的能量,直接导致了对环境道德的实施来说具有里程碑意义的两个事件的发生。1973 年 3 月 3 日,80 多个国家的代表聚集华盛顿,签署了《濒危野生动植物物种国际贸易公约》(CITES),它制定了用于确定面临灭绝的

① NASH R. The Rights of Nature, A History of Environmental Ethics[M]. Madison:The University of Wisconsin Press,1989:173.

物种、限制那种在很多场合会导致一个物种的种群急剧减少的国际贸易的基本程序。《奥杜邦》杂志的一位作者认为,在西方自由主义的历史中,CITES 是一个里程碑,他称 CITES 是"野生动物的大宪章"。积极主张从道德上关心动物的刘易斯·雷吉斯太恩(L. Regenstein)称该公约是"有史以来所达成的唯一最重要的国际性的环境保护协议"。CITES 是由签字国所达成的接受濒危物种应得到保护的一个盟约。强制执行的措施由各个国家自己决定。美国的反应是于 1973 年颁布了《濒危物种法案》,这是环境伦理学在当时的美国法律中得到的最有力的体现。

从整体上看,并与以往的法律相比较,《濒危物种法案》为(至少)某些非人类存在物的生存权利提供了前所未有的法律保护。首先,该法案适用于所有动物、昆虫和植物。只有那些给人类带来不可估量的巨大威胁的细菌、病菌和蝗虫被排斥在外。一旦被列入了"濒危的"或"受威胁的"名单,那么,它们的生存(在理论上)就有了保障。美国的法律以前从来没有对这种扩展了的群体表示关心。对人的有用性并不是列入 1973 年的保护名单的标准,事实上,列入保护名单的大多数生物都不能以任何方式被利用或被捕捉(或采集),许多生物几乎完全不为人知,它们被保护仅仅是因为它们是生态学家和生态神学家(分别以自己的方式)所理解的生命世界的一部分。该法案的第二个新意是它把对物种的伤害不仅理解为对该物种的成员的杀害,而且理解为对它们所依赖的环境的破坏。该法案把"重要的栖息地"一词引入了美国的野生生物保护法中。这意味着不仅有机体,生态系统也拥有合法的存在权利。那些侵犯了这种权利的人将被罚款和监禁。该法案第 7 部分因做出了下述规定而使该法案更具说服力:禁止联邦政府机构参与其或资助那些对濒危物种及栖息地有害的活动。其中的一个条款还鼓励个人和环境保护组织推荐列入保护对象的物种,并给予了他们为实现这一目标而提请诉讼的权利。最后,与以往的这类立法不同,该法案并不仅仅适用于野生动物保护区或联邦国有土地,它的适用范围包括整个美国,私有土地的占有者也将被迫承认其土地上的非人类存在物的存在权利。在人类认识其对完整的自然界的道德责任方面,《濒危物种法案》代表的是人类认识的巨大飞跃。在未来,每一个生物,不管多么微小,都拥有自己生活的权利的思想将导致法律禁止人们在家庭生活中使用杀菌剂、许多药物甚至牙刷。

2. 激进行动

1974—1979 年期间,许多公民以受污染的河流、沼泽、小溪、物种、树木的名义向法庭提交了许多诉状。其中一个是捍卫夏威夷的帕里拉鸟及其栖息地的权利方面取得的成功。但是,《濒危物种法案》却过于严厉,也过于宽泛。在帕里拉鸟的案件中,该法案就明显地与经济和政治利益发生了冲突。国会对该法案提出修改,以便把所谓的"灵活性"列入对该法律的执行。这实际上是认可了下述做法:如果对濒危物种的保护与至关重要的经济利益发生冲突,那么可以放弃对物种的保护。① 虽然逐年增加的条款使得该法案的力度得以保持,但它在诸如保护鳟鲈鱼这类关键案件中的失败,却挫伤了那些以为通过立法就可以使环境道德得到贯彻的人的积极性。《洛杉矶时报》指出,如果它们在方便的时候可以被践踏的话,那些限制人类对大自然的影响的法律条文会变得毫无意义。那些希望在现存的法律体系内来捍卫大自然的权利的人,也对美国未能签署《联合国保护自然宪章》而感到遗憾。该宪章由扎伊尔提出,联合国大会于 1982 年予以接受,该宪章的序言提出:"每一种生命形式都是独特的,都应该被尊重,而不管它们对人有何价值;为使人类对其他有机体的行为与这种认识一致,人类必须要用一种道德规范来引导其行为。"

由于经受了这些挫折,也由于认识到,在全球范围内,大自然正在与人类文明进行一场正在输掉的战争,激进环境主义者转向了更为直接的变革和抗议。"绿色和平"是第一个表现出这种兴趣的组织。如今,它已在 17 个国家设立了办事机构,拥有 2500 万成员(包括 75 万美国人)。"绿色和平"形成于 1969 年,当年,美国和加拿大反对战争、反对核武器的行动主义者在加拿大大不列颠哥伦布省的温哥华举行了一次集会,抗议美国在阿拉斯加阿蒙奇特卡岛进行的原子弹试验。1973 年,抗议法国在南太平洋的穆鲁罗瓦岛进行的大气核试验。1974 年,正当环境伦理学开始引起公众关注的时候,"绿色和平"扩展了它的关怀范围,用该组织发起人之一亨特(R. Hunter)的话来说,最重要的关系不是人与人的关系,而是人类与地球的关系。"我们必须开始认真地调查野兔和芜菁的权利,土壤和沼泽的权利,大气的权利,最终还有地球的权利。"经常出现在由"绿色和平"出资印刷的呼吁书和报纸中的"绿色和平哲学"宣称:"人类不是地球上的生命的中心。生态学以后告诉我们,整个地球都是我们身体的一部分,我们必须学会尊重它,就像尊重我们自己那样。"20 世纪 70 年代中期,海洋哺乳动物(特别是鲸鱼和海豹)的权利成了"绿色和平"所关怀的一个主要问题。海洋哺乳动物的福利首先是在 20 世纪 60 年代晚期引起环境主义者的关注的。那时,蒙特利尔地区的阿太克(Artek)影业公司为加拿大广播公司制作了一部反映拉布拉多(Labrador)地区的捕猎海豹业的纪录片。影片的本意是要描绘那些仍坚持着古老的拓荒传统的勇敢的捕猎海豹者,但人们从中看到的却是对于可爱而没有防卫能力的动物的残酷行为,从

---

① NASH R. The Rights of Nature, A History of Environmental Ethics[M]. Madison:The University of Wisconsin Press,1989:177 - 178.

而掀起了呼吁废除捕猎海豹业的活动。当"绿色和平"加入抗议捕猎海豹业和捕鲸业的行列时,它采取了传统贵格会教徒那种以非暴力方式"目睹"不公正的发生的方法。1975 年,"绿色和平"在加利福尼亚沿岸阻拦俄国的捕鲸船。由于决心坚持非暴力的立场,当那些庞大的动物死去时,他们只是让俄国人知道他们的道德立场。1981 年,"绿色和平"的一名成员把她自己绑在捕鲸者的鱼叉上。公众对这种表现出伟大献身精神的行为做出了反应:这里有一个人为了拯救一条鲸鱼的生命而愿意牺牲自己的生命。1985 年 7 月 10 日,当绿色和平的"彩虹勇士号"在新西兰奥克兰码头被炸沉时,它的一名船员被淹死。很明显,对环境伦理学的接受已把环境主义运动推向了暴力的边缘。尽管在它的船只被炸沉后,"绿色和平"仍坚持其非暴力的立场,但越来越多的大自然权利的捍卫者准备以暴抗暴。①

　　世界上最著名的生态激进主义者保尔·沃森(P. Watson)的事业说明,在一个人承认了非人类存在物的权利后,他的非暴力的立场是如何很容易地走向直接的暴力反抗。沃森是加拿大人,生于 1951 年,1970 年参加了地球日的游行,还参加了反对核武器、为印第安人争取权利的运动。他参与了"绿色和平"的筹备工作,20 世纪 70 年代中期,他领导了在公海举行的反对俄国捕鲸者的示威活动。1976 和 1977 年,关注海豹保护工作,因违背加拿大有关海豹捕猎的法律并卷入了所谓暴力行为而被"绿色和平"组织开除。沃森并不否认这一指控,并成立了自己的组织:"地球之力"(1977)和"海洋保护者协会"(1979)。这两个组织的行动哲学反映了沃森的思想:虽然从道德上看,暴力行为是错误的,但仅依靠非暴力行为很难带来对我们地球的有利的变革。因而他愿意做出这样的妥协:允许我自己用暴力破坏他人的财产,但绝对不能伤害生命,不管是人的生命还是其他存在物的生命。这种立场令"绿色和平"感到担忧,但却对美国和英国更为激进的环境主义者具有吸引力。沃森言行一致,并宣称他将继续为鲸鱼而战斗,直到要么不再有捕鲸者,要么不再有鲸鱼。到 20 世纪 80 年代,海洋保护者协会在全球已拥有一万名会员,它继续进行着反对海洋哺乳动物捕杀者的神圣战争。他认为他们的行为不是犯罪,因为捕鲸行为是对大自然所犯的一种罪行。他争辩说,如果破坏他人财产的行为的目的是破坏那些被用来对活着的动物施加暴力的工具,那么,这种行为就不是暴力行为。他遵循梭罗的教诲,一贯强调:自然法优先于国家法。换言之,生

---

① NASH R. The Rights of Nature, A History of Environmental Ethics[M]. Madison: The University of Wisconsin Press, 1989: 180 – 181.

物的存在权不应被法律否定。①

　　与"绿色和平"和海洋保护者协会一道,阿默里(C. Amory)的动物基金会也作为野生动物的一个主要保护组织于 20 世纪 70 年代出现在美国的舞台上。作为一个善于与富人和有权势的人打交道的社会历史学家,阿默里运用他们的影响来谴责那些以打猎和获取时装原料为目的的打猎和捕捉动物的行为。在他看来,除获取食物外,杀害野生动物的一切行为都是错误的。哥伦比亚广播公司的新闻纪录片《秋天的枪声》——它对美国猎人的野蛮行为进行了曝光——所引起的轩然大波表明,美国人对这些问题的态度发生了明显的改变。阿默里赞成该片以传统的仁慈主义方式对人的残酷行为所进行的谴责,但他逐渐改变了他的看法,转而强调动物的权利。他的《人是仁慈的吗》是在辛格著名的呼唤解放动物和里根主张动物拥有权利的文化背景下于 1974 年出版的。该书不仅记录了大量有关人类对动物所犯的暴行的事例,还描绘了动物基金会是如何准备这样一个广告活动的,该活动将说明为制作外衣而杀死动物是一种罪孽,我们没有权利那样做,动物拥有生活的权利。在仁慈主义运动中,这种思想是新颖的,它反映了环境伦理学在公众生活中的出现。

　　"绿色和平"、海洋保护者协会、动物基金会和动物解放阵线关注的是动物个体的权利,其他组织则倾向于依赖更具整体主义特征的哲学来行动。"地球第一!"组织是一个自成风格的"激进的环境主义杂志"的出版者,是"不妥协的环境主义运动"的公共大本营。它力图把"深层生态学的生物中心论范式转化成政治行动"。大卫·弗尔曼是该组织的主要奠基人。弗尔曼生于 1946 年,在他的思想和行为尚未变得激进之前,他与现存的社会体制关系密切,他是新墨西哥州的第四代白人后裔,接受过高等童子军训练、拥有大学文凭、参加过政治竞选、在美国海军服役,1973 年为一个主流的资源保护团体荒野学会工作。但在 1979 年在对林业局保护荒野的决策感到失望后,带着对那种只向政府负责的整个环境保护运动,甚至他自己的所作所为的厌恶,他辞去了在荒野学会的工作。他在《进步》杂志上撰文指出,"美国早期的环境保护运动是已经确立了的社会秩序的产物"。在弗尔曼看来,即使到了 20 世纪 70 年代后期,美国的环境主义与人类中心主义、功利主义之间的联系似乎仍过于密切。只有少数几个深层生态学家指出了这一点:给人类带来好处的对大自然的控制仍然是一种控制,没有人根据这一信念——大自然拥有的权利与人拥有的权利非常相似——而行动。在用蜡纸油印出版的第

---

①　NASH R. The Rights of Nature, A History of Environmental Ethics[M]. Madison:The University of Wisconsin Press,1989:181 – 182.

一期《地球第一》(1980 年 11 月 1 日)通信中,弗尔曼宣称:"我们在政治上绝不妥协。让其他组织去妥协吧。《地球第一》将阐述由那些相信地球最为重要的人提出的真正强硬的激进观点。"

当弗尔曼开始阐述他的捍卫大自然的权利的宣言时,20 世纪 60 年代的人权捍卫者的形象久久萦绕在他的心头。他说,院外游说、打官司、对污染环境的行为予以曝光、发布新闻稿、提供研究报告——这些都是有益的,但却是不够的。"地球第一!"组织将进一步采取"示威和对抗行动,并使用更具创造性的策略和更具感染力的语言"。他说该是让激情迸发的时候了,是采取强硬措施的时候了,是像那些曾被投入监狱的民权工作者那样鼓起勇气的时候了,是首先为地球而战的时候了。弗尔曼认为,美国的环境主义是懦弱的,那种想在现存的政治框架内采取合理、温和而有效的行动的努力,是把他们的灵魂出卖给了他们本应反对的政治势力。在讲究策略的同时,他们也付出了妥协的代价。弗尔曼的事业是要给环境主义补上伦理学和激进行动的内容,他出版的通信的封页上印着这样的口号:"在捍卫母亲地球时绝不妥协!"

"地球第一!"组织决心把环境保护问题当作生物中心主义意义上的道德问题来处理,这促使了一种生态好战政策的产生。弗尔曼及其战友如沃尔克(H. Wolke)、罗斯勒(M. Roselle)、摩根(S. Morgan)、科尔勒(B. Koehler)决心为实现他们的目标而采取必要的激进措施。在可能的情况下,他们当然愿意采取合法的手段,但是,对废奴主义者和民权捍卫者所取得的成功的回忆,却使他们不想回避公民不服从,甚至直接的暴力行为。爱德华·阿比的《一帮捣乱鬼》成了他们行动的指南。他们赞赏该书的那些反抗者,这些反抗者有勇气为了其伦理信念而站出来并进行战斗。弗尔曼相信,整个地球都是神圣的。他指出,捣乱行为是阻止对自然之地的工业化的一种极端的道德方式。它是一种手段。有时你得在院外游说,有时你得四处写信,有时你得打官司,而有时你就得捣乱。这种态度明显地使"地球第一!"组织变成了美国环境主义的一个极端派别。像早期的废奴主义者一样,它的成员不会得到人们的普遍赞赏,其他的环境主义者甚至也不会赞赏他们,但是,像加里森及其追随者那样,他们的声音将会被人们听到。

在美国的环境危机意识处于高潮之时,许多与"地球第一!"的做法类似的生态破坏行为也出现了,尽管它们不再被称为"捣乱行为"。少数狂热分子逾越法律,以便使人们注意他们那种以负责任的态度对待大自然的主张。20 世纪 70 年代早期,在芝加哥,"狐面人(The Fox)"就堵塞工厂的大烟囱,把一座钢铁厂排出的有毒废水引入该厂总经理的私人办公室中。1971 年,被称为"广告牌破坏帮"的密歇根州的环境主义者因毁坏路边的广告牌而成为媒体关注的焦点。他们的理由是:当政府玩忽职守时,总得有人起来行动。同时。在俄勒冈州,因卡逊的著作而变得警觉起来的当地人烧毁了一架用来喷洒杀虫剂的直升机。1978 年,在明尼苏达大草原,一个被称为"霹雳象鼻虫"(bolt weevils)的广为人知的农民组织拆除电力输电线,并堵住调查人员和建筑人员的去路。1979 年,在加利福尼亚塞拉山脚下,工程兵在斯坦尼斯劳斯河上建成了新麦罗尼斯水库。河流之友的领导人之一杜博依斯(M. Dubois)为拯救一块他认为是神圣的地方不被水库淹没,使用了一切可能的法律手段,包括 1974 年的一次未成功的公民复决投票。最后他在1979 年 5 月 20 日采取了公民不服从的行为,用锁链把自己绑在河岸边一处隐秘的悬崖上。他感到,他没有别的选择,除了用自己的生命来捍卫斯坦尼劳斯河。许多美国人都被这个准备用自己的生命来捍卫一条河流的男人的故事所深深地吸引。

1980 年以前,公众对环境伦理学的理解还是很幼稚的,"生态抗议行为"更多地是与人的(从不受污染的环境中获得的)利益,而不是与自然的权利联系在一起。但是,从一开始,"地球第一!"就把自己的行为理解为捍卫树木、河流、灰熊、高山、草地和鲜花的生存权利——不管它们是否具有人所理解的使用价值。正如弗尔曼 1985 年指出的那样,生态系统中的每一个生物都具有内在价值和在该地生存下去的天赋权利。他宣称,我们必须继续扩展共同体的范围,使之包括所有的生物,因为其他存在物——四条腿的、长翅膀的、六条腿的、生根的、开花的等——所拥有的在其栖息地生存的权利和我们拥有的一样多。它们是它们自己存在的证明,它们拥有天赋价值,这种价值完全独立于它们对人所具有的价值。

"地球第一!"于 1981 年 3 月 21 日第一次把这种哲学付诸行动。那时,阿比、弗尔曼和另外 70 个人会集在科罗拉多河的格勒恩峡谷水库,他们引开了守卫的注意力,顺着水库的水泥墙放下一幅 300 英尺高、用黑色塑料布"造成"的水库大坝的"裂缝"。在高喊"使科罗拉多获得自由!""解放科罗拉多河!"的口号时,他们坚信,他们的动机是捍卫自然生态过程的完整性,而不是人从这些过程中获得的消遣利益。"地球第一!"组织的成员因此而频频地在报纸上出现,弗尔曼认为他意识到了在这个国家正在兴起的环境激进主义。格勒恩峡谷集会 5 年后,随着其成员增加到 1 万人,"地球第一!"找到了展现其好战精神的富于想象力的新方式。有些方式属于公民不服从的古典传统。该组织的一个徽章是一根长成了紧握的拳头形状的树桩,而在 20 年前,黑人权利的辩护者就已把紧握的拳头这一意向推广普及。就像民权运动和反战运动的抗议者用身体封锁道路和建筑物那样,追随这些抗议者的"地球第一!"成员也横躺在伐木车和采矿车的前面。1985 年,"地球第一!"发展出了实践民权运动的"静坐"策略的第三种形式:在俄勒冈的原始森林区,该组织的成员爬上 250 英尺高的冷杉,在上面建立了抗议据点,使得伐木者不敢砍倒冷杉。当锯工转而去砍伐邻近的树,抗议者就把一棵棵树都连在一起,形成一个由绳子构成的蜘蛛网,这个网的中心就是他们自己的"窝"。挽救树木的另一种方式使"地球第一!"的某些成员从选择公民不服从行为开始转向选择更不合法的不服从方式。他们把上千颗铁钉打进计划要砍伐的树木中,这使得链锯无法作业;在俄勒冈、肯塔基,这种给树木打钉子的方法至少使荒野成功地得到了暂时的保护。看着被毁坏的链锯和受威胁的生意,木材公司和美国林业局被激怒了。但是,"地球第一!"的罗斯勒却辩护说,它与美国自由主义的基本精神是一致的。他指出,"捣乱是美国的一个传统。看看波士顿倾茶事件吧——人们已用一枚邮票来纪念它。总有一天,我们也想看到,人们会用同样的方式来纪念给树木打上铁钉的行为"。1985 年,弗尔曼曾试图用《生态捍卫:捣乱行为指南》来总结环境主义的好战行为。第二版(1987)的献词提到了狐面人、霹雳象鼻虫、哈德斯蒂(Hardesty)山复仇者、图森(Tucson)地区生态袭击者这类新近出现的激进组织。他认为,"是行动的时候了,让我们用英雄主义的、且据说是违法的方式来保护荒野,把捣乱行为投入那毁灭着大自然的多样性的机器齿轮中"。他相信,这类捣乱行为不仅在道德上是合理的,而且是道德所要求的。

由于他们在捍卫大自然时极其负责,而且他们又想把大自然纳入其道德共同体的范围,因而"地球第一!"成员最终不得不认真考虑他们那种用暴力反对财产权,以及最终反对其敌对者的行为的合法性问题。众所周知,捍卫人权的斗争在过去曾导致流血冲突甚至战争。那么,大自然的捍卫者所持有的不妥协的道德立场究竟应当有多激进呢?1983 年,在俄勒冈大关口附近的西斯基犹(Siskiyon)国家森林公园,这种不妥协的道德立场几乎导致一场对阵战,一名推土机司机喊着"我要杀死你们"差点把几名木材公路的封锁者碾死。弗尔曼被一辆卡车拖出去100 码,膝盖也遭到了永久性损伤。1987 年 5 月,弗尔曼就树木上打进的钉子伤人事件进行评论说:"老实说,我更关心古老的森林、花斑猫头鹰、美洲狼獾和大马哈鱼——再说,谁也没有强迫人们去砍这些树。"罗斯勒说:"我并不认为人比树更重要或树比人更无足轻重……我们没有为了挥霍而砍树的权利。"甚至许多勇于献身的环境主义者都不能接受这种逻辑推论。暴力只能导致暴力,善良的愿望并不能证明破坏性行为的合法性。"地球第一!"的许多宣传给人留下的是这样一种印象:一场内战一触即发。赫伦巴哈(T. O. Hellenbach)在《生态捍卫》中把生态捣乱者与美国激进的殖民者联系起来,后者对茶叶和英国法庭文书的破坏有助于促进美国革命的发生;地下通道曾解放了那些人——他们把奴隶仅仅视为另一种可供掠夺的资源——的私人财产。最后,当政府不认可这种变化了的道德观时,那么,为解决这一问题,就得发动另一场战争。弗尔曼补充说,"约翰·缪尔曾说过,如果真有物种之间发生战争的那一天,他将站在熊的一边。这一天已经到来了。"①

即使在新环境主义者内部,对暴力也有不同的看法。《环境伦理学》杂志的主编把"地球第一!"所采取的策略当作"更接近于恐怖主义而非公民不服从行为的……准军事行动"来加以谴责。他指出,神圣不可侵犯的财产权也是约翰·洛克所说的天赋权利之一,否认这种权利有可能导致人们顽强地抵抗环境保护运动,并使这个运动已取得的成绩毁于一旦。规模庞大的全国野生生物保护联盟的副主席黑尔(J. Hair)也提出了类似的看法:"我们的国家是一个法治国家。恐怖主义根本不可能改变公共政策。"毫无疑问,黑尔是弗尔曼所说的现存的无效率的环境保护体制的主要支持者,但《地球第一!》新闻版的编辑也因发表了同情在树上打钉子和在路上摆放钉子的行为的论点而引咎辞职了。甚至加里·斯奈德(G. Snyder 主张大自然拥有权利的先驱人物之一和"地球第一!"组织的一名支持者)也警告该组织说,只有在万不得已时才可采取破坏财产或损害他人的暴力行为,而且"真正是出于战士保护大自然的觉悟",而不是出于借酒壮胆式的男子汉气概或浅薄的恶作剧习惯。作为一名佛教徒,斯奈德把结束美国文明对大自然的暴力侵犯的希望,寄托在反对普遍的暴力行为的基础上,不应当用暴力来反抗暴力。

在这一问题上,人们尚未形成共识。某些激进的环境主义者力图在暴力破坏财产与暴力侵犯他人之间划定一条可接受的界线。《地球第一!》的一位记者写道,"这些出于良知的行为不是暴力行为;如果我们是这个地球的称职的托管人,那么采取这些行动就是我们的义务"。但是,他告诫说,对待生命的所有行为都必须是非暴力的。弗尔曼是不同意这种观点的人之一,他指出,尽管他敬佩甘地或马丁·路德·金式的和平主义,但从本性上说,他不是一个和平主义者。在弗尔曼看来,忍辱负重似乎只能招致更多的凌辱。因而,曾经被一个愤怒的木材卡车司机撞倒、被严重撞伤的弗尔曼准备毫无保留地以牙还牙。他感到,"我们大多数人都已经欲罢不能,不可能倒回去了"。就他自己而言,他将采取一切他能够采取的手段,包括暴力行为,来为大自然的权利而战斗。弗尔曼将不与地球的掠夺者谈判。在他看来,就像对人们所爱的人的强奸一样,对地球的强暴也已变得在道德上不能容忍。

① NASH R. The Rights of Nature, A History of Environmental Ethics[M]. Madison:The University of Wisconsin Press,1989:193 – 195.

霍卫尔·沃尔克是"地球第一!"组织的创建者和有名的生态捣乱者,他认为,对环境主义者来说,"符合习俗的策略"和"非暴力的直接行动"是有价值的手段。如果我们想成功地推动一场有效的激进环境保护运动,那么,采取暴力行为将很快成为不可避免的事。在捍卫所有的生物和生物圈的非生命成员的过程中,人们将成为彻底的好战分子。每一次重要的社会政治变革都需要某种程度的暴力行为,总之,就像喜欢苹果派一样,喜爱暴力行为也是美国人的特色。沃尔克认为,非暴力行为是"不自然的",因为动物最基本的本能就是在受到攻击时予以反抗。在"地球第一!"组织的圈子内,关于暴力行为的讨论中出现的绝大多数观点都与此大同小异。1987 年,该刊的一位通信员赞扬了深层生态学,但他也承认,他对大多数深层生态学家信奉并实践非暴力主义感到失望。在指出几乎所有已知的有机体都对那种蚕食其领地、攻击其身体的行为做出暴力反应后,他认为,环境主义者确实有权利以暴力行为捍卫其栖息地。弗尔曼认为非暴力主义百分之一百地是对生命的拒绝。他把那种要求人类克服其选择暴力的天然倾向的思想视为新时代的一派胡言。"所有活着的生物都捍卫其根本利益,若有必要就采取暴力。"在弗尔曼看来,要求人不遵守这种生物学规则是与生态学的下述基本前提相抵触的:人与大自然不是截然分离的。当然,这并不仅仅是一个捍卫人拥有一个健康的栖息地的权利的问题。一条特定的河流、荒野或濒危物种通过你发生影响来保护自己。因而,激进的环境主义就成了非人类存在物或自然客体自我保护的一种高级形式。弗尔曼乐于这样说:"我是作为荒野的一部分在活动,以此来保护我们自己",生态捣乱是地球的自卫行为。人为大自然而行动的观念,取决于人对个体自我与生物物理整体之间的关系的理解。在"地球第一!"的某些成员看来,这种观念能够证明任何一种违法行为的合理性。

美国自由主义的历史为环境激进主义者提供了一种证明暴力行为的合理性的方式。乌尔斯勒(G. Wuerthner)在 1985 年 8 月号的《地球第一!》通信上告诉读者,当生活于一种文化中的个体意识到了与不公正的法律相对的普遍真理时,该文化在道德上就成熟了。在美国,道德的这一成熟过程并非总是一帆风顺且没有伴随暴力事件发生的。我们是通过一场内战才把某些不可让渡的权利扩展到了我们社会中的所有人身上去的。现在,有些人则指望依靠暴力行为,以便实现权利范围的下一次重要扩展……使之扩展到大地。令人奇怪的问题是,反战行动主义者竟然很少注意这一问题:那将带来几乎不可思议的全球毁灭的核战争和"核冬天"对大自然意味着什么?反对核战争的大多数理论关注的都是核武器对人类及其文明的威胁。当然,也有少数人认识到了这一问题所包含的更为宽广的伦理意蕴。如果人类自我毁灭了,那么,这一物种可说是自作自受,但是,那些连带被毁灭的其他生物、物种和生态系统又怎么说呢？谢尔(J. Shell)的畅销书《地球的命运》(1982)就是从地球的角度来考虑这一问题的,他不仅恳请人类拯救自然免于灭绝,还恳请人类把地球当作人类和其他生命的根基来予以尊重。在《星球战与我们的精神家园:决定地球的未来》(1985)中,麦斯切(P. M. Mische)指出,现代武器已使我们的伦理道德陷入了危机,因为我们拥有的是一种主宰生与死的新力量——不仅主宰人的生命,还主宰地球上所有形式的生命。在她看来,人所掌握的这种无所不摧的力量要求我们在道德上变得更为成熟。托马斯(L. Thomas)把地球比作一个有生命的细胞,他相信,核战争将给予生物圈以致命或几乎致命的一击。地球上的生命也许还会幸存下来,但它只能像10亿年前当细菌处于进化树的顶端那样重新开始。福克斯同意这一观点:核战争将导致生命自杀。除了是一场导致人的生命大量毁灭和可能灭绝的大屠杀外,核战争还将因给人类之外的环境带来的影响而被视为一场在道德上更恶的大屠杀。福克斯提到了深层生态学家的这一信仰:"其他生物有权利继续存在下去,即便我们执意要毁灭自己。"

　　萨冈(C. Sagan)和埃利希是预见到核战争的生态后果并普及"核冬天"这一概念的重要人物,他们更愿意从科学的而非伦理学的角度论证其观点,但是,隐含在他们的著作中的却是这样一种观念:原子弹使人类遭遇到了一种对进化过程负责的崇高责任。在用共同的生物共同体和伦理共同体把人与大自然联系起来的同时,萨冈呼吁他的同代人要"呵护我们这个脆弱的地球,就像呵护我们的儿孙那样"。像许多科学家和医生那样,萨冈也主张采取公民不服从行为。核战争和核冬天问题比最近的任何其他问题都更容易促使人们关注人和大自然的权利。环境主义运动已开始认识到,在裁军运动中,至关重要的不外乎地球的命运。哲学家和科学家都承认,如果栖息地不存在了,那么,任何有机个体的权利都将会变得毫无意义,栖息地本身就是生存权、自由权、追求幸福的机会的保障。许多人都提出了栖息地本身的权利问题。对大自然和人的未来解放者来说,消除核屠杀的威胁很可能将成为一条重要的道德命令。

　　人们倾向于认为,由激进的环境主义者倡导的扩展伦理学范围的不同寻常的主张在美国历史上是前无先例的。同样,人们很容易认为,这些环境主义者改变传统的信念和习俗的成功机会也是非常渺茫的。但是,历史学给我们提供了另一种观察角度。环境伦理学是那个与美国同样古老的强有力的自由主义传统的逻辑扩展。以往的美国接受了一场与当代的环境主义运动非常相似的十分引人注目的解放运动。如果说对奴隶制的废除标志的是18世纪中叶的自由主义的极限,那么,生物中心论和环境伦理学也许就是20世纪晚期的自由主义思想的前锋。

三、本章小结

在建构环境主义的理论方面,许多伦理学家都主张用"权利"这一概念作为环境伦理学的基础。这一现象是不难理解的,权利理论在西方是一种较为成熟且居于统治地位的伦理学说。西方人普遍认为,说一个人拥有权利,就可以使这个人获得一道坚固的道德屏障,使他免受他人的随意伤害;他的权利构成了他人的行为的一道不可逾越的约束边界。权利是最强硬的道德货币。因此,许多环境伦理学家认为,把权利这一概念直接移用于动物,就可以为保护动物的行为提供强有力的道德支持,从而使动物的生存和延续获得强有力的保障。到了 20 世纪 70 年代,随着人们对环境问题的高度关注,以及哲学家们想用其智慧来解决时代课题的热情的空前高涨,作为一种专业的环境哲学也开始阐述这样一个命题:拥有道德地位的存在物并不仅限于人类。从历史的角度看,这次发展的规模和速度都是引人注目的。美国哲学家与英国、加拿大、挪威和澳大利亚的同行一起,在短短几年内就开创了一个全新的学科,发表了大量讨论环境权利的文章。1980 年,塞欣斯编制了一份有关这一领域的厚达 71 页的文献目录,1981 年出版的一份《关于动物权利及其相关问题》的文献目录包含 3200 个条目。他们以天赋权利为基础对环境主义的建构,使得从承认被压迫人民的权利走向承认被剥夺的大自然的权利。

但是,随着环境伦理学的进一步发展,人们越来越发现,把权利概念作为环境伦理学的基础是有困难的。纳什虽然说过"所有的生物都拥有生存权",但他也认为,这只是"生物拥有内在价值"这一观念的另一种表述。克利克特也指出,"物种拥有权利"这一判断,只是"物种拥有内在价值"这一判断的一种象征性表述。①泰勒认为,从"某人拥有某种利益"这一判断,不能推出"某人拥有某种权利"的判断;前一个判断是一个事实判断,后一个判断则是一个应然判断。后一个判断假定的是:某人应当拥有做某事的自由或获得某物的机会;至于某人为什么应当拥有这种自由或机会,则是由一套规范系统来决定的。这套规范系统的核心就是:每一个人都应作为目的(而非工具)本身来予以尊重。依据这一规范系统推导出来的基本道德权利包括生存与安全的权利、自由权和自主权。道德权利是一种天赋权利,是每个人作为人(而非作为社会的某个角色)生来就具有的(而非某个社会恩赐的);道德权利是不可让渡的,他人或政府都没有合理的道德理由剥夺我们

---

① CALLICOTT J B. In Defence of the Land Ethic[J]. Albany:SUNY Press,1989:134 – 136.

的道德权利:当我们的基本道德权利与他人的基本道德权利发生冲突且我们不得
不放弃我们的权利时,我们有权要求他人为此做出补偿。在上述意义上,道德权
利是绝对的。在泰勒看来,道德权利这一概念中所包含的下面几方面的意蕴使得
它难以沿用到非人类存在物身上去。第一,道德权利的主体被假定为道德代理人
共同体的一个成员,他们彼此承认对方的权利,从理论上讲,道德权利拥有者具备
这样一种可能性:要求道德代理人承认其权利。但是,我们却不可能想象动物和
植物能够要求道德代理人承认其权利的合理性。第二,道德权利这一概念与自我
尊重这一概念有着内在的联系,成为道德权利的拥有者,就应当获得与他人相同
的关心,而且,所有的道德代理人都有义务尊重权利拥有者的人格。我们必须理
解尊重的含义,才能要求他人如何尊重自己,我们也才能知道如何去尊重他人;动
植物显然不是那种可以设想"自我尊重究竟为何物"的存在物。第三,如果一个主
体是道德权利的拥有者,他就必须能够主动地行使或停止行使这种权利,他必须
拥有在各种不同的选择之间做出抉择的能力;这样一种能力从逻辑上就排除了动
物和植物作为道德权利主体的可能性。第四,成为道德权利主体意味着,该主体
还拥有一些派生性的权利,如要求赔偿的权利,要求自己的基本权利得到社会的
公开支持和维护的权利,而要拥有这些权利,权利主体就必须具有发出抱怨、要求
公正、使其权利得到法律保护的能力,而这些能力是动植物所不具备的。① 因此,
把权利概念直接沿用到环境伦理学中是不恰当的。泰勒指出,大多数人使用"非
人类存在物拥有道德权利"这一命题的目的,无非是要表达这样一种愿望:非人类
存在物应该获得道德关怀。但是,这一观念完全可以由"非人类存在物拥有天赋
价值"这一观念来支持,非人类存在物的道德权利这一概念想要实现的目标也可
由"非人类存在物的天赋价值"这一概念来实现。因此,在环境伦理学中,非人类
存在物的权利这一概念即使不是荒谬的,也是多余的。

　　权利观念主要是近代西方文化的产物,在柏拉图和亚里士多德的伦理学和政
治哲学中,很少提到权利这一概念。对东方社会来说,权利概念也是很陌生的。
罗尔斯顿指出,通过构筑权利这一概念,西方伦理学家虽然发现了一种可用来保
护那些天生就存在于人身上的价值的方法,但并不存在任何生物学意义上的与权
利对应的指称物。权利这类东西只有在文化习俗的范围内,在主体性和社会学的
意义上才是真实存在的,它们是用来保护那些与人格不可分割地联系在一起的价
值的。我们只能在类比意义上把权利这一概念应用于自然界。权利概念在大自

①　TAYLOR P. Respect for Nature:A Theory of Environmental Ethics[M]. Princeton:Princeton U-
niversity Press,1986:250.

然中是不起作用的,因为大自然不是文化。在罗尔斯顿看来,环境伦理学家最好停止使用作为名词的 right,因为这一概念所表示的并不是某种存在于荒野中的动物身上的属性,而只是使用作为形容词的 right,用来表示道德代理人的某些行为的属性,这些行为被认为是与道德代理人所发现的、在他出现之前就已存在于大自然中的某些属性(价值)相适宜的。在环境伦理学中,"对我们最有帮助且具有导向作用的基本词汇是价值。我们将从价值中推导出我们的环境义务"①。但是,按照自由主义传统的权利概念对美国环境主义的扩展,却也有利于主流社会对环境主义的认可和接纳,从另一方面也可降低激进环境主义所具有的颠覆色彩,从而对环境主义形成一种思想上的补充。

---

① 霍尔姆斯·罗尔斯顿. 环境伦理学[M]. 北京:中国社会科学出版社,2000:2.

第四部分 **04**

环境运动的影响及其
面临的挑战

第八章

环境运动的影响

一、环境主义深入人心

英国自然主义者麦考米克(J. McCormick)评论说,环境主义思潮起源于19世纪60年代末期,兴起于20世纪70年代,实质上已构成与哥白尼革命相称的关于人与自然关系的理性革命。历史上对这场意义深远的环境革命似乎没有什么记载,这并不奇怪,因为"即使是最敏锐的观察家也没有料到哲学会有一个向荒野的转向。历史上没有哪一次哲学思潮的转变能比得上最近对人类与生态系统地球之关系的严肃反思那么出乎人们的意料"[1]。这种评价是中肯的、合乎事实的。环境主义与环境运动的影响从理论走向实践,并在实践的领域越来越广泛。1970年4月22日,当美国历史上第一个"地球日"活动出现时,有人曾骂它是乌合之众的马戏表演,是"生态狂";然而,到了1990年"地球日"20周年的时候,4月22日成了一个国际性节日,这一天世界上有140多个国家举行了各种形式的纪念性活动。1970年的地球日,被公认是1962年卡森《寂静的春天》拉开序幕之后,美国现代环境思潮和环境运动走向高潮的一个标志。从1962年起至20世纪90年代,美国环境运动已取得令人瞩目的成就,美国公众环境意识不断增强,政府的环境政策不断出台,从公众到政府都逐渐把环境看作是最重要的社会意义。

按照新泽西州普林斯顿舆论研究中心的调查,1969年只有1%的美国人表达了对环境的关注。到1971年,足有1/4的美国人认为保护环境很重要。[2] 20世纪80年代,极少有人懂得伤害环境是一种"犯罪"。后来,美国公众开始认识到环境犯罪的严重性,现在认为破坏环境是严重的犯罪,企业官员应为企业的犯罪行

---

[1] MCCORMICK J. The Global Environmental Movement[M]. London:Belhaven Press,1993;参见叶平. 全球环境运动及其理性考察[J]. 国外社会科学,1996(6):37-41.

[2] EVANS K M. The Environment:A Revolution in Attitudes[M]. Information Plus ®Reference Series,Farmington Hills:Gale Group Inc. ,2003:1-2.

为负责。即使犯罪行为的直接后果可能不明显或不严重,环境犯罪仍是严重的问题而且确有受害人——破坏环境的累积成本和对人类带来疾病、伤害和死亡的损失都是巨大的。① 1989 年《时代》杂志评出的年度星球是地球,"地球:濒危星球"成为杂志、报纸、电视报道的大字标题。1990 年第 20 个地球日,畜牧业、石油天然气工业等美国主要企业以及木材交易协会等都在报纸上申请整个页面广告,声明"对我们来说,每天都是地球日"②。1990 年,66% 的美国公众认为环境变得更糟。③ 另外,他们认为与他们有关的所有环境问题都由工业引起。很显然,大多数公众至少都接受了环境领导人的某些观点,渴望环境质量的改进、物种多样性和清洁的大气、水。绝大多数美国人都认为环境问题是一个严重的问题,威胁到人类福利,与其他领域相比,都认为政府法规"没有走得太远",认为"政府环境法规不多"。20 世纪 90 年代与 20 世纪 70 年代的民意调查相比,环境意识和重要性都在增加。甚至当环境保护与经济福利进行比较时,大多数人拥护环境保护。④

对环境的关注已经经受了经济方方面面的影响,它不只局限于感觉到富足的时期,也不完全是对富足的关注。70% 以上的美国公众一贯支持同样的或更多的环境保护法规。对联邦政府的赞同态度也有涨有落,过去 30 多年里,赞同态度一直在上涨,而环境法规是获得公众支持最多的政府立场之一。⑤ 关于环境危害和污染的经常性报道使美国公众相信,对人类生活和福利的潜在危险和实际危险时刻存在。人们不太相信增长的极限的争论,更判定经济增长具有危险的副作用,特别是从环境质量和健康方面来说。大多数人相信,无节制的公司和工业将会为了公司利润而牺牲环境质量。环境敏感性现在成为美国公共舆论的重要组成部分。⑥

最能体现环境运动政治影响的应该是总统选举,尽管共和党一向对环境问题缺乏热情,但布什总统也不得不宣称将用"白宫效应"对抗温室效应以显示他对全

① EVANS K M. The Environment:A Revolution in Attitudes[M]. Information Plus ®Reference Series,Farmington Hills:Gale Group Inc. ,2003:7.
② DUNLAPR. E. ,and Mertig A. G. American Environmertalism:The U. S. Environmental Movement,1970 - 1990[M]. New York:Taylor & Francis Inc. 1992:60.
③ Wall Street Journal and NBC poll[J]. April 1990.
④ DUNLAPR. E. and Scarce R. Environmental Problems and Protection[J]. Public Opinion Quarterly,1991,55:651 - 72.
⑤ BENTON L M. and Short J. R. Environmental Discourse and Practice[M]. Malden,Massachusetts,Blackwell Publisher Inc. 1999:117.
⑥ BENTON L M. and Short J. R. Environmental Discourse and Practice[M]. Malden,Massachusetts,Blackwell Publisher Inc. 1999:117.

球变暖问题的重视。1992 年,克林顿竞选总统,竞选伙伴是《濒临失衡的地球》的作者阿尔·戈尔,体现了人心所向,因为《濒临失衡的地球》是 1992 年美国的畅销书,它所表达的是一个政治家对全球环境问题的关注和他愿为保护地球而付诸的决心。克林顿入住白宫后不久就发表了"地球日"演说,进一步明确地表示了他对环境运动的理解与支持,而且以一种高昂的热情评价了"地球日"。他说:"如果有一种信念能说明什么是我们的人民的话,那就是我们对我们所继承的这片多彩和富饶土地的忠诚。那种对这片土地的热爱,如同流淌在这片土地和贯穿于我们性格中的巨大洪流,汇聚成了 1970 年第一个"地球日"的庄严乐曲。"①

我们现在都是环境主义者。盖洛德·纳尔逊指出,20 世纪 60 年代算得上环境保护者的国会议员只有十几个,到 1990 年已有 200 个以上。更让人惊奇的是,不管有的议员是多么强烈地反对环境法,但他们都称自己是环境保护主义者。环境法的存在与否还不是最重要的,我们的这些立法者更在乎竞选结果,因为民意测验表明美国人民是完全支持环境法的。正是由于广大民众的支持,国家环境组织才活跃在华盛顿的政治舞台。1989 年,自然资源保护委员会的约翰·亚当斯回忆说,在创会的头几年,"我们每次参加国家环境保护局(EPA)的会议,他们总是不理不睬的,还想办法把我们打发走,他们攻击说我们没有资格参加这样的会议。那时我们干的任何事都遭到政府的反对,可以说是打心眼里反对。好在现在再也不会出现这种事情了,我们去 EPA 碰见的任何人,不管他是参议员、国会议员、政府官员还是总统都得乖乖地听。我们说的话他们不一定都感兴趣,但在社会上我们是受人尊敬的,因为我们代表的是全体选民,要表达他们的心声。如果说两个阶级之间存在一条鸿沟,那我们就是把这两个阶级联系起来的一座桥"。1995 年,当国会激烈争论废除或至少抑制《清洁水法》《安全饮水法》等重大的环境立法时,国家野生生物基金会的民意调查显示,60% 的美国人认为环境法律应该加强或保留。独立进行的民意调查显示 74% 的西部人和 76% 的美国人认为国会应该加强《安全饮水法》,39% 的西部人和 46% 的美国人认为环境法没有成为工商业的负担。只有 23% 的西部人和 20% 的美国人认为环境法对工商业是不公平的负担。54% 的西部人和 57% 的美国人在民意调查中认为国会应该保留《濒危物种法案》,而不是削弱或消除它。②

大众媒介广泛关注自然资源保护和环境方面的问题,几乎所有大的新闻机构

① BENJAMIN KLINE. First along the River. A Brief History of the U. S. Environmental Movement [M]. San Francisco:Acada Books,1997:121.

② COFFEL S. Encyclopedia of Garbage[M]. New York:Facts On File,1996:81 - 82.

至少都有一个专职环境新闻记者,许多较小的报纸和电视台用大量的篇幅和时间专门报道这方面的新闻。那些没有处理复杂问题经验的记者大多指定搞环境新闻工作,越来越多的记者能提供老练而准确的环境新闻报道。1990 年,为了提高环境报道的质量专门成立了环境作协,到 1992 年其会员已达 700 名。无疑《自然》、《新星》、《国家地理》和《奥杜邦》等系列纪录片的作用是巨大的,它们提醒美国人注意自然界这种喜忧参半的现状,即既有让人欣慰的一面,又存在着威胁。甚至连好莱坞也参加了环境运动,演员和摇滚歌星凭借自己的名气支持环境组织,抗议石油泄漏、垃圾的海洋处理方案、食物中的杀虫剂和雨林的破坏。电视作家也开始把生态学知识带进他们的作品。1989 年,《时代》杂志上一篇题为《好莱坞的绿色运动》的文章中写道:"蒂塞尔汤又有一项新事业:拯救地球。"国家甚至地方环境组织慢慢学会把新闻媒介作为他们的宣传工具,唤起民众并督促政府采取措施。几位环境领导人如"地球之友"的前主席、后来又加入世界资源委员会的雷夫·波默兰斯(R. Pomerance)是科学界与记者之间的纽带,他们提醒新闻媒介注意新的科学发现,并解释这些新发现的复杂性及政治意义。为了竞争新闻版面和播放时间,编辑和制作人甚至报道一些二级污染和自然资源问题。

二、对科学的影响

科学技术也受到环境主义的极大影响。环境法规基本上是"科学和法律强制结合的产物"。近几十年,人们对科学的认识发生了无形的根本性变化。17 世纪以来,西方科学将人与自然割裂开来。现代科学之父弗朗西斯·培根(F. Bacon)说:"如果我们留心一下世界的本质,就会发现人类才是世界的中心。没有人类的世界将像一盘散沙,毫无目的。"全能的人类将宇宙力严格地分成若干类,还窥视到宏观和微观世界,赋予各种生物不同的名称,并对这些生物加以利用。它是一种有别于自然而又超越自然的生物,是万物的主人,能利用科学技术手段让机械世界服从自己的意志。被达尔文和爱因斯坦等人动摇了的这座科学信仰的大厦正在瓦解。生态学证明人类和其他任何生物或微生物无一例外都是自然界的一部分。科学上的进化观点影响了医学研究和实践,并开辟了一个环境卫生的新天地。例如,纽约的西奈山医院环境卫生中心的内科医生不仅对石棉、空气污染和其他环境污染的危害进行了关键性研究,而且还协助制定公共卫生政策,通过国会证实和新闻媒介宣传将危害减小到最低限度。沃尔夫认为去除环境中的污染源是比治疗更有效的手段,持这种看法的医生队伍正在发展壮大。

1968 年,地理学家伯顿(I. Burton)预言:一门新的环境科学正在出现。环境主义影响了许多大学课程,包括生物学、土木工程学、地质学、地理学、公共关系学、资源经济学、乡村和城市社会学、土壤学和统计学等,新的环境方法来影响了整个大学教育:撰写关于环境管理的论文就是撰写关于大学未来的论文。到 1972年,至少有 15 所大学提出了环境教育计划。正是在动荡的 1968 年,学生的兴趣突然偏离分子生物学,转向生态学、行为学和进化论。这种变化的明显根据是 2/3的生物学专业研究者请求在更多的系的非分子生物学职位,虽然分子生物学仍很活跃,但其垄断地位被打破。环境主义应该由理解其起源和丰富意义的人士来做解释,这是符合逻辑的。其中一个人就是绍恩菲德(C. Schoenfeld),1976 年,他开始在威斯康星大学对学生进行两项相关技能的培训:环境教育(主要针对学生和教师)和环境交流(针对公众)。① 1970 年,国会通过了《环境教育法》,广泛传播环境知识。管理联邦土地、水和野生生物网络这些高度复杂的项目,需要专业人员,而环境保护团体的专业化也许是最深刻的变化。② 一些自然科学家通过与户外的密切接触学会了尊重自然。他们在通俗读物和杂志上的文章使当时被普遍认为是一时流行风尚的环境运动有科学可信性。③ 同时,全国从小学到大学的研究生院都开设了环境研究课。

环境积极分子还以其他方式传播他们的信息。他们建立了特别教育组织和杂志,并设立内部计划提供环境领域的实用经验。1963 年,巴里·康芒纳创建了公共信息科学家研究所(SIPI),并出版《环境》杂志。当 1979 年三英里岛灾难发生时,SIPI 被"到底发生了什么事?""科学家同意政府提出的解释吗?"等类似这样的问题所吞没。SIPI 的经历使其组成了"媒体资源服务部(Media Resources Service)",15000 名科学家和工程师同意为媒体提供建议和评论。环境教育的机构还有 1969 年创建的教育资源信息中心(The Educational Resource Information Center,ERIC)、1971 年创建的美国环境教育学会(The American Society for Environmental Education)、北美环境教育协会(The North American Association for Environmental Education)、1972 年创建的环境教育中心(The Center for Environmental Education)、1973 年创建的环境教育联盟(The Alliance for Environmental Education)、1974 年创建的地球观察(Earthwatch)和世界观察研究所(Worldwatch Institute),其中最成功的是 1972 年创建的环境内部计划中心(Center for Environmental Intern

---

① SCHEFFER V B. The Shaping of Environmentalism in America [M]. Seattle:University of Washington Press,1991:123.

② SNOW D. Voices from the Environmental Movement [M]. Washington, D. C.:Island Press,1992:47.

③ SCHEFFER V B. The Shaping of Environmentalism in America [M]. Seattle:University of Washington Press,1991:118.

Programs，CEIP）。①

三、社会影响

环境运动向主流西方世界观及其 3 个假设发起挑战：(1)无限的经济增长是可能的、有益的；(2)绝大多数重大问题都可通过技术来解决；(3)市场经济和政府干预能够缓和环境和社会问题。自从 20 世纪 70 年代以来，美国人接受的新观念是：(1)增长必须受到限制；(2)科学和技术必须加以约束；(3)自然资源有限，人类必须遵循人与自然微妙的平衡。② 环境主义者的信条是：(1)所有的事情都是相互联系的；(2)地球的资源是有限的；(3)自然的方式是最佳的；(4)人类的生存依赖自然的多样性；(5)环境主义在要求根本变革方面是激进的，它要求政治体制、法律、农业和工业生产、资本主义结构、国际交往、教育等方面的变革。③

工业社会开始行动起来减少污染。为了实现环境目标，出现了环境保护产业，其活动包括污染控制、废弃物管理、垃圾堆清理、污染预防、循环利用、从其他资源(太阳能、风能)中制造能源等。国际环境企业有限公司(EBI)是为环境产业提供企业和市场信息的私人公司，是该产业最全面数据的来源，它认为美国用于污染控制的技术和其他环境服务的销售在 2000 年达到 2020 亿美元，比 1998 年增长 3.4%。环境产业绝大多数集中在公共部门，提供饮水和污水处理服务。在私营部门的企业中，最大的份额是为社区提供固体废弃物处理服务。环境产业既在钢铁生产等传统工业，也在风能等新兴产业中产生许多新的工作岗位。根据 EBI 估计，发达国家拥有整个污染控制产业的 90%，其中美国占有大约 40% 的份额。美国商业部技术政策办公室 1998 年在《美国环境产业：迎接挑战》(*The U. S. Environmental Industry：Meeting the Challenge*)中提出，就收益来说，美国环境产业可以与纸张及同类产品、石油加工、航天等运行良好的产业进行比较，其收益几乎接近机动车辆和车身产业。环境产业所雇用的人员超过了这些已有产业，并远远多于化学及相关产品产业、造纸业、机动车和车身产业。报告还注意到环境

---

① SCHEFFER V B. The Shaping of Environmentalism in America [M]. Seattle：University of Washington Press，1991：129 – 130.

② ARNOLD R. Overcoming Ideology[M]. in Brick，P. D.，Cawley R. M. A Wolf in the Garden：The Land Rights Movement and the New Environmental Debate[M]. Rowman &Littlefield Publishers，Inc.，Lanham，1996：5 – 16.

③ ARNOLD R. Overcoming Ideology[M]. in Brick，P. D. Cawley R. M.，A Wolf in the Garden：The Land Rights Movement and the New Environmental Debate，Rowman &Littlefield Publishers，Inc.，Lanham，1996：16 – 17.

产业现在处于转变阶段。过去集中关注补救性的清除,将来要更关注预防。① 美国民众开始节约能源,reduce,reuse,recycle 成为一种时尚。主张建立对生态学负责的社会。20 世纪 70 年代,美国人转向更大的目标,寻求自然与文化的整合以医治人类和大地的创伤。20 世纪 90 年代,新一代美国人欣赏郊区风景并开始郊区生活。②

在环境运动影响下,公众意识到除了街头集会外,他们可以通过立法、司法来解决我们的问题。③ 各个大学的法学院也在汇编通过的新法律。当环境保护组织遇到行动问题、在土地和自然资源问题上保护公共利益时,美国环境保护法律学会 1963 年开始在许多法律问题上给予援助,后来加入保护环境的行动。1967年创建的环境保卫基金会(EDF)是第一个有成员支持的专业组织,对庞大的政府机构如环境保护署、管理与预算局等提出挑战。1984 年,该组织会员 50000 名,专职人员 45 人,预算达到 300 万美元。美国律师协会自然资源法分会(The American Bar Association's Natural Resources Law Section)1968 年开始出版《自然资源律师》(*Natural Resources Lawyer*),后改名为《自然资源与环境》(*Natural Resources and Environment*)。1969 年,随着环境运动速度加快,三个组织走向诉讼前沿。法律和社会政策中心(The Center for Law and Social Policy)是第一个以基金会为资金来源的公共利益法律公司。虽然它的职员人数较少,但其兴趣仍逐渐扩大,包括民权、卫生、贫穷、法律服务、保护南极海域环境等方面。以华盛顿为基地的环境法律研究所(Environmental Law Institute)专门研究环境规划有关的设计、实施和效果问题的综合分析。1971 年开始出版《环境法律报告》(*Environmental Law Report*),1982年出版《环境论坛》(*Environmental Forum*)。斯坦福环境法律学会(Stanford Environmental Law Society)计划资助学生在环境法律方面的开创性研究。该学会以《环境法律年鉴》(*Environmental Law Annual*)和研究土地规划、能源、水和有害废弃物的《手册》而著名。④

环境运动的影响广泛而深刻,各种人的思想都受到冲击。工业、商业和金融界人士首当其冲,他们必须重新考虑企业的经营目标和方式,承担企业的环境义

---

① EVANS K M. The Environment:A Revolution in Attitudes[M]. Information Plus ®Reference Series,Farmington Hills:Gale Group Inc. ,2003:. 4.

② DUNLAPT. Communing with nature[J]. History Today,2002,(52):3.

③ SCHEFFER V B. The Shaping of Environmentalism in America [M]. Seattle:University of Washington Press,1991:125.

④ SCHEFFER V B. The Shaping of Environmentalism in America [M]. Seattle:University of Washington Press,1991:138 – 139.

务。政治家敏锐地认识到环境问题的重要性,提出各种环境法案。教育家呼吁加强环境教育,法学家强调完善法制以适应环境保护的需要,甚至神学家的思想也受到冲击,他们重新评价和解释过去那对自然怀有偏见和夸耀人类制服自然的业绩的基督教教义,因此,地球日活动是一场广泛而深刻的环境意识启蒙运动,它对新的环境道德的确立起了巨大的推动作用。它以空前的广度和深度宣传环境保护,使环境保护一举成为社会舆论的中心,保护环境成为强大的舆论,各种人都标榜自己是环境主义者,环境保护事业成为一项无人公开反对的事业。

在美国,不但保护自然环境的呼声早已有之,而且保护自然和环境的观点或理论如爱默生、梭罗、缪尔的理论也早已有之,然而由于它们未能形成强大的社会舆论,因而未能发生广泛、深刻的教育作用。20世纪前半期人们所关心的只是自然资源的有效利用。20世纪70年代,环境问题成为社会舆论的中心,不过这次与以前不同,它不是由于政府奉行的政策而引起,而是由群众自下而上地发起,在20世纪70年代的环境保护运动中,每个美国人都不可避免地受到影响或接受教育。以最新科学技术武装起来的现代化的信息传播工具以空前的规模和深度宣传普及环境科学知识和环境保护观念,更加快了环境保护由一种舆论转变为一种扎根于人们思想中的新道德的过程。

环境主义成为社会主流的另一个原因便是新的社会经济条件和一代新人的出现。第二次世界大战以后,美国经济高速发展,美国迅速成为当时世界上经济最繁荣、人民生活最富裕的国家,这种繁荣和富裕的一个表现是时间和资金的过剩。过剩的时间和资金可为新的事业提供物质条件。同时,这个时候美国国内已不存在"未开垦的处女地",对外也没有像第二次世界大战那样需要动员全国力量的大规模战争。这样的国内和国际条件为20世纪70年代的环境运动准备了适宜的气候和土壤。当美国人口中的大多数人不用为衣食住行发愁和国家处于和平时期的时候,人们自然而然地要求提高生活质量。这种要求与充斥污染物的生活环境和不断恶化的生态环境的现实形成尖锐的矛盾。这个矛盾强烈地刺激人们反省自己过去对待环境的态度和行为并采取行动改变现实。

20世纪40—50年代出生的一代人到20世纪60—70年代进入成年。这一代人与他们的前辈很不相同,首先,他们在战后和平、安定和繁荣的环境中成长,并受到良好的教育。其次,由于受过良好教育,他们在成年之后大都获得能提供中等或中等以上水平的收入的工作。由于受过良好教育,这一代人不仅掌握了新的科学知识,而且具有接受更新的知识、观念和理论的能力。他们普遍具有强烈的进取心和事业心,他们精力充沛,在政治上很活跃,强烈要求改变现状。正是这一代人,在20世纪60—70年代掀起了一场又一场在很大程度上改变美国人精神面貌和价值观念的群众运动,其中著名的运动有民权运动、反对越南战争运动、妇女解放运动、保护消费者运动、性解放运动和环境保护运动。在这些运动中,环境保护运动是参加者人数最多、时间持续最长的运动。由于环境保护事业的公益性,它成为这一代人所普遍关心的事业。环境保护事业是这一代人充分利用其充裕的时间、金钱和精力,施展其政治抱负的最适宜的事业。1970年的"地球日"活动就是以这一代人为主力军,它充分显示了这一代人的巨大政治活力。由于有这一代新人的大力提倡和身体力行,爱护自然、保护自然的主张和观念才能被社会所普遍接受,如果说新的环境道德的出现是必然的话,这一代新人的出现则为这种必然性的早日实现提供了极其有利的条件。① 从此,社会大众对环境问题表现出前所未有的关心,环境主义开始从社会生活的边缘走向中心,它开始渗透到人类生活的诸多领域,遍及全球的各个国家、社会的各个阶层和个人。同时,这场运动促成了人类整个环境保护事业的产生和发展。当今世界以环境保护为标志的所有事业都起源于这场环境保护运动。②

四、本章小结

美国环境思想中存在的问题是由来已久的。环境运动沿袭了早期自然保护主义者的基本特点,没有把自然保护与社会联系起来,单纯考虑自然保护或环境保护,在某种程度上没有把环境问题与重要的社会问题联系起来。自然保护主义者除了马歇尔提倡社会平等对荒野保护的重要性以外,社会正义和民主不在其议程之中。直到20世纪60年代,塞拉俱乐部的许多部门故意排斥少数族裔成员,环境主义者试图保护的公园和自然保留地通常都禁止少数民族和移民进入。与自然保护运动一样,环境运动也忽视了城市里低收入群体,没有把他们作为环境保护努力的合适公民。事实上,自然保护主义的反城市态度是与他们对少数民族的态度相联系的。缪尔等自然保护主义者把城市看作污秽、污染之地,是工业化带来的环境退化。与城市及社会正义有关的环境问题并没有引起注意。城市也是移民和少数民族聚居地,他们是工业化的劳动力但却被排斥在自然保护主义的机构之外。关注审美娱乐,必然使自然保护主义模式忽视了少数民族和低收入者及其居住地。因而环境运动并不是完整的、本土化的,而带有明显的白人中产阶级倾向,它没有实践其中一条自然法则——多样性的力量,许多环境组织的领导人承认他们的组织对有色人种没有多少吸引力,他们的机构绝大多数由白人组

---

① 王曦.美国环境保护法[M].台北:汉兴书局,1995:20.
② 余谋昌.创造美好的生态环境[M].北京:中国社会科学出版社,1997:3-5.

成。95%的主流组织领导人承认:"大多数少数民族和贫穷的美国农民认为环境保护信息没有代表他们说话。"环境组织和整个环境运动中缺少种族和文化的多样性使环境运动在实现其目标方面没有足够的力量和影响。一些领导人还认为缺少多样性在道义上是错误的——是令人困窘的事,在公益服务记录上也是一个污点,主流环境运动仍是历史学家福克斯所说的"一个盎格鲁·撒克逊人的白种新教徒的专门领域(WASP preserve)"①。

　　环境运动在种族多样化问题上失败的原因是,长期以来他们普遍认为少数民族公民对环境问题没有兴趣。第一,缺乏关心(或关心与行动之间存在差距)发展为缺乏参与。第二,即使存在关心,黑人和其他少数民族也缺乏"社会条件"来参与主流环境运动。所以环境问题上少数民族的行动趋向不成熟。② 少数民族和工人阶级没有得到环境主义者的认同。1990年来自全国民权运动组织的一些领导人写信给8个全国环境组织的领导人,指责他们在雇用习惯上的种族歧视。③民权运动领导人要求这些环境组织工作人员的多样化,改变雇员和补充新人员以确保30% ~ 40%的工作人员是少数民族代表。1988年,戈特利布(R. Gottlieb)和英格拉姆(H. Ingram)提出了"新环境主义(New Environmentalism)"的明确定义,要求实现环境运动的多样化。④ 迫使环境组织跨越种族或经济界限。随着环境正义运动的发展某些环境主义的种族歧视状况才取得了某些进步,但少数民族社区的环境危害仍在延续。

　　环境法不是由穷人也不是为穷人而制定的。环境法背后的理论和思想忽视了污染的系统根源。环境法令实际上使低收入者社区的污染合法化。而且,掌握政治和经济权力者利用环境法使穷人承担不相称的环境危害。……主流环境主义者把污染看作是政府和工业的失灵——如果环境主义者只能形成几个坏家伙,那么我们的环境就能得到保护。但基层积极分子认为污染是政府和工业的成功,是工业主要目标的成功:因为政府和企业的目标就是把环境成本外部化从而取得利润最大化。污染的空气、土地、水杀死人通常并不违反环境法。因为环境法不是预防只是控制污染,分配环境利益和负担自然是相应的社区的政治权力,因而

① FOX S. John Muir and His Legacy:The American Conservation Movement[M]. Boston:Little, Brown,1981:351.

② SNOW D. Voices from the Environmental Movement[M]. Washington, D. C.: Island Press, 1992:79.

③ SHABECOFF P. Environmental Groups Told They Are Racist in Hiring[J]. New York Times, February 1,1990:A16.

④ GOTTLIEB R. and Ingram H. The New Environmentalists[J]. The Progressive,1988(8):14 - 15.

环境危害就持续留在低收入者和少数民族社区。"因为法律是为白人中产阶级服务的,它不是为穷人也不是为有色人种服务的。"①由于缺乏富裕团体所拥有的政治、媒介、经济、法律资源,低收入者和少数民族社区的环境权无法得到法律保障,这是当代美国最严重的环境问题。然而,主流环境运动只是刚刚开始意识到这一点。

此外,环境运动依赖政府和专家解决环境问题,这种模式在很大程度上把非专业人员和民间机构排斥在环境运动之外。早期自然保护主义者没有组织起相当大的公民支持者。现代环境组织像塞拉俱乐部、国家奥杜邦学会等组织依赖地方支部招募会员和采取行动,但基层公民行动并不在它们的考虑范围内。他们的组织实质上更"专业化"。他们相信需要更伟大的专家而不是更大的政治权力来处理异乎寻常的环境问题。主流环境主义者日益依赖游说、诉讼和"科学"来达到目的,使其组织"官僚主义化",形成某种对专家的崇拜。② 由于基层组织基本上由没有专业人员的志愿者组成,所以主流组织认为他们缺乏科学知识,不足以成为依靠的力量,不认为它们是同盟者。更有一些组织的领导人认为基层运动是对他们新建立的"理智的协商者"的地位的潜在威胁。这样主要的专业环境运动组织就缺乏与直接影响选民的环境问题的联系。他们只关心悬而未决的政策问题,而不关注居民社区内的紧迫环境问题。③ 许多环境问题实际上是超越地方、州和国家界限的。社区内具体的环境问题得不到解决,就不可能带来环境问题的整体解决。

同时,环境主义的批评者攻击环境运动特别是激进环境运动的破坏性影响,指责它不仅是非美国的,而且是反人类的。据说,新的"生态变态者"和"德鲁伊特"④顽固地阻碍着美国梦的实现。许多环境主义者接受了甚至欢迎这一略带破坏色彩的形象。1969 年,雪帕德(P. Shepard)骄傲地说:"自然主义者似乎总是反对某些事。"雪帕德的观点出现在一本书名中带有"颠覆"一词的著作中。事实上早在 1964 年,西尔斯就使用那个词来概括生态学所包含的宽广含义;7 年后,政治科学家考德威尔(L. Caldwell)指出了"生态学的颠覆意蕴"。之所以要使用如此

---

① COLE L. Empowerment as the Key to Environmental Protection: The Need for Environmental Poverty Law[J]. Ecology Law Quarterly19,1992:642 – 647.
② GOTTLIEB R. ,and Ingram,H. The New Environmentalists[J]. The Progressive,1988(8):15.
③ CARMIN J. Voluntary Associations,Professional Orgnisations and the Environmental Movements in the United States[M]. in Rootes, C. Environmental Movements: Local, National and Global [M]. London:Frank Cass Publishers,1999:117.
④ Druid,古代克尔特人中的一批有学识的人,担任祭司、教师和法官、巫师或占卜者.

夸张的形容词,是因为美国那种追求无限增长、强调竞争以及统治自然的倾向与那种强调稳定和相互依赖的生态学理想,与那种要求把非人类存在物和生物物理过程纳入共同体中来的共同体意识格格不入。因此,生态学意识形态是反抗运动的意识形态。生态学意识形态中的卡逊、利奥波德都是颠覆性的人物。当代的环境主义哲学家如布克钦进一步发展了这种观点,他们号召彻底摧毁美国的"宪法和伦理构架"。布克钦冷静地预言,没有这些"革命性的变革"和一个无政府主义的"生态社会"的建立,"人类在地球上的生存就将结束"。马尔库塞认为,"大自然的解放"取决于一场反对美国的经济和政治传统的"即将发生的革命"。小威廉姆斯·科顿(W. R. Catton)写道,除非进行一场"革命性的变革",否则,现代文明的崩溃将不可避免。罗斯雷克(T. Roszak)同样号召为捍卫地球的权利而摧毁和彻底改变美国的理想和制度。他也认为,当代的环境主义"从根本上说是颠覆性的",因为它唯一的目的就是"解构"当代美国的社会和文化。深层生态学家补充说,真正有意义的改革在于重新建构这个国家占统治地位的社会范式。从这些观点的角度来看,似乎很难把一个新的美丽的生态世界建立在美国文化的基础之上。①

---

① NASH R. The Rights of Nature, A History of Environmental Ethics[M]. Moadison:The University of Wisconsin Press,1989:11.

第九章

反环境运动

一、产生及发展

美国社会中存在的反环境意识历史悠久,最初是围绕着国家森林保护体系的形成而出现的。1897 年克利夫兰总统设立 13 个国有森林保护区,西部各州指责总统为保护森林而漠视人的利益,要求把这些土地划为公共土地加以利用。20 世纪初期,美国的森林和荒地遭到伐木、采矿业的严重破坏,以平肖为代表的环境保护主义者担心资源短期威胁国家安全,要求政府对自然资源进行科学管理和规划,他与罗斯福等发起资源保护运动,保护公共用地,扩大国家森林和国家公园。1907 年 6 月,西部各州在丹佛召开公共土地大会,反对联邦政府对西部土地的干预,要求把联邦土地移交各州管理,从而引发了关于联邦土地分配问题的长期争论。他们认为自由开发自然资源是美国人的"显然天命"(Manifest Destiny)。1908 年罗斯福总统召开首次美国环境保护大会后,西部组织起全国公共土地联盟,出版一系列小册子攻击平肖,虽没有出现有组织的反环境活动,西部农场主和环境保护主义者之间关于西部公共土地利用的争论却在继续。20 世纪 30 年代,为改变西部滥用土地的传统,联邦政府购买了近 600 万英亩被风灾严重破坏的土地并加以保护,然后租给当地居民用来种植饲料。1934 年的《泰勒放牧法》在国有土地上保留 8000 万英亩土地租给牧场主。为了获得农场主的支持,这些土地的租金相当廉价,农场主每年还获得政府的大量补贴。20 世纪 60—70 年代,美国进入"环境的十年",保护荒野和濒危物种的法案对土地利用加以限制,对西部联邦土地的使用由单一放牧改为多种利用,结果在西部引发 1979—1983 年反对环境法规的山艾树叛乱(Sagebrush Rebellion),其负责人是后来担任里根总统 EPA局长的詹姆斯·瓦特(J. Watt),主要支持者是西部传统的资源开发型产业如矿业、伐木业、农业、塑料、石油化工等,它们受到全球经济竞争的压力,要求利用公共土地上的廉价资源,维持联邦政府的补贴;撤销 20 世纪 70 年代以来的环境立法,特别是 1976 年的《联邦土地政策管理法》,因为它们限制了西部各州的经济增长;各州有权控制自己边界内的土地,要求把西部联邦土地移交各州。这实际上是关于西部土地利用问题争论的再现,1981 年在盐湖城召开的"增进各州平等权利联盟"(LASER)大会上,与会者提出要剥夺联邦对公共土地的管理,阻止环境运动的影响。① 虽然没有成功,但西部公共土地问题在随后的"明智利用"中再次出现,成为反环境运动的主要理由。

美国企业历来信奉自由主义原则,为追求利润最大化,反对政府对企业的任何约束。在他们看来,遵守有关环境法规就会增加企业成本,就会妨碍企业自由,因而强烈反对环境法规。最早有组织的反对来自美国造纸业,它们在 20 世纪 50 年代组成"森林与河流协会",反击所在社区进行的反对空气、水污染的斗争。② 1962 年卡逊披露了以 DDT 为代表的杀虫剂对生态系统的危害,唤起人们对环境污染的意识。之后,有关化学肥料对水的污染、汽车废气对空气的毒害、工业废水对河流湖泊的污染以及酸雨等的报道和分析纷至沓来。20 世纪 60 年代末,主流媒体高度关注环境问题,1970 年"地球日"后,《时代》、《幸福》、《纽约周报》、《生活》、《观察》、《纽约时报》、《华盛顿邮报》等杂志和报纸上都出现了大量的有关环境的头条新闻和封面故事。在这种新环境意识的推动下,1969 年,联邦政府颁布了《国家环境政策法》,这是第一部把保护环境作为国家基本政策的法律,法令责成联邦各机构要准备和提交"关于极大影响人类生存环境质量需采取立法和行动建议"的年度报告,开始建立和完善新环境立法及执法机构,设立了国家环境保护局,负责领导、管理和协调全国环境保护工作,环境保护的重点是以污染控制为中心的环境管理活动。

卡逊的书得罪了那些从杀虫剂生产中获利的企业家和一些化学专业工作者。一位化学先生斥责《寂静的春天》"不是一本科学书"。美国农药公司花费 25 万美元来与卡逊做斗争,想证明她是个十足的"癔病狂"。化学、铁钢、电力、汽车等工业联合起来反驳卡逊的观点,多数美国企业对支出大量经费以处理污染持消极抵制态度,它们组成同业工会、基金会、智囊团、公共关系协会,反抗环境影响评价,认为他们为环境保护所付出的成本太高,与企业收益不平衡。20 世纪 70 年代环境保护局(EPA)和职业安全与健康局(OSHA)提出对每个需要评价的化学品进行测试,化学工业建立美国工业健康委员会,对抗政府对化学品进行的管制;组建化

---

① SALE K. The Green Revolution:The American Environmental Movement 1962 – 1992[M]. New York:Hill & Wang,1993:50.

② HAYS S. P. A History of Environmental Politics since 1945[M]. Pittsburgh:University of Pittsburgh Press,2000:116.

学工业毒理学研究所,寻求反抗有毒化学品控制的舆论动员。1976年,这些企业组建自由企业保卫中心,反对大政府的环境法规对自由企业制度的限制。1980年里根上台后,以财政拮据为由,压缩环境保护和社会公益项目的开支。环境质量委员会失去一半预算和大部分工作人员,职业安全和健康局、环境保护局等机构预算削减。政府放宽甚至取消了污染防治条例中一些严厉的条款,为私人资本对水、煤、森林、草原的商业利用扫清了障碍。同时,抵制政府环境法规的人被安排到政府重要职位,最著名的就是任命反对环境运动的象征和领袖瓦特担任内政部长,反环境运动与国会中反环境的共和党建立起密切联合。① 瓦特在环境运动的压力下辞职后,以上各种反环境力量在木材业顾问阿诺德(R. Arnold)提出的"明智利用(Wise Use)"的旗帜下团结起来,1989年提出"明智利用"正式议程,要求包括荒野、国家公园在内的全部公共土地都应向矿业和能源生产开发、濒危物种法案应该进行修改以把残遗物种排除在外。1991年,125个反环境组织联合起来组成"美国联盟"(the Alliance for America),目的是"通过抽走资金和会员的办法来摧毁环境主义者"。木材公司、石油钻探和牧场主以及其他反环境的公司提供资金,资本密集型产业、采掘工业是其主要支持者。1994年,反环境组织与环境组织、联邦政府之间就是否保存太平洋西北岸最后的原始森林问题展开一场复杂的政治斗争,反环境运动成为一股与环境运动抗衡的社会力量。

除了强大的阵容和雄厚的资金外,反环境运动还通过院外活动和参加听证会、组织群众示威等对联邦、州、县各级立法机关施加影响,并与政府和立法机关中的保守力量相呼应。1994年共和党在国会选举中取胜,反环境的工业领导人占据立法席位,在公开立法听证会上支持反环境力量,诋毁环境科学的调查结果,捍卫并保护全国激进的反环境活动,其领导人明确地表达了反环境的意识形态。因此,1994年克林顿提出的几项环境法案都没有得到国会批准。在采矿业的压力下,国会反对批准征收矿业税和对采矿制定硬性环境标准;克林顿提出要将环境保护局升级为内阁机构的提案未得到通过;参议院没有批准1992年地球峰会上为保护动植物而通过的《联合国关于生物多样性的框架协定》。相反,国会却努力要通过一些法案来削减政府对环境的管理。1995年,国会通过《私有财产权利法案》,提出不论在任何情况下,《濒危物种法》和其他国家法规都不适用于私有财产。国会允许财产拥有者因为环境管理而降低了他们的土地价值时,有权要求赔偿;联邦政府还要对那些工业或土地拥有者因为遵守政府管理要求而使其成本提

---

① SALE K. The Green Revolution:The American Environmental Movement 1962 – 1992[M]. New York:Hill & Wang,1993:50.

高了 10% 时,进行赔偿。布什政府上台后采取了重开发轻节约的能源战略、重开发轻保护的环境保护政策。为了促进能源生产和供应,放松了对修建火电站的限制,降低了空气污染标准、鼓励建立新的核电站、开放阿拉斯加野生生物保护地用以勘探开发。取消或推迟了 20 多项环境项目,修改了前任政府禁止在 2400 万公顷国有森林修建道路的限制,削减 2002 年联邦用于环境执法、废料清理、水质量评价、能源效率、濒危动物保护、环境研究项目的费用,并决定不实施旨在遏制全球气候变暖的《京都议定书》。反环境运动取得了巨大胜利。

二、反环境运动的主力

反环境运动的主要力量是资源自由智囊团(Resource Libertarian Think Tanks)、法人资源论者(Corporative Resourcist)和明智利用运动。

资源自由智囊团主要为反环境运动提供思想和战略,最著名的是遗产基金会(Heritage Foundation)和加图研究所(Cato Institute)。1973 年建立的遗产基金会是美国最有影响的右翼智囊团,它招募了大批作家、分析家、评论员、政客,竭力促进以自由企业、有限政府、个人自由、传统美国价值观和强大的美国国防为基础的国家政策,对主流环境组织进行激烈批评。[①] 20 世纪 70 年代末,朱利安·西蒙(J. Simon)在《最终的资源》中提出目前的污染对地球没有构成威胁,依靠市场手段可以解决环境问题。他讥讽环境主义者神经过敏,并认为迅速增加的人口对世界来说未尝不是件好事,因为只有人类才是让这个世界更加美好的"最终资源"。1990 年地球日,该组织发布"生态恐怖主义"(Ecoterrorism)的报告,指出环境主义者是反科学的,臭氧层空洞等现象根本就不存在,酸雨、全球变暖完全是自然状态,并不是人类活动引起的。环境主义者把这些并不存在的现象极端化,因而是生态恐怖主义者。加图研究所的研究重点是论证大多数环境法规是反生产力的,坚持开放的、竞争性的能源市场,美国石油公司、道化学基金会为加图研究所提供资金。加图研究所的迈克尔(P. Michael)认为全球变暖的模型是错误的,强调自由资本主义在自由市场条件下能够对环境损耗和污染进行管理,自由市场是拯救环境的神圣法宝。[②] 为了转移企业活动对工人阶级造成的伤害,右翼智囊团谴责环境主义者制造失业和混乱,把环境主义者称为"绿色盖世太保"、"环境狂人"、

---

① AUSTIN A. Advancing Accumulation and Managing its Discontents: The U. S. Antienvironmental Countermovement[J]. Sociological Spectrum, 2002(22):71 – 105.

② BENTON L. M. and Short J. R. Environmental Discourse and Practice[M]. Malden, Massachusetts, Blackwell Publisher Inc, 1999:125 – 126.

"地球日的杞人忧天者"、"反美国的极端主义者"、"美国经济最大的威胁",绝不能与之妥协。① 虽然他们的观点大部分只是企业新闻稿的翻版,但得到公众的广泛认同,其原因在于美国经济发生的变化。1970 年以来,美国经济增长率年平均2.6%,除了高新技术产业增长较快外,其他经济部门的年增长率都不超过2%。随着资本全球化和国际竞争的日益加剧,美国企业增加利润的首选就是降低生产成本。而从 1970 年以来,环境保护支出的增长速度超过 GDP 增长速度的 3 倍以上,每年从 277 亿美元增加到约 1700 亿美元,占整个 GDP 的 2.8%。多数污染控制设施并没有使企业获得更多的成本—效益,"末端治理"设施及环境保护法规成为企业利润的主要障碍。② 加之阿诺德等人以前曾在环境组织任职,所以很容易取得人们的信任。

　　法人资源论者不认为自己是反环境主义者,而强调"我们都是环境主义者",把自己称为"真正的"环境主义者,把环境主义者称为"自然保护主义者"(preser-vationists),因为"环境主义"和"环境主义者"现在在美国有广泛的支持基础,反环境主义者利用这一基础离间环境主义者与其传统支持者的关系,并按照自己的利益对环境主义者使用的词汇进行了重新解释,强调健康的环境可以与健康的经济携手并进。1970 年以来,污染企业极力树立自身的积极形象,设法把自己描绘成无害工业,强调它们自觉遵守严格的安全生产标准,进行所谓"负责任的管理",这是企业对自己进行"刷绿"(Greenwashing),以显示自己对环境的责任。工业"刷绿"的过程就是把通常生态学或社会学宣布为非法的过程合法化,使工业看上去似乎是有利于环境并关注公共利益且为公共利益服务的。"刷绿"的两个主要宣传技巧就是企业环境主义和绿色消费主义。盗用环境主义的修辞,公共关系公司制造出企业环境主义,使资本主义看来似乎是亲环境的、对环境有益的。许多企业的领导者都声明他们同意环境运动的目标——更清洁、更安全的环境,但不同意环境主义者提倡的政府干预,认为市场会解决环境问题。他们把资源损耗和环境破坏仅归结为技术原因,并说私有企业正在克服这些技术局限性,为消费者提供"绿色"产品,实际上,销售绿色产品只是扩大资本主义消费文化的一种手段,其目的是要废除环境法规。绿色消费主义使人们重新思考环境破坏的原因,误以为是消费者造成生态系统问题并应为环境问题负责,而企业只是一个为市场提供消

①　ROWELL A. Green Backlash: Global Subversion of the Environmental Movement[M]. London: Routledge, 1996: 130 – 134.

②　FFBER D. The Struggle for Ecological Democracy: Environmental Justice Movements in the United States[M]. New York: The Guilford Press, 1998: 30 – 32.

费品的中立实体,因而对企业行为的限制是反生产、反人类的。法人资源论者通过操纵语言来操纵人们对环境问题的理解,使人们误以为他们是环境的或绿色组织。① "刷绿"虽然对环境运动没有直接危害,却使公众误以为大企业和环境组织所强调的是同样的事情、具有同样的目的,而公开向企业发起挑战的组织就会被看作不切实际的极端主义者。

"明智利用"本来是 20 世纪初环境保护主义者平肖为其功利主义的自然资源的持续管理和多种利用的理论所提出的一个口号,到 20 世纪 80 年代却被反环境主义者用作概括他们行动的标志。"明智利用"的组织中心是自由企业保卫中心(Centre For The Defense Of Free Enterprise),其目标是捍卫自由市场资本主义,使之免受环境主义、社会主义和政府干预的威胁。所以其负责人阿诺德明确表示:"我们不关心人们相信什么明智利用,我们的目的是保护私有财产、自由市场和有限政府。"他提出,如果按照环境运动的路走下去,在 20 年内,整个美国工业和私有财产将会被消灭。因此,必须发起一场支持工业的激进主义运动,用"明智利用"运动代替环境运动。"我们的目标是破坏和根除环境运动",因为"环境主义是新的异端,在它的祭坛上崇拜树木而牺牲人类,这是邪恶的,我们一定要摧毁它"②。他与戈特利布认为,击败环境运动的唯一方法就是发起另一场相反的社会运动,于是他们仿效环境运动的策略,进行基层动员,在西部各州基层非常活跃。他们故意把环境保护歪曲成"人与环境的对抗",因而获得对政府不满的西部农场主、矿工、伐木工人、猎人、公路车辆所有者、石油工人、农民对"明智利用"的支持。虽然这些参加者有着各自的目的,但在反对和抵制有关环境和资源管理的政策上,在维护其私人利益上,却有着共同点。值得注意的是,这些支持者不仅是有产者,还有那些受雇于这些有产者的工人。因为更多的经济开发意味着更多的就业机会,工业家们会不失时机地鼓动工人和当地的人们去支持他们的行动,甚至在工人们去参加有关听证会时,仍发给他们工资。因此,"明智利用"的领导者才敢吹嘘,除了 500 万名积极分子,它还拥有 1.2 亿名同情者,几乎是美国人口的一半。尽管评论界认为这是一个为了鼓舞士气的夸大估计,却也反映了一定的真实性——反环境运动在西部有广泛的社会基础。

1970 年以来,随着经济结构的调整,曾在美国历史上占支配地位的农业、畜牧

---

① BEDER S. Greenwashing/ Greenscamming/ Greenspeak, http://www.uow.edu.au/arts/sts/sbeder/index. html.

② BURKE W. The Wise Use Movement: Right - Wing Anti - Environmentalism, http://www.publiceye.org/magazine/v07n2/wiseuse.html.

业、伐木业和采矿业的地位不断下降,反环境主义者便把原因归结为环境法规对当地经济活动的限制。"明智利用"把复杂的经济问题简单化,认为开发自然以适应当前的经济发展比保护环境更符合美国社会的需要,因而获得主流社会的认同。然后按照"工作与环境的对抗"来讨论环境问题,使公众认为环境保护是以就业为代价的,因而使绝大多数担心工作安全的美国人产生共鸣。针对1990年以来非技术工人的工作岗位的减少,公众没有谴责企业劳动市场的萎缩,反而谴责政府和环境主义者带走了工作机会。民意调查显示,有一半被调查者认为"环境主义者只关心动物及其栖息地,而不关心人的工作"。于是与相关产业业主联合起来,反对环境运动。①

　　为了获得东部的支持,"明智利用"运动提出了适合东部情况的"私有财产权"口号,认为政府在敏感的私有财产区域内保护环境的法规是违反宪法的"征用"(taking),并引用宪法第五修正案作为法律依据,要求政府机关在为公共工程征用土地时要按照土地的公平市价对财产所有人进行赔偿。"违反宪法的征用"对农村土地所有者以及害怕经济转型和重大的环境变革的人特别有吸引力,这是"明智利用"的最佳武器,它把环境主义者置于捍卫联邦政府的地位,很容易吸引那些对联邦政府不满的人。到1992年年底,私有财产权的支持者已经在东部27个州议会中提出扩大"征用"的定义,如果得到议会同意,这些法案将裁定政府的管制行为为"征用",因而必须对财产所有人进行赔偿。全国40个州议会已经讨论是否通过法律来限制联邦环境法规对财产所有者带来的后果,大约有400个县通过了卡通县(Carton County)条例,该条例因1990年首先在新墨西哥州卡通县采用而得名,它规定,如果政府官员的行为妨碍了财产权,他们就得受到一年监禁和10000美元的罚款。"征用"运动一旦成功,"明智利用"运动就会破坏美国的环境保护,因为,任何一个"征用"案件都会导致相应的政府管理机构破产。把政府环境法规描绘成对私有财产的威胁,深深地触及了美国粗犷的个人主义和自由价值观。洛克和杰弗逊早就强调过小的、不干涉的政府是好政府,大的官僚政府妨碍个人权利和自由,生命、自由和追求幸福的权利就包括个人有权从大自然中发掘财富,政府不能干预个人拥有或利用财产的权利。这种根深蒂固的拓荒传统推动着"明智利用"组织的发展,他们模仿《权利法案》的语言:"没有公正的赔偿,不得为了公共使用而征用财产。"这种传统从本质上暗示个人可以以公共利益为代价,自由开发自然资源。环境主义所强调的自然观念与企业家从经济学角度理解的

---

① EVANS K. M. The Environment: A Revolution in Attitudes [M]. Information Plus ®Reference Series, Farmington Hills: Gale Group Inc. , 2003.

自然观念是背道而驰的。对后者来说,自然只是一种资源,是人类追求幸福和创造财富的资本;在人和自然的关系上,人只需行使权利,而无须任何义务,从而,任何限制经济增长的行为都将是一种对这种特权的侵犯。这是西方五百年近代文明中的一个根深蒂固的概念。这正是环境运动受到那些要保护工业发展和私人财产的既得利益者猛烈攻击的根本原因。

此外,反环境主义者利用环境主义的战略和策略进行挨家挨户的基层动员,在非常短的时间里建立了强大的电话联络网和信息联系,使"明智利用"从最初的少数人迅速发展为拥有共同议程的联合体,变成由工业、农业和保守的政治利益集团组织起来的联盟,在全国范围内开展反对环境运动。

三、反环境运动的影响及原因分析

右翼智囊团制造反环境的意识形态,法人资源论者混淆视听,"明智利用"充当主力,三者共同对环境运动发起进攻。第一,他们断言环境危机并不存在,环境污染根本不是一个问题,而是自然固有的现象。第二,他们认为环境标准对自由企业来说已成为过分的、不必要的负担,既然企业的环境态度已经从敌意转变为友好,管制行动就应减少,否则只会带来经济混乱。进而提出企业是或者能够是好的环境法人,而环境主义者则威胁到经济繁荣、就业和人类的福利。第三,谴责美国政府和社会对环境事务关心过多,妨碍个人自由。第四,指责环境组织为自己的活动争取经费,把自己的意志强加给别人,并不关心公众利益。于是采用各种战术对环境运动展开进攻,在上层进行政治游说、开展"赞助性研究"、雇用公共关系公司和广告公司展开反环境行动。他们还采用诉讼策略来对付那些公开反对他们自由利用环境的人,这种诉讼叫作"反对公众参与的策略性诉讼"(Strategic Lawsuits Against Public Participation,SLAPPs),目的是使环境主义者保持沉默或转移视线。SLAPPs 起诉环境组织和环境主义者破坏他人名誉、干涉商务契约或进行阴谋策划。这类诉讼虽然大多数都未成功,但却给环境主义者制造了很多麻烦,成为使环境主义者中立化的有效策略。① 在采取合法方式不奏效的地方,环境主义者受到了一些非法骚扰——捣毁办公室、打碎汽车、闯进住宅乃至死亡威胁。他们指控环境主义者是生态恐怖分子,好战的反环境组织自吹可以任意破坏环境组织的活动,针对联邦机构和工作人员的零星暴力事件发生在内华达和西部其他州。

---

① BEDER S. Anti – Enviornmentalism/ Green Backlash http://www. uow. edu. au/arts/sts/sbeder/antienvironmentalism. html.

反环境运动的强势宣传使公众以为政府关注环境问题,污染都在控制之中。纽约时报和 CBS 在 1989 年进行的民意调查发现,80% 的被访者认为"环境保护很重要,但标准不能太高,改善环境不能不惜成本"。1992 年由时代杂志和 CNN 进行的同样调查显示,51% 的美国人认为环境主义者"走得太远",而前一年这个数字只有 17%。环境运动成为美国社会新的替罪羊,是来自美国内部的敌人,是外绿内红的"西瓜马克思主义者"。环境组织不再像以前那样被认为是公共利益的代表,而被认定为一个特殊利益集团,环境主义者的观点逐渐被主流社会边缘化。而企业与政府官员一起公开指责环境主义者是经济进步的敌人,使公众相信企业才是真正的环境主义者。① 这对环境组织提出直接挑战,1990 年后许多环境组织包括绿色和平、荒野学会等都失去了 1/3 的会员。他们还使环境运动内部产生分裂,主流组织愿意与工业集团合作,寻找减少污染的低成本方法,其改良主义思想不认为资本主义是资源损耗和环境退化的根源。激进主义者认为与企业妥协是对环境主义的背叛,于是成立激进组织,进行更激进的环境保护活动。主流组织更多关注在华盛顿的政治活动,20 世纪 80 年代起,在首都注册的环境院外活动集团成员从 1969 年的 2 名增加到 1985 年的 88 名,环境组织开始机构化、官僚化,脱离基层,主流环境运动成为一个强大的、以华盛顿特区为中心的、富有的、精英的运动,而逐渐忽视基层环境问题。1990 年地球日活动是企业家与主流环境组织联合起来对环境主义的修正,工业贸易组织、污染企业宣布他们支持地球日活动并为之提供资金赞助。

1990 年以后,环境主义者很难从总统、国会得到强有力的支持。环境主义者提出的要求企业活动符合生态规律、减少或消除带来环境危害和不可持续性的企业行为、改革税收政策以鼓励环境保护、可再生能源以及其他环境友好实践等一些政策,都具有深刻的生态影响,但没有成功地进入政治议程。为了照顾工业利益,像《清洁大气法》等环境法的执行是有限的、勉强的。与欧洲其他国家相比,美国绿党仍很软弱,环境组织在全球合作方面的作用很不明显。20 世纪 90 年代中后期国会在环境法规问题上的政治分歧,妨碍美国走向把可持续发展观点一体化的环境法律阶段。可持续发展需要全面的政策反应,而分散的、混乱的联邦政府在缺乏全国危机的情况下似乎无力制定连贯的政策。国会没有在如何平衡与整合经济增长与生态可持续性上提出更多的建议,在很大程度上仍停留在对 20 世纪 70 年代以来实施的环境法规的攻击上面。EPA 及其负责执行的法规优先考虑

---

① DUNLAPR. From Environmental to Ecological Problems[M]. In Calhoun & Ritzer Eds, PRIMIS:Social Problems,New York:McGraw – Hill 1992:. 96 – 102.

的是影响公共健康的污染问题,而不是生态系统的整体保护,国会也没有对环境法律做出彻底修改,从而使美国的环境变革陷入停滞。

反环境运动取得的成功说明美国企业按照自身狭隘的物质利益掌控政策议程的能力越来越强,而环境组织的能力不断下降。反环境运动虽然削弱了环境运动的基础与影响,却没有对自然保护和污染问题提出解决方案,只是反对对他们处理财产的任何限制。企业只想把生产成本外部化,对受到污染危害的工人和社区并不怎么关心。他们没有兴趣确保污染受害人能够因为生命、健康和财产的剥夺而获得赔偿,而是把环境主义者魔化为现代文明的反对者,目的是推翻一切侵犯自由市场和企业利润的环境法规,依靠市场解决一切环境问题。① 反环境运动最终受益的只是追求利润最大化的企业利益集团。其成员和捐助者常常是类似《财富》500 强的公司,这些公司几十年来从任意开发资源和公共土地中获得巨额利润,他们企图消除的环境法规正是所有美国人尊重的保护人权的章程:呼吸清洁空气、饮用清洁水的权利,保护他们的家庭和财产免受既得利益的冲击。虽然美国人强烈地信奉财产权,但他们也担心出现一个没有环境议程和环境法规的世界。反环境运动虽然起源于基层社会,但内部并不统一,它实际上是工业游说集团和其他特殊利益集团的一个不牢固的联合,即使"明智利用"这样的基层组织,也是由两种完全不同的成分组成的:来自西部的反环境者想要继续维持在西部公共土地上的经济权利,而东部人的目标是反对《濒危物种法》和有关湿地的法规以捍卫私有财产。所以反环境运动并没有对主流环境议程提出真正的挑战,虽然对美国环境运动产生了巨大影响,但终究不能取代环境运动,也不能消除美国人心中的环境保护意识。

正因为如此,在攻击环境主义者的同时,反环境运动大量盗用环境主义的修辞,以掩盖其自私的经济利益。"明智利用"出现时采用的名称、反环境组织的名称如全国湿地联盟(由石油钻探及房地产开发者组成)、美国能源意识委员会(核能工业组织)、荒野影响研究基金会(伐木业、放牧业利益集团)、美国环境基金会(佛罗里达一个财产所有者组织)、全球气候联盟(反对控制全球变暖的企业)等,会使人觉得它们是环境保护组织,这正是反环境运动的虚假所在。阿诺德意识到,反环境运动要公开地取得成功,就必须采用欺骗手段。由于环境运动的深远影响,美国没有谁会公开支持破坏自然资源的经济活动,即使极端右翼的企业家也不敢明目张胆地这样宣扬,这就是为什么反环境运动必须在欺骗的外衣下活动

---

① AUSTIN A. Advancing Accumulation and Managing its Discontents:The U. S. Antienvironmental Countermovement[J]. Sociological Spectrum,2002(22):71 – 105.

的理由。任何欺骗都不会长久,绿色阴谋暴露了反环境运动的弱点,也说明环境主义已经融入美国社会文化之中。在人类历史上,任何社会运动都会有反对者,环境运动也不例外。①

反环境运动的出现说明环境运动已经深深地触及美国社会现有的发展观和价值观,因而才会引起激烈反对。反环境运动绝不是一种协同努力,而似乎产生于各种不同的个人与组织。其中一些提倡者与右翼意识形态和政治组织相联系,有些是出于善意的个人,其中包括作家和社会名人,他们认为环境管制是压制性的,必须削弱。而最激进也最危险的成员是那些声称代表科学观点而歪曲科学成果以支持其观点的人,他们认为美国政府过分追求管制特别是环境保护方面的管制,而且那些敏感的、长期的问题如全球变暖等根本没有担心的必要。不仅是其很少显示的根本议程,而更重要的是反环境运动者在公众和决策者之中所引起的混乱和分心,妨碍并延长了对解决人类困境本已经十分困难的现实的、公平的方案。反环境运动能够吸引人们注意力的一个主要原因是人们担心更多的变革。即使美国的边疆已经封闭了一个多世纪,许多美国人似乎认为他们还处在经济学家肯尼斯·布尔丁(K. Boulding)所说的“牧童经济”阶段。他们仍然认为自己能够坦然地把垃圾丢弃在后院,他们认为对公共土地进行环境保护是一种“浪费”,应该为自己的利益而充分占有,私有财产权是绝对不能侵犯的,尽管富裕的经济和法律文献显示并非如此。② 他们不理解“宪法不保证土地投机者能够赢得赌注”③。

四、本章小结
如果改进环境质量不会带来任何经济后果,不触及任何经济利益,那么环境状况和保护环境的行动就不会引起争议。本来自然保护主义者所倡导的保护思想就与主流的资源保护思想发生冲突。现代环境运动所通过的环境法规又触及美国社会的主流精神,激进环境主义者的“生态破坏”行动又向主流文化的文明传统提出挑战,主流社会必然会对此做出回应。随着环境运动的不断发展,许多工业家把环境保护看作愚昧无知的官僚政治对自由企业的干涉,而不是增进人类利

① HARPER C. L. Environmental and Society:Human Perspectives on Environmental Issues[M]. Upper Saddle River,Prentice Hall,2001:373 – 375.
② BROMLEY D. Environment and Economy:Property Rights and Public Policy[M]. Blachwell, Oxford press,1991.
③ HELVARG D. The War against the Greens:The “Wise – Use Movement,the New Right,and anti – Environmental Violence[M]. San Francisco:Sierra Club Boobs,1998:302.

益。在他们看来,过分关注环境所产生的管制代价太大,已经严重地阻碍了美国经济发展和全球经济的发展。① 20 世纪 70 年代以来,美国环境运动迅猛发展,环境主义深入人心,人们似乎感到美国社会在环境问题上的分歧已经消失,"我们都是环境主义者"的观点已经出现。但实际情况远不是我们想象的那么乐观,在环境运动不断发展的同时,反环境运动也取得了很大成功。1980 年,随着里根政府采取的新联邦主义政策的实施,环境运动遭遇到反环境运动的反抗。1984 年,阿诺德等人号召发起的反环境运动已经对环境运动形成有目的、有组织的反动,借此以"抵抗环境运动",从而影响美国联邦政府、国际组织的环境政策,摧毁主流环境组织。② 施奈伯格等指出,反环境运动是环境运动所遭遇的最有力的抵抗。③ 这是环境主义者在新时期的巨大挑战。

　　环境问题绝不单单是一个浮在社会表面的问题,它的出现与人类的伦理道德观念是深深联系在一起的。以人类利益为中心的人伦观念已经统治了人类数千年,并且在这种思想的指导下,人类社会已经形成了一系列既定的、稳定的社会关系和社会秩序。以人类利益为中心的观念在过去的实践中所表现出的合理性在今天仍深深地映在人类的思想之中,如果不对此用现代科学的发现告诉人类现在所面临的地球危机的现状,并以生态利益为中心的理念指导人类今后的行动,就很难在现代人类的头脑里树立地球利益优先、放弃人类利益中心的思想。人类在今后的思想观念和行为方式,既关系到人类的生死存亡,也关系到整个地球生态系统的命运。只有认同地球内的生态平等主义,改变人类的生活和发展方式,人类才能与地球这个生态系统的共同体同在。从目前的科学发现看,除了不可抗拒的自然灾害以外,人类,也只有人类才具备保持或者毁灭地球生态系统的能力,为此,人类将面临一个痛苦的选择。

① EHRLICH P R. and Ehrlich A. H. Betrayal of science and reason:How anti – environmental rhetoric threatens our future[M]. Washington,D. C. :Island Press,1996:175 – 184.
② AUSTIN A. Advancing accumulation and managing its discontents:The U. S. antienvironmental countermovement[J]. Sociology Spectrum,2002(22):71 – 105.
③ BUTTELl F H. Environmental sociology and the explanation of environmental reform[J]. Organization & Environment,2003(Sep):16,3.

第十章

环境正义运动

第一节 环境正义及其原则

一、环境正义(Environmental Justice)

环境正义运动 20 世纪 80 年代起源于美国,最早关注少数民族和低收入阶层所遭受的不公平的环境损害和所承受的畸重的污染负担,继以将环境问题融入广义的人权、民主和社会正义的精神和制度体系为核心目标。作为对传统的环境运动的补充和社会正义这一永恒主题在环境领域的延伸,经过 20 多年的发展和完善,这一理论和运动已经在美国得到了广泛的认同和支持,其争取和确立的正义原则也已经在美国的国内立法和政策中得到了承认和执行。

1987 年拉巴姆(J. LaBalme)出版的《必由之路:为环境正义而战》一书,首次使用了"环境正义"(Environmental Justice)一词。① 1988 年,纽约州立大学出版社出版的《环境正义》一书,从环境法的角度阐释了约翰·罗尔斯的正义理论,提出了环境领域的公平(Equity)、效率(Efficiency)和安全(Security)等问题。② 1990 年美国国家环保局设立了"环境正义工作组"(Environmental Equity Workgroup),促使环境正义概念为公众所接受。③ 此后,就环境正义出现了一系列诠释,如 1996 年大卫·牛顿(D. E. Newton)在《环境正义——参考手册》一书中提出了环境

---

① LABALME J. A Road to Walk:A Struggle for Environmental Justice[M]. Durham,NC:Regulator Press,1987.

② WENZ P S. Environmental Justice[M]. Albany:State University of New York Press,1988:232 –253.

③ EPA Environmental Equity Workgroup,Environmental Equity:Reducing Risk for All Communities[M]. Washington:D. C EPA,1992.

非公正（Environmental Injustice）、环境不公平（Environmental Inequity）、环境民主（Environmental Democracy）、环境种族主义（Environmental Racism）和环境歧视（Environmental Discrimination）等，表达了黑人和其他少数民族环境正义的要求，有力地推动这场运动向纵深发展，导致了环境正义立法。①

对环境正义，美国学者认为是"为实现社会中各种群体的环境正义所做的努力"②。罗伯特·布勒德将环境正义分为三种："程序正义、地理正义和社会正义。程序正义指的是公平问题，即社会管理的法律、法规、评价标准和执法活动以不歧视的方式实施的程度。地理正义指的是在有色人种和穷人社区选择危险废物处置场所的问题。社会正义是关于社会因素，如种族、民族、阶级、政治权力怎样影响和反映到环境决策上的问题。"③美国国家环保局将环境正义界定为："在环境法律、法规、政策的制定、遵守和执行等方面，全体人民，不论其种族、民族、收入、原始国籍和教育程度，应得到公平对待并卓有成效地参与；公平对待是指，无论何人均不得由于政策或经济困难等原因，被迫承受不合理的负担，这些负担包括工业、市政、商业等活动以及联邦、州、地方和部族项目及政策的实施所导致的人身健康损害、污染危害和其他环境后果。"④

正义或公正要求同样对待同样人。⑤ 所谓环境正义，实际上有两层含义：第一层含义是指所有人都应有享受清洁环境而不遭受不利环境伤害的权利；第二层含义是指环境破坏的责任应与环境保护的义务相对称。在分配领域，即要求平等地分配社会利益（benefits）和负担（burdens）。从这个原则看，当代大量的环境政策都很成问题。环境问题是当代的重大问题，但是，在人们谈论种种环境危机时，大多强调的是其对于整个人类的威胁，而忽视了其对不同地区和人群的差别性影响。环境正义概念的提出，使得人们看待环境问题有了一个新的视点，并且，这一

---

① NEWTON D E. EnvironmentalJustice：A Reference Handbook［M］. California：International Horizons Inc，1996：1－39.

② NEWTON D E. Environmental Justice：A Reference Handbook［M］. California：International Horizons Inc，1996：249.

③ NEWTON D E. Environmental Justice：A Reference Handbook［M］. California：International Horizons Inc，1996：5.

④ Institute of Medicine，Toward Environmental Justice［M］. Washington，D. C. ，National Academy Press，1999：1.

⑤ 亚里士多德的说法（Justice requires treating equals equally），其现代表述是：正义要求同样对待人，除非他们具有基于正当理由不被同样对待的差别（Justice requires that people be treated equally unless they have differences that would justify unequal treatment）。此即所谓"形式正义原则"（See Des Jardins J. R. Environmental Ethics：An Introduction to Environmental Philosophy［M］. Belmont：Wadsworth Publishing Company，1997：227）.

概念的迅速传播,导致了环境运动方向的一个重大变化,即由单纯关注环境状况,转而关注社会结构的调整和社会过程的优化。环境正义概念在美国产生以后,很快在世界各国传播开来。一位法国环境法学家将其内容概括为三方面:"首先,它意味着在分配环境利益方面今天活着的人之间的公平;其次,它主张代际之间尤其是今天的人类与未来的人类之间的公平;最后,它引入了物种之间公平的观念,即人类与其他生物物种之间的公平。"①环境决策上的不公平被看成更大社会中权力安排的一种反映,在美国社会就反映了既存的种族偏见。正是美国社会中的制度性种族主义影响着有毒设施处理地点的选址,并使许多黑人社区变成牺牲品。

二、环境正义的提出及其社会学意义

美国环境运动早期主要致力于对自然景观、荒野、野生动物等的保护,但在20世纪80年代,从沃伦县居民反对把该县作为有毒工业垃圾的倾倒和填埋点的"沃伦县抗议"(Warren County Protest)开始,兴起了一场主要由穷人与黑人发起的"环境正义"运动,把环境问题与种族歧视、贫困等社会问题联系到一起。

尽管早在20世纪70年代,美国的一些学术团体和公民权利团体已经确认环境运动中存在着不公正的现象,一些美国社会学家开始关心与污染和有毒废弃物相关的健康和安全风险的分配,提醒政府和公众注意有色人社区和白人居住地相比承受着不均等的风险压力。他们发现,有毒废弃物堆积地、填埋站、焚化场以及污染工业总是位于穷人和少数民族高度密集的社区内或周围地区。但直到1982年沃伦县抗议事件爆发后,环境种族问题才真正进入公众视野之中。沃伦是美国北卡罗来纳的一个县,是整个北卡罗来纳州的有毒工业垃圾的倾倒和填埋点。这个县的主要居民是非裔美国人和低收入的白人。当时在沃伦县修建了一个填埋场,准备用于储存从该州其他14个地区运来的聚氯联苯(PCB)废料。此事遭到许多人的抵制。1982年,该县几百名非裔妇女和孩子,还有少数白人,组成人墙封锁了装载着有毒垃圾的卡车的通道,从而激起人们对歧视性使用社区土地的关注,并由此而引发了国内一系列穷人和有色人种的类似的抗议行动,所以被称为"沃伦抗议"。沃伦抗议首次把种族、贫困和工业废物的环境后果联系到了一起,从而在社会上引起了强烈反响。许多关注少数民族社区问题的专业或非专业机构人士开始进行进一步的深入调查,并披露了许多过去鲜为人知的有关资料和事实。此后,应国会议员方特里(W. Fauntroy)之请,美国审计总署在南部8个州进

---

① 亚历山大·基斯. 国际环境法[M]. 北京:法律出版社,2000:2-3.

行了一次研究,以了解有害废物填埋场与其周围社区的种族和经济特征之间的相关关系。研究结果表明,填埋场的选址确实存在着明显的偏见,3/4 的填埋场位于少数民族聚居区附近。1987 年,美国联合基督教会种族正义委员会(United Church of Christ Commission for Racial Justice)发表的一篇题目为《有毒废弃物与种族》的研究报告指出,在美国 25 个州和 50 个大城市中,有 3/5 的黑人和拉美裔居民与有毒废料场为邻。1990 年,美国加州大学社会学家罗伯特·布拉德(R. D. Bullard)出版的《往南方倾倒垃圾》,他在关于美国南方 5 个社区的研究报告中说,倾倒废物的工厂都奉行"哪里没有人抵制就往哪里倒"的方针。这样,美国南方的黑人居住地区,成为这些工厂和行业倾倒废料的场所。1992 年 5 月 4 日《美国新闻与世界报道》在《这难道不是一种种族歧视吗?》的标题下报道,美国全国 5 个最大的垃圾处理场,有 3 个在少数民族居住区。美国每年有 30 万农业工人因使用杀虫剂而患病,其中绝大多数是拉美裔。印第安人保留地也成了倾倒废料的公司追求的目标,在印第安人居民区的铀矿工人中,由于铀矿公司处置放射性物质,患癌症的比率增高。美国《国家法律杂志》1992 年主持的一项研究证实:"美国政府在清除有害废弃物和惩罚排污者的方式上存在着种族区分。白人社区较之黑人、西班牙裔和其他少数民族居住的社区,看起来行动快、结果好、处罚重。这种不平等的保护经常发生在穷富社区之间。美国环保局在举证少数民族社区的填埋场时要比举证白人社区的填埋场多花 20% 的时间,并且,向少数民族社区倾倒废料的人要比白人社区的污染者少交 54% 的罚款。"这项研究列举了大量数据,说明美国法院"对少数民族地区内污染法违犯者的处罚低于对大部分白人地区违法者的处罚"①。

此后,各种官方、非官方的研究一再证明种族、民族以及经济地位总是与社区的环境质量密切相关,与白人相比,有色人种、少数族群和低收入者承受着不成比例的环境风险。这样,越来越多的人意识到,环境问题实际上是社会问题的延伸,如果不将环境问题与社会公平的实现紧密联系起来,环境危机就不会得到有效解决。环境正义的概念由此得以确立,将长久隐藏于美国社会底层的环境正义问题推到了环境保护关注的前沿。在这样的原则面前,人与自然的和谐完全是天方夜谭,这是环境正义运动(Environmental Justice Movement)产生的深刻原因。尽管"美国环境正义运动"的议题主要集中在废弃物处理或少数民族的议题上,但是它

---

① DES JARDINS J R. Environmental Ethics:An Introduction to Environmental Philosophy[M]. 2001:229; and Dowie M. Losing Ground:American Environmentalism at the Close of the Twentieth Century[M]. Cambridge:The MIT Press,1995:143.

已经能够体现出"环境正义"对环境问题的基本主张：即在强调人们应该消除对环境造成破坏的行为的同时，肯定保障所有人民的基本生存权及自决权也同样是环境保护的一个重要向度。它一方面关怀被人类破坏的自然环境，另一方面更认为，强势族群和团体能够几乎毫无阻力地对弱势者进行迫害是造成自然环境破坏的主要原因。

环境正义的概念是美国环境运动发展到特定阶段提出来的。早期美国的环境团体并没有注意到环境正义问题，他们奋斗的目标是保护野生动物、保护荒野、采取行动抵制和减轻污染，等等。到20世纪80年代，随着美国环境总体状况的日益改善，主流环境运动的重心发生了明显的变化，一度作为环境运动重心的污染、公害等主题不再是环境运动关注的焦点。而全球范围内环境问题的突显使作为主流环境运动中坚力量的中产阶级受到新的环境议题的吸引，这其中，以自然生态的维护，以及鲸、海豚、白头鹰、犀牛等大型哺乳动物的保护最受众人瞩目。但是实际上，原有的环境问题并没有在广泛的范围内得到解决。这些行动背后的假设是环境危害的整体性，即对所有人都造成危害。这一时期，环境运动的品格是由占据社会主导地位的中上阶层白人所形塑的，他们的社会地位使得他们直接倡导环保而无需关注自己的社会权益。20世纪80年代，居于社会下层的一些人参与到环境运动中来，他们的参与注定要改变环境运动的方向，因为他们是从自己所遭受的环境污染的角度提出环保问题的。特别是，当他们觉得自己比别人更容易暴露于环境危害之中时，他们开始产生不满，并要求维护自己的权利。随着人们对这种"环境不公"现象的日益关注，"环境正义运动"从主流环境运动中分离出来，并且对片面关注生态环境保护，而完全忽视环境运动中存在的不公正现象提出挑战。1990，"环境正义"运动的基层组织给代表美国主流环保运动的"十大组织"（The Group of Ten）去信，指责它们只代表白人中产阶层的利益，一方面对危害贫困阶层的环境公害缺乏关注，另一方面又"以不惜代价消灭环境公害为名，在全国范围内停止、削减或阻碍那些雇用我们的工业和经济活动，全然不顾我们的生存需要和文化"[1]。

从社会学的角度看，环境正义概念的提出反映了人们对环境问题认识的深化。尽管从长远和整体的角度看，环境状况的持续恶化最终将使所有的人蒙受灾难，但是从现实情况看，的确是有些人受益，有些人受损。实际上，当今环境问题不仅反映出人与自然关系的失调，而且越来越反映出人与人之间社会关系的失

---

[1] 侯文蕙. 20世纪90年代的美国环境保护主义运动和环境保护主义[J]. 世界历史，2000（6）：11－19.

调。在某种意义上说,人与人之间社会关系的失调已经成为环境问题迅速扩散和日益加剧的重要原因。马克思早就指出,人们在生产中不仅仅同自然界发生关系,他们如果不以一定方式结合起来共同活动和互相交换其活动,便不能进行生产。为了进行生产,人们便发生一定的联系和关系;只有在这些社会联系和社会关系的范围内,才会有他们对自然界的关系。因此,为了更好、更全面地理解人与自然的关系,应当关注人与人之间的社会关系。环境正义的概念具有重要的社会学意义,它强调了从社会结构与社会过程的视角研究环境问题及其社会影响的重要性,而对社会结构与社会过程的关注正是社会学的主流传统。因此,在一定意义上,环境正义的概念正是社会学与环境问题研究的连接点。事实上,自从环境正义概念提出来后,越来越多的社会学家介入了环境问题研究。美国《社会问题》杂志在 1993 年的第 1 期发表了一批文章,从阶级、民族、性别和种族等各个角度对环境正义问题进行了探讨。20 世纪 90 年代后半期的《社会科学季刊》几乎每年都要发表相关文章,这些文章不断深化了人们对美国社会环境正义问题的认识。

三、环境正义原则

1991 年在华盛顿召开的"首届有色族人民环境领导高级会议"系统概括了环境正义的 17 条原则,其重要的内容包括环境正义肯定地球母亲的神圣性、生态和谐以及所有物种之间的相互依赖性,肯定他们有免于遭受生态毁灭的权利;环境正义要求将公共政策建立在所有民族相互尊重和彼此公平的基础之上,避免任何形式的歧视或偏见;环境正义要求我们基于对人类与其他生物赖以生存的地球的可持续性的考虑,以伦理的、平衡的、负责的态度来使用土地及可再生资源;环境正义呼吁普遍保障人们免受核试验中测试、提取、制造和处理有毒或危险废弃物和有毒物而产生的威胁,免受核试验对人们享有清洁的空气、土地、水及食物之基本权利的威胁;环境正义确认所有民族享有基本的政治、经济、文化与环境的自决权;环境正义要求停止生产所有的毒素、有害废弃物及辐射物质,并且要求这些物品的过去和当前的生产者必须承担起清理毒物以及防止其扩散的全部责任;环境正义要求在包括需求评估、计划、执行实施和评价在内的所有决策过程中享有平等参与权;环境正义强调所有的工人都享有在安全、健康的环境中工作,而不必被迫在不安全的生活环境与失业之间做出选择的权利,同时强调那些在家工作的人也有免于环境危害的权利;环境正义保护处于"环境不公正"境遇的受害者有得到所受损害的全部补偿、赔款以及接受优质的医疗服务的权利;环境正义认定政府的"环境不公正"行为违反国际法,违反联合国人权宣言,违反联合国种族屠杀会议(the United Nations Convention on Genocide)的精神;环境正义必须承认土著居民通过条约、协议、合同、盟约等与美国政府建立的一种特殊的法律关系和自然关系,并以此来保障他们的自主权及自决权;环境正义主张我们需要制定生态政策来净化和重建我们的城市与乡村,使其与大自然保持平衡,我们要尊重所有社区的文化完整性,并为其提供公平使用所有资源的途径;环境正义要求严格执行(实验和研究中的)知情同意原则,并停止对有色人种进行生殖、药物及疫苗的实验;环境正义反对跨国企业的破坏性行为;环境正义反对对土地、人民、文化及其他生命形式实施军事占领、压迫及剥削;基于我们的经验,基于对我们多样性文化视角的珍重,环境正义呼吁对当代和未来人类实施旨在强调社会问题和环境问题的教育;环境正义要求我们每个人以消耗尽量少的地球资源和制造尽量少的废物为原则来做出各自的消费选择,要求我们为了我们这一代人及后代子孙,自觉地挑战并改变我们的生活方式,以确保自然界的和谐。①

从这17项环境正义的基本信条中,我们可以看出,环境正义的命题涵盖广泛的社会个人及群体,地区、国家乃至国际间的环境议题都是其关注对象。它不仅包含了从人与自然以及人与人之间应该平等而和谐的对待,到各种消除政治经济不平等的要求与行动的广泛的环境议题,而且提出了环境正义在人类与自然关系问题上的基本主张:即在强调人们应该消除对环境造成破坏的行为的同时,肯定保障所有人的基本生存及自决权也是环境保护的一个重要向度。美国学者针对美国的特有状况进一步提出环境正义的四项原则,即"反对种族歧视,提倡公众在环境决策中的有效参与,坚持同等的环境标准和执法力度,反对让少数民族和低收入阶层承受不公平和不成比例的环境影响和负担"。法律学者则从法制层面将其解析为四个方面,即"程序公正、分配公平、救济平等、社会正义"。环境正义原则的提出,否定了环境事务无关或优先于社会公正的观点,肯定阶级、种族、国家间的社会经济关系是认定和解决环境问题的关键。由阶级、种族和国家间的歧视造成的权利和机会的差别,意味着人类社会成员不平等地享受着环境利益,不平等地承受着环境负担。环境正义原则确认了环境的稳定与人类福利和社会生产的组织之间的联系。它不仅要求消除阶级、种族和国家间的环境歧视,而且要求当代人和后代人平等地分享环境利益和负担。②

环境正义与传统环境运动的区别集中表现在如下几方面。首先,发展了"环

---

① The People of Color Environmental Leadership Summit[J]. the Principles of Environmental Justice, October 27,1991, Http:／／www. 1ejnet1org／ej／ platform1html.

② TALBOT C. Environmental Justice[J]. in Encyclopedia of Applied Ethics,1998(2):93－105.

境"的概念,对传统的环境和环境运动提出重要发展和补充。传统环境运动所关注的环境更多的是人类社会作为一个整体所赖以生存的宏观生态系统,倡导保护自然环境和资源、防治和消除污染、实现人类社会的可持续发展。而环境正义则关注具体的微观环境,更人性化地关注每个社区和群体每天进行生活、工作和其他日常活动的局部环境,所争取的是公平合理的环境政策,反对将污染人为地向弱势群体转移。其次,改变了审视环境问题的视角。有别于传统意义上的以倡导保护自然环境、防治污染和环境退化、节约和保护各种自然资源、挽救和保护濒危物种和寻求可持续发展为核心的环境运动,环境正义着眼于弱势群体的微观生存环境,从人权、民权、民主、法治、平等权利和社会公平正义等视角去审视环境问题,使得社会公平正义的主题延伸到了环境领域,也使得传统的环境运动增加了新的内涵。再次,揭示了人类社会中存在的新型的环境问题和社会问题。当传统环境运动的目光聚焦在濒危物种、臭氧空洞和温室效应等时,他们忽视了弱势群体聚居的社区遭受的日益恶化的污染侵害。环境运动所争取到的环境福利也无法惠泽弱势群体。相反,在日趋严格的环保法制和环境标准的压力下,工业废物的制造者们将寻找废物倾倒场所的目光更多地投向弱势群体聚居的地方,借以降低成本和风险,逃避追究和惩罚。这无疑使得弱势群体的生存环境更加恶化,由此提出了一个引人关注的新的环境问题。同时,当人们揭示出这种差别是以种族、民族、阶级和贫富等因素为根源时,必然导致在环境领域内对于种族平等及社会公平等问题的讨论和价值评判。尤其是当导致这种差别的原因是人为的和有意识的时,反映了社会势力集团的权力实力对比,使得强势集团得以将环境风险和负担转嫁给弱势群体,并且为立法、执法、司法及社会政治、经济、工业和环境政策所漠视、默认甚至纵容时,这些纷争就已不仅是环境问题,而是成为严重的社会问题,其直接后果就是损害了社会公正。最后,运动的主体不同。初期的环境正义运动带有更多的反种族歧视和争取民权的色彩,因此运动的主体也主要是遭受种族歧视的少数民族和受到不公平环境影响的弱势群体。而这些仍然挣扎在贫困线上的,依靠原始粗放式消耗自然资源维持生计的群体是不可能成为传统环境运动的主体的。

由于这些区别,环境正义的核心原则和主张更多地融合和吸收了社会正义的精髓。当然,这些区别并不意味着环境正义与传统环境运动毫无联系,完全脱离和孤立于其外。事实上,产生环境正义问题的自然根源仍然是日益恶化的地球生态环境、难以遏止的工业和生活污染和泛滥成灾的有毒废物。在对待和解决环境问题的态度和立场上,二者没有本质的区别。只是由于环境恶化给人类的生存环境和健康安全造成的负担被不公平地施加给了不同的社会成员,从而为深刻的环境问题带来了复杂的社会根源。另外,环境正义也是实现环境保护和可持续发展的前提。如果在环境立法和政策的制定和实施中不充分考虑公平和正义原则,无法切实保障所有社会主体在环境领域中的平等地位,有效调动全民在环保中的积极性、主动性和创造性,又如何能真正实现环境保护和可持续发展的目标呢? 由此可见,环境正义与传统环境主义具有天然联系,是对后者有益的补充和发展,也为人类追求健康的生态环境和可持续发展提出了新的课题。

第二节　环境正义的组织与行动

一、环境正义组织

美国环境正义运动并不是第一个注意到穷人和少数民族不成比例地面临环境危险的。林奎斯特(E. J. Ringquist)注意到,这一现象至少在 1971 年就被欧洲新马克思主义者提出过。① 但使环境正义运动在美国产生影响的原因是围绕环境正义成功地组织起一场运动,并使环境正义问题列入美国各级环境权力机构的议程。②

虽然历史学家常常从荒野保护方面追踪环境主义的起源,而具有悠久历史的反抗毒素污染运动却没有引起人们的注意。特别是城市批评家刘易斯·芒福德(L. Mumford)关于工业城市的无节制发展以及有必要把城市和乡村在地区范围内连接起来的论述、艾丽斯·汉密尔顿(A. Hamilton)确定职业保健危险和新的工业毒害的作品、佛罗伦斯·凯利(F. Kelly)改善穷人在城市和工业环境下的地位的呼吁等,在很大程度上都被忽视了。直到20世纪70年代和20世纪80年代,职业保健和城市污染才成为美国环境主义的主要关注点。最初,这些抗议是分散的和无组织的,缺少必要的组织机构、通信网络,在政治程序中没有足够的代表,不可能成为成熟的社会运动。然而,随着 1981 年"公民清除危险废弃物中心(CCHW)"(现在的名称为"健康、环境和正义中心")的建立,以及其他全国性组织中心的出现,环境正义组织开始联合起来。推动这些组织的不是什么意识形

---

① RINGQUIST E J. Environmental justice:normative concerns and empirical evidence[J]. In:Vig N. J. and Kraft M. E. (Eds.) Environmental Policy in the 1990s, Congressional Quarterly, Washington,1997:231 - 254.

② MOL P J. The environmental movement in an era of ecological modernisation[J]. Geoforum 31, 2000:45 - 56,www. elsevier. com/locate/geoforum.

态,而是一种愿望——保护自己的家庭和社区不受来自废物堆放点、焚化炉、地下水污染和大气污染的有毒污染物的侵害。它们以环境正义华盛顿办公室、环境和经济公正计划项目以及其他许多地区和选区居民为基础的重要网络表现出来。与主流环境组织相比,环境正义运动中的许多领导人和积极分子都是贫穷的妇女和有色人种。它们自己描述为"家庭妇女的运动",这些几乎没有政治经验的妇女通常充当了普通市民的先锋。妇女激进分子就普通劳动者阶层特别是穷人有色人种社区的困境问题,向政府机构和主流环境组织的家长制作风发起挑战。这些新的环境主义者为美国环境主义特征的转变提供了经验教训和创新的政治战略。①

到 1990 年,环境正义已经发展成为具有 3 个重叠但不同的组织层次:社区组织、地区或全州联盟、全国组织。地方社区组织构成公正环境运动的基础。精确的人数还不清楚,但以波士顿为基地的、为全国环境正义组织提供技术援助的全国有毒物品运动组织现在的邮寄组织名单有 1300 个,有害废弃物公民信息交换站报告说它与 7000 个基层组织合作,共同保护社区免受危害。② 这些基层组织的特点是,它们都是由一小部分直接受到社区内可感受到的健康危害的人组成。关注健康致使他们组织起来。有些情况下,受害者的家庭在组织中会发挥重要作用。这使得组织具有道德合法性,成为有力的组织工具。一旦组织成员决定废弃物的暴露与人类健康的联系,他们通常试图说服政府清除、关闭或放弃建造新设施的计划。最初的目标经常是纠正一个特别的错误,而不是影响广泛的政策变革。如果这一目标没有实现,这些组织就会通过提起诉讼进入法律体系或政治舞台,进行立法、支持候选人或提议公开投票等活动。这些活动的连续影响会导致积极分子政治意识的重大改变。他们对政府和企业的信任会下降,而超越研究、游说和选举活动等主流行动的意愿会导致采取更鲜明的策略如包围关键的反对者住所、举行静坐示威阻拦运送建造新设施所需装备的卡车。在拉夫运河事件中,吉布斯等人就把 2 名 EPA 官员当作人质长达数小时;两天后,卡特总统宣布拉夫运河地区为灾难区域,使当地居民获得迁徙的国家补助。当人们感觉到他们的家庭健康濒临危险时,有时就会采取非法行动或违反社区可接受的行为标准。

这些地方组织的成员包括有广泛代表性的阶层和职业种类。妇女是成员和

---

① FABER D. The Struggle for Ecological Democracy:Environmental Justice Movements in the U-nited States[M]. New York:Guilford Press,1998:8.

② DUNLAPR. E. and Mertig A. G. American Environmertalism:The U. S. Environmental Move-ment,1970 - 1990[M]. New York:Taylor & Francis Inc,1992:28 - 29.

领导者中的重要代表。许多组织的创始人来自有经验的团体或政治积极分子,但基层运动的明显特征是新领导人经常是没有组织经验的家庭主妇和母亲。这些组织大多数都依靠志愿者执行任务。① 基层环境主义把所有肤色、所有社会阶层的环境激进主义分子都包括进来。1991 年全国有色人种环境领导人大会形成了如下代表:来自路易斯安那州石化产业走廊的非洲裔美国人,来自西南部城市和农村的拉丁美洲人,像西部肖松尼族人那样的土著美国人激进分子,在奥尔巴尼、纽约和旧金山等地出现的多种族联合组织者等。少数民族的参加反映了一个事实,即少数民族不成比例地暴露于危害健康的环境之中。基层全国组织也有支薪的工作人员和科学、法律顾问。它们为积极分子举行全国会议、提供领导培训、出版时事通讯和手册,为地方组织提供技术援助、提出指导文件和立法提案。还把基层关心的事情传递给议员,并为保护环境、扩大基层组织的力量和作用的立法而游说。②

虽然环境正义组织种类繁多,但其积极分子和领导人通常有明确的原则和信仰。第一,环境正义组织者强烈相信公民在环境决策中的参与权。提倡社区的立法知情权、在联邦和州立法中支持公民执行条款、坚决主张许多地方组织在决定如何清除垃圾站或是否关闭说明这一关注的设施方面发挥作用。既强调环境决定的程序又强调环境决定的内容,这反映了社区组织的民主渴望。强调公民参与决策也反映出对政府经验的不信任。在对基层组织的一次调查中,45% 的被访者认为政府机构阻塞了他们获取必要信息的通道。如果政府不能确实捍卫健康安全,那么社区积极分子就要保证他们能够参与决策也能够直接代表他们自己的利益。第二,环境正义组织主要关心的是人类健康,而不是环境美学、荒野保护或其他问题。他们进行斗争的原因是为保护他们自己的健康、家庭的健康以及后代人免受感觉到的威胁。一些批评家指责说关心健康只是一个障眼法,掩饰这样一种担心——建造焚化炉和有害废弃物垃圾堆将会损害财产价值。这种批评在有些情况下无疑是真实的,但在许多其他情况下,尽管企业威胁这样做将会导致失业,人们仍然坚持与环境危害进行斗争。第三,环境正义组织对科学和技术专家的矛盾态度。一方面,一些调查者叙述了积极分子与科学家之间密切的、积极的关系,几乎每个组织都与技术专家有相互影响,科学家是他们最重要的信息来源;另一

---

① DUNLAPR. E. and Mertig A. G. American Environmertalism:The U. S. Environmental Movement,1970 – 1990[M]. New York:Taylor & Francis Inc,1992:29.

② DUNLAPR. E. and Mertig A. G. American Environmertalism:The U. S. Environmental Movement,1970 – 1990[M]. New York:Taylor & Francis Inc,992:30 – 31.

方面,则显示出了对科学家和公共卫生官员的广泛不信任。如何解释这种矛盾?积极分子似乎区别了受工业和政府聘请的科学家与愿意利用其专业知识支持环境运动或特别的社区组织的社会目标的科学家之间的不同,前者的工作主要是驳斥对人类健康的危害的声明。环境积极分子不把科学看作只追求真理的中立力量。第四,环境正义组织的发展是对"经济增长本质上是好的并最终人人受益"这一传统信念的挑战。虽然社区组织的反对会危及自身社区的新工业设施建设,但他们也不愿为了所谓的总体社会利益而出卖自己的幸福。①

　　环境正义组织的这些特点使它既区别于国家野生动物联盟、奥杜邦学会、塞拉俱乐部这样的大型环境组织,也有别于环境保卫基金会、自然资源保卫委员会这样的新型组织。老资格组织传统上关注土地和野生生物的保护,20世纪60—20世纪70年代开始把有毒物质加入其议程,但仍保持对资源保护问题的责任。20世纪60—20世纪70年代成立的组织如NRDC、EDF等,从一开始就致力于大气和水污染以及其他有毒化学品问题,比起总体环境质量来,对人类健康考虑较少。从许多基层积极分子的观点来看,全国组织似乎仍然更关心保护受到威胁的动物物种免于灭绝,而不是保护儿童免受后院里的有毒污染物的威胁。全国组织的主要支持者是白种的中产阶级美国人,其领导人和工作人员也毫无例外的是白人。这些组织没有深入或吸引美国工人阶级、非裔美国人或拉丁美洲人。全国组织的工作重心是全国立法或诉讼,并把法律或政策上的具体变化看作其工作的最重要成果。很多组织都有地方和州分会,但组织资源集中在总部。科学家和律师在工作人员占据很大比例,但他们的大量时间花费在法院、国会或科学会议上。这些专家与工业和政府专家定期结合,他们共享职业培训并理解"游戏规则"。与基层积极分子不同,这些专家在与其他专家及政府决策者的联系中,维护自己的可信性,关切自身的利益。这使他们在特别问题上愿意妥协以便长期保持这种重要关系。结果,基层组织有时感觉到国家很遥远、过分墨守成规、过于乐于考虑企业的需要。② 虽然最近十年,全国环境组织已经致力于对铅中毒、大气污染等健康问题的极大关注,其中几个组织还为参加地方环境斗争的社区组织提供了技术援助。但上述重大区别仍继续存在。③

---

① DUNLAPR E. and Mertig A. G. American Environmertalism:The U. S. Environmental Movement,1970-1990[M]. New York:Taylor & Francis Inc,1992:31-32.

② DUNLAPR. E. and Mertig A. G. American Environmertalism:The U. S. Environmental Movement,1970-1990[M]. New York:Taylor & Francis Inc,1992:32-33.

③ DUNLAPR. E. and Mertig A. G. American Environmertalism:The U. S. Environmental Movement,1970-990[M]. New York:Taylor & Francis Inc,1992:33.

二、行动策略

环境正义者与主流环境组织的区别不仅是因为它们是地方性的,真正的区别是它们的组成和运作方式。主流环境主义者与环境正义者的不同可以概述为组织文化上的差异。主流者趋向于依赖组织的分等级的模式,环境正义者是高度民主化的。前者倾向于把自己看作环境专家,通过在体制内部的运作来影响现有的环境管理秩序。后者倾向于怀疑体制,不论它是否曾为它们工作;他们往往不信任环境领域的"专家",不论其是政府的、企业的还是非政府组织的。另一个重要不同点大概是组织的侧重点和方向:传统组织积聚了法律、科学、政策方面的专家,基层组织的组成人员是个人亲自参与问题(但通常缺少技术专门知识)。在建立支持基础的方式和选择问题与战略的方法上,基层组织本质上是政治性的(Political),而主流组织则是技术性的(technical)。所以环境正义者批评现有的主流环境组织小心翼翼地避免环境问题的政治解决方法,而急于参与"技术调整"①。

环境正义组织者认为,环境根本问题不是纯粹的技术问题。有了这种经验之后,他们就把注意力从一些冠冕堂皇的游戏规则(如开展研究、院外活动、在选举方面的努力)转向了一些直接的行为策略,如包围反对派中关键人物的家、举行静坐抗议以阻止有害设施的建设等。在拉夫运河地区,洛伊斯·吉布斯(L. M. Gibbs)和其他居民扣留了环境保护署的2名官员做了2小时的"人质",两天后,卡特总统就宣布"拉夫运河"为危险区。这次示威被看作环境正义运动第一次大规模的温和抵抗。这一策略通常被那些热切地要保护其家庭的人们所使用,尤其是当他们感到现有的制度安排不负责任或是感到他们被现行权力所操纵和被挫败的时候。直接行动、诉讼、通过集体行动利用法律体系是基层组织使用的三种战略。

(1)直接行动:这是社会变革最民主的方法。因此,美国抗议政治的主要模式就是分裂、对抗和直接行动策略技能。可是,主流环境组织追求联邦环境政策目标,这些组织没有促进"自下而上的公民参与"。基层环境主义的出现反映了那些被主流组织忽视了的利益的意见。一般而言,基层组织发现,抗议行动比游说和诉讼更能成功地实现他们的目标。在他们看来,政治程序不是中立的,而是天然带有偏见的,对被排斥的公民的需要是反应迟钝的。虽然基层激进分子被允许在官方团体的公开听证会上表述自己的意见,但那些官员很少认真对待这些意见。

---

① SNOW D. Voices from the Environmental Movement [M]. Washington, D. C. : Island Press, 1992:88 - 89.

最终,当基层组织集中精力经由政府官僚机构解决问题时,这种努力常常没法实现其目的。正像"劳伦斯基层主动组织(LGI)"的乔纳森·利维特所说:"游说是富人的事情。按规则进行游戏也是这样,因为规则是由管理者制定的。"LGI 为劳伦斯环境正义委员会(LEJC)和梅里马克山谷绿党(MVG)提供财政赞助,使用任何能够使运动关注一个问题而主要是关注直接行动和抗议行动的战略。LEJC 为马萨诸塞州劳伦斯的有色人种和低收入者社区提供领导能力开发、表达公众意见等培训。最近,他们完成了一场签名运动,促使通过法令禁止在城市界限内释放水银、铅和二噁英(Dioxin)。MVG 从事直接行动、示威、游行。利用面对面和破坏性的直接行动策略只适合于私人化,比如抨击特定的政府官员,而不是不露面的机构,同时要引起媒体关注和公开化。

(2)诉讼:这是基层运动采用的普遍策略。可是,诉讼一般只有在与示威、游说、集体协定、媒体动员等其他策略相一致时,才会在基层动员中取得实效。而且,在法院的胜利对有效的合法动员来说并不必要。在基层组织看来,大型专业化组织普遍采用的诉讼策略对社会变革来说是一种无效的机制。许多组织提出停止环境危害的控制命令,并利用法定的赔偿和习惯法向造成损害的污染者提起诉讼,但对大多数基层组织来说,诉讼耗时太长又费用高昂。因此,虽然诉讼可能对保护一场环境损失造成的赔偿是一种有用的手段,但要实现社会变革,通常却是一种不适当的方式。

(3)利用集体行动在基层抗议中形成法律象征意义:包括利用符号和语言来表达一场运动的中心思想的集体行动格局,这对一场运动的成功至关重要。集体行动着重强调运动的中心思想,立刻强调并修饰社会条件的严重性和不公平,或者把以前所认为是不幸但或许可以容忍的重新定义为不公平或不道德的。这样,这一结构就包括通过社会建构文化象征的选择性的编码事件,然后与文化环境中的实际运动混杂在一起。为了成功,基层环境组织在集体行动设计中应该利用法律象征主义。利用法律的容易确认的文化体系和象征意义,社会运动可以容易通过法律证明来传达意识形态和论点。有了丰富的文化共鸣,法律主要通过符号的传达——提供威胁、承诺、模式、说服力、合法性、标记等来影响我们。象征性地利用法律,基层组织就能增加它们中心思想的合法性,从而引起媒体注意并更广泛地散布它们的观点。在环境主义的情况下,"权利"的修辞学不断地运用。例如,大自然自身的概念充满着宗教和道德含义。很早以来,美国边疆意识形态就等同于在边疆的定居中出现了美国强大的和独立的民主。成长过程中没有因为恶劣的大气质量患上哮喘的危险这是不是一个孩子的权利,或者本土人口是否有权在祖先钓鱼地钓鱼而不必冒着因为鱼体内的毒素而患癌症的危险,环境主义者能够利用权利修辞学使其人格化并扩大他们思想的吸引力。

　　环境正义提倡者迅速将环境正义重铸为环境种族主义,从而扩充了传统的民权和社会公正结构,并产生了容易被普通公众确认和理解的中心思想。而且,环境正义超越了人种、种族和阶级界限,为环境运动引进了以前所缺少的多样性。

三、成就及影响

　　全国性的主流环境组织在他们华盛顿的办公室里走的是软政治路线,与其他人和团体就既有的污染问题和环境破坏程度进行协商和谈判。但直接住在被污染社区的人们走的则是一条强硬的政治路线。他们不仅要求减缓倾卸有害物质的速度,而且要求停止倾卸。基层动员在20世纪七、八十年代得到迅猛成长。到1989年为止,与地方群体一起工作的全国性网络已包含8300个群体。

　　环境正义运动的主要成就有以下几点。第一,成功地强制清除污染的垃圾堆、阻止修建垃圾焚烧炉和有害废弃物处理设施、停止了杀虫剂的空中喷洒、强制企业改进污染控制设备。按照吉布斯的说法,自1978年来,在组织起来反抗的社区里再也没有修建新的有害废弃物处理设施。社区组织的这些行动带来了公共卫生的明确改善。虽然不可能把它们的干预影响进行量化,但公道的结论像癌症、出生缺陷或其他卫生问题已经得到预防。第二,社区组织强制企业更加密切地考虑其行为带来的环境后果。1983年,道化学品公司决定从市场上撤销2,4,5-T除草剂。在相似的情况下,公民行动组织所瞄准的污染企业得出结论:安装新的污染控制装置比与社区居民进行战斗所花费的政治和经济代价都要小。第三,独立的地方斗争的连续影响为预防环境污染造成了新的政治和经济压力。阻拦有害废弃物设施和新垃圾焚烧炉的建造,基层组织共同强制工业和政府寻找从源头上减少废弃物生产的办法。这就需要新的生产技术、用较安全的产品取代危险产品并增加循环利用。由于基层组织的压力,这种控制污染的预防办法已开始在立法中体现出来。例如,加利福尼亚的65提议禁止在饮用水中排放任何有毒化学品,最近马萨诸塞州立法要求企业减少对有毒化学品的使用。这些立法行动的重要性在于它们强调污染的预防和对人类健康的明确关注。这种新的污染预防关注与传统的管制(regulatory)方法形成鲜明对比,后者必然带来设定对污染合法的容许限度,通过末端污染来达到。第四,环境正义运动取得了立法胜利,扩大了公民参与环境决策的权利。例如,1986年超级基金中的社区知情权条款,使得公民能了解当地工厂贮存或散发到水和空气中的有害化学品的名称和数量。还有,1986年超级基金中重新授权的技术援助许可,为地方组织提供多达50000美元的拨款用以聘请它们自己的技术顾问。1992年,美国环保局成立了环境正义办公室,旨在谋求各社区在环境质量上的平等。环保局明确提出,环境正义要求全体民众,不论种族、肤色、原籍或收入,在环境法律、法规及政策的制定、实施和执行过程中受到公平的对待,并使他们有意义地参与其中。它是面向全体国民和社区而致力达到的目标。它的实现将使每个人在面对环境和健康危险时都能够享有同等的保护,并有同样的机会参与到决策的制定程序中,从而获得一个健康的生活、学习和工作环境。1994 年 2 月,美国总统克林顿又发布名为《为少数民族与低收入民众享受环境正义所应采取的联邦行动》的第 12898 号行政命令,要求联邦机构重视与少数族群和低收入者相关的环境正义问题,合理确定和关注他们的项目、政策和行动对美国的少数民族与低收入民众造成的畸重的和负面的健康和环境影响。把维护环境正义作为他们工作的一个部分。由此,环境正义的观念得以广泛传播,并很快成为全球范围内流行的概念。第五,环境正义组织对受到有毒灾难影响的社区产生了重大影响。环境正义组织提供社会支持和相互帮助,帮助受害者了解和引导他们的不幸和愤怒,并提供媒介使得灾难经历富有意义。反抗过程有助于形成邻里意识,这本身就是治疗剂并能帮助社区为了自己的幸福与未来的威胁而战斗。对那些参加社区运动组织的人来说,这一过程能够训练新技能、建立自信,创建新的有意义的友谊网络。如吉布斯等人都逐渐成为环境运动的全国领导人。第六,环境正义运动把环境关心和行动带给美国工人阶级和少数民族。通过提高健康关心以及把环境问题与争取社会正义和公正的斗争联系起来,基层环境运动已经建立了跨越阶级运动的潜能,具有广泛的议程、更多样化的支持者、对当代社会更激进的批评。这种新式运动能否意识到这种潜能仍待观察。最后,基层环境运动已经对美国人如何思考环境和公共健康产生影响。1989年 6 月纽约时报进行的全国民意测验表明,80% 的人同意这一声明:保护环境非常重要,所以要求和标准不能太高,必须不顾后果地追求持续的环境改进。而在1981 年,只有 45% 的回答者同意这一观点。媒体对地方环境斗争以及公民直接参与这种运动的报道明显地增加了公众对环境保护的支持。①

环境正义运动的出现说明环境主义从一种意识形态转化为一场成熟的社会运动。随着基层环境主义的出现,作为一场社会运动的环境运动达到了顶点。环境正义使环境运动实力增强,为其引入了多样性并扩大了环境主义的概念。这些组织通过直接行动和抗议战略,开始对环境运动和公众意识产生深刻影响。环境正义积极分子进行斗争的基础通过重新确立社会经济条件和对性别、种族和阶级

---

① DUNLAPR. E. and Mertig A. G. American Environmertalism:The U. S. Environmental Movement,1970 – 1990[M]. New York:Taylor & Francis Inc,1992:34 – 35.

政治、社会运动历史观念、领导形式和联合战略的界定和建构来努力创造社会和环境变革的条件。环境正义运动已经成为文化政治的重要组成部分。文化是一系列物质实践，由意义、价值和社会秩序的认同组成。在环境正义运动中，这就意味着确认我们理解环境问题的方式建立在种族主义模式基础上，这种制度及其价值观不仅是环境问题的一部分，而且经常是问题本身。环境正义运动就是把其他社会运动联合起来，包括工会、民权组织、宗教和各教派的积极分子、租地人权利组织、同性恋组织、反战和反核能运动、公民组织和其他环境主义者。他们与这些组织寻求在有毒、有害废弃物、大气和水污染、工业污染、工作场所安全等问题上的共同点，批评支持工业社会的基本价值观。①

四、本章小结

　　环境正义运动不仅对环境主义的传统观点提出挑战，而且还对环境及环境主义进行新的建构。其中最基本的思想是认为人类应该是环境的完整组成部分，环境正义是关于社会文化的广泛转变。它满足人类的紧迫需要，又在许多领域扩大全面的生活质量，包括卫生保健、住房、物种保护、食品、经济与民主，关注资源在可持续世界里的利用。因此，环境正义运动是美国真正进步的环境力量，有能力从整体复兴环境运动。环境正义运动最具创新性的特征是帮助公民理解他们自己的需要和利益，了解有毒物的危害，并以多种方式帮助社区搜集和解释他们自己的信息。而不仅仅是接受受雇于工业或政府的科学家和其他技术专家提供的信息。② 主流环境组织都承认，多样性在生态学和生物学上是正确的，在道德上和伦理上是正确的。美国最大的资产就是其人类的多样性、其多元文化传统。解决迫在眉睫的巨大环境问题需要多样性。多样性扩大了视野。视野越宽，就越有可能找到解决无数的社会和环境问题的办法。③ 多样化必须适用于主流组织的成员、领导和议程。成员和领导可通过灵活的招募实现多样化；设法说服环境主义者的议程使其对少数民族产生吸引力将是一项很艰巨的任务。主流环境运动为了把正确的信息传递给少数民族人民、乡村穷人和其他被剥夺了公民权的公民，就必须重建它对平等和社会正义的承诺。而且，如果出现了这种多样化，就必

---

①　FISCHER F. Citizens, Experts, and the Environment [M]. Durham：Durham Duke University Press，2000：119 - 120.

②　FFINSCHER F. Citizens, Experts, and the Environment [M]. Durham：Durham Duke University Press，2000：121.

③　SNOW D. Voices from the Environmental Movement [M]. Washington, D. C.：Island Press，1992：98.

须在最高程度上公开议程以吸引少数人群。① 多样化最终必须涉及每个组织的中心使命。人们强烈地感觉到许多国际—国内环境组织很大程度上是为自身永久存在的目的而存在的；为了竞争，他们召集了大批签发支票的会员和庭院富裕的资助人，实际上使自己远离了有意义的基层复杂情况。主流环境组织实际上为谁服务因而成为一个公开疑问。如果想为所有人服务并成为社会正义领域一个积极的参与者，每个组织就必须认真检查自己的使命以及它自己的支持者的概念。环境组织必须为所有人工作，而不仅仅是为小部分自我选择的精英而工作。②

①　SNOW D. Voices from the Environmental Movement [M]. Washington, D. C. : Island Press, 1992:99.

②　SNOW D. Voices from the Environmental Movement [M]. Washington, D. C. : Island Press, 1992:100.

结　论

　　美国自建国以来社会经济的迅猛发展,虽然带来了物质财富的巨大增长和人们物质生活水平的不断提高,但同时也造成了严重的环境破坏。在对环境问题的认识不断深入的过程中,美国环境主义逐渐形成并引发规模浩大的环境运动,且对世界各国产生巨大影响。本书的目的就是从环境问题与研究方法、美国环境主义的批判性建构、美国环境主义的扩展性建构、美国环境运动面临的问题等四个组成部分对环境主义和环境运动的产生、形成和发展过程进行建构,并对环境主义思潮对西方传统伦理学、哲学的突破进行分析,以形成对美国环境主义和环境运动的全面理解。

　　本书对美国环境主义的建构首先从批判性建构开始。因为西方长期以来在宗教和哲学传统上主张人与自然的主客二分,因而造成了人与环境的对立,导致了环境的破坏。要突破这种绵延几千年的西方传统,就首先必须对其进行批判,在批判过程中不断注入环境的精神和理念,才能使人认清环境问题的本质根源。环境主义的批判性建构在美国开始于欧洲浪漫主义的影响,以爱默生、梭罗为代表的超验主义者对美国工业化过程中对自然环境的无限制开发和破坏行为提出批评,赞美美国的荒野,相信自然之中存在着一种对人的身心有益的"超灵",主张人与自然的和谐统一。他们的思想是环境主义的早期形态。1890 年边疆消失后,美国社会意识到了荒野的重要性,美国政府开始进行功利主义的环境保护运动;而热爱自然、认为自然具有自身存在价值和权利的缪尔主张为了自然的善和美而非功利主义的目的保护自然,并发起成立塞拉俱乐部,开始了以荒野保护为目的的自然保护运动。虽然后者的思想并没有成为社会的主流,但他通过自己的思想和行动对功利主义的环境保护进行了批评和斗争。他所提倡的自然保护主义成为美国环境主义和环境运动丰富的精神资源，并随着时间的推移而逐渐渗透到美国人的生活之中。

20 世纪 30 年代席卷美国大平原的尘暴是美国有史以来所遭遇的最严重的环境灾难。生态学家在对尘暴的科学解释中指出人与自然的和谐是保持整个生态系统稳定的关键。他们利用新的生态学知识对梭罗、缪尔思想中的神学生态学提供了科学论证，批判了西方传统中的机械论观点，强调人与自然通过能量、食物链等生态学知识紧密相连，从而使美国人意识到人只是生态系统中的一个组成部分。利奥波德在此基础上提出了具有重大突破意义的大地伦理学，使西方传统伦理从人与人、人与社会的关系扩展到人与整个自然环境的关系。同时要求人们改变传统的思维方式和生活方式，从环境的征服者变为大地共同体中的普通一员，放弃征服自然的习惯做法。这一思想突破了西方几千年来的人与自然主客二分的传统，对环境主义的建构具有重大的意义，但很难为主流社会所接受。但是，第二次世界大战后美国经济飞速发展带来更多的环境问题，除了生态环境的破坏外，环境污染问题更加突出。海洋生物学家卡逊通过对 DDT 危害的分析，唤醒了人们的环境危机意识，从而扩大了环境的概念和环境主义关怀的范围，引发了关于环境的全国大讨论，形成了现代环境运动，使环境主义深入人心并对社会各个层面产生影响。但随着环境问题讨论的不断深入，环境主义内部在对环境问题的根源上产生了分歧，形成了改良环境主义和激进环境主义。自缪尔成立塞拉俱乐部以来陆续成立起来的环境组织在 1970 年地球日之后不断壮大，成为关注环境的主流组织，并主张在现有体制内通过政治、经济途径解决环境问题，因而成为改良主义者。激进环境主义主要受挪威哲学家奈斯的影响，认为环境问题的根源不在技术、社会制度，而在于西方几千年来的文化传统，因而主张对西方传统的彻底批判，走向深层的生态学，建立一个在"自我实现"和"生物平等主义"基础上的生态社会，实现人与自然的整体和谐。在深层生态学者看来，新的人与自然和谐的社会无法在现有社会基础上建立，必须对其进行彻底批判和改造，才能达到人与自然的和谐，实现人与自然万物的真正的可持续发展。

为了减少环境主义的颠覆色彩，20 世纪 70 年代以来环境伦理学按照美国自由主义传统，对环境主义进行扩展性建构。他们按照历史传统，把英美文化传统中的天赋人权观念不断向外扩展。首先是与人关系最密切的家畜，然后是整个动物、植物、整个生命、整体生态系统。既然人的权利不可剥夺，那么所有这些存在物也具有其自身不可剥夺的生存权利。为此他们在学术、理性的层次上进行大量论证,试图把人与环境的关系理论化、学科化乃至整体化,希望人类跳出利己主义的习惯逻辑,像摆脱人类的种族歧视一样,也摆脱物种歧视和感觉歧视主义,实现人与自然的和谐。这一观点突破了人类中心主义的观念,以一种全新的视角来看待人类自己与自然世界。这种扩展性建构主要在环境伦理学界进行争论和论证,西方环境伦理学(哲学)也是最近几十年才出现的新学问。这种学理性的扩展性建构减少了批判性建构所具有的颠覆性色彩,易为主流社会所接受。虽然"权利"一词最近受到批评,认为它只适用于人而并不能适用于人之外的其他事物,但环境伦理学提出的"内在价值"论证已开始填补这种不足,环境伦理学和环境哲学正在这一基础上不断走向深入。以上两种方法互相补充,相互渗透,使环境主义和环境运动不断走向深入。相比之下,批判性建构伴随着美国历史的发展过程,不仅在自身思想构成的深度和广度上要超过后者,对社会的影响也更为广泛和久远。最近几十年出现的扩展性建构在理论上则更为系统和细致。环境主义的理论发展趋向要能同时接纳两种建构主义方法所提出的各种理论和观点,站在人与自然和谐统一的高度,在历史与逻辑、理论与实践、当前与未来的结合中最终走向整合。一方面抓住人与自然关系这一环境问题的根本进行哲学理论创新,另一方面重视和反思各种文化传统,特别要注意吸纳东方生态智慧、印第安人自然观中所蕴含的生态思想,建立博大而深厚的人与自然和谐统一的"天人合一"观念,实现人与自然的可持续发展。

另外,不论是传统的评判性建构还是最近出现的拓展性建构,两种方式都表现出强烈的实践性的特征。对环境主义者来说,重要的是按照各自的理论改造人类自身的内心世界和行为、生活方式,走向人与自然的和谐,这是环境主义者的理想和努力方向。因此在他们的影响下,出现了对美国和全世界带来重大影响的环境运动。

但是美国环境主义与环境运动的发展并非一帆风顺。在环境主义思潮建构的历史过程中,自然保护主义思想与资源保护思想的冲突从来就没有停止过。现代环境运动所通过的环境法规又使企业家把环境保护看作是官僚政治对自由企业的干涉,激进环境主义者的"生态破坏"行动又向主流文化传统提出挑战,所以主流社会发起反环境运动。以人类利益为中心的观念已经统治西方社会数千年,如何在这样的传统中建构新观念,这对美国环境主义者来说一个不得不回应的巨大挑战。

开始于1970年的现代环境运动,经过30多年的发展,主流环境组织已逐渐"专业化"和"机构化",其兴趣主要是在华盛顿的政策制定上,因此和社区的活动及基层组织之间并没有多少联系,忽视了"环境公正"。如果没有对社会公正的关注,环境主义很可能会退化为环境法西斯主义。环境主义实现人与自然的和谐,还必须关注全国乃至全球的环境公正。这样才能真正落实全球人类和自然万物的可持续发展,实现人与自然的和谐统一。

　　通过以上的研究与梳理,我们对美国环境主义与环境运动有了进一步的了解,也对可持续发展观有了更深刻的理解。尽管环境主义者从对西方传统的批判与拓展两个方面对自身的观念进行建构,但美国至今仍缺乏系统、完整的人与自然和谐统一的观念,这是美国环境主义面临的最大思想挑战,也是美国走向可持续发展道路的重大障碍。建立人与自然和谐的世界观,是美国环境主义和环境运动的前进方向,也是可持续发展的最终目标。对美国环境主义和环境运动的整体性研究,不仅使我们对美国环境主义和环境运动有整体的了解,也使我们在实施可持续发展战略中有所借鉴和参照。我们所要实现的可持续发展,不是为了当代人和当代人的利益的片面的可持续发展,而是站在人与自然万物和谐统一基础上的和谐发展,这种观念下的可持续发展观才是真实的可持续发展观。我国现在正在实施可持续发展战略,可以从美国环境主义与环境运动的形成与发展过程中吸取教训,保护环境,少走弯路。

参考文献

期刊：

包茂宏,唐纳德. 沃斯特和美国的环境史研究[J]. 史学理论研究,2003(4):96-106.

陈冬. 小鱼与大坝的对话——《美国濒危物种法》的实施及其所引起的思考[J]. 法学论坛,2003,18(3):79-82.

陈国谦. 关于环境问题的哲学思考[J]. 哲学研究,1994(5):32-37.

陈国谦,赵锋,涂又光,等. 中西环境哲学的源流与发展[J]. 中国人口·资源与环境,2002,12(3):7-10.

陈国谦,赵锋,涂又光. 天人合一观[J]. 天地文化,2002(4):74-75.

陈剑澜,邓文碧,叶文虎. 西方传统自然观的演变与影响[J]. 中国人口·资源与环境,2000,10(4):1-4.

陈剑澜. 生态主义及其政治倾向[J]. 江苏社会科学,2004(2):217-219.

陈剑澜. 非人类中心主义环境伦理学批判[EB/OL]. 百度文库,2011-09-15.

陈剑澜. 西方环境伦理思想述要[J]. 马克思主义与现实,2003(3):96-101.

范冬萍. 西方环境伦理学的整体主义诉求与困惑——现代系统整体论的启示[EB/OL]. 道客巴巴,2015-04-23.

方世南. 环境哲学视域内的生态价值与人类的价值取向[J]. 自然辩证法研究,2002,18(8):19-23.

方世南. 环境哲学与现代发展理念的转换[J]. 学海,2002(3):96-102.

付文忠,张耀斌. 美国的建构性后现代主义哲学[J]. 哲学动态,1995(9):30-32.

关春玲. 近代美国荒野文学的动物伦理取向[J]. 国外社会科学,2001(4):10-16.

洪大用. 试论环境问题及其社会学的阐释模式[J]. 中国人民大学学报,2002 (5):58-62.

洪大用. 西方环境社会学研究[J]. 社会学研究,1999(2):83-96.

侯文蕙. 环境史和环境史研究的生态学意识[J]. 世界历史,2004(3): 25-32.

侯文蕙.20世纪90年代的美国环境保护运动[J]. 世界历史,2000(6): 11-19.

侯文蕙. 雨雪霏霏看杨柳——世纪之交的美国环境保护主义[EB/OL]. 豆丁 网,2011-11-16.

胡军. 西方深生态学述评[J]. 济南大学学报,1999,9(6):28-32.

胡军. 环境伦理与可持续发展——对环境伦理学的反思[J]. 中国矿业大学 学报,2000(2):16-21.

黄爱宝. 自然价值与环境伦理[J]. 自然辩证法研究,2002,18(8):16-18.

黄楠森. 西方哲学家论人在宇宙中的地位[J]. 中共中央党校学报,2000,4 (4):16-23.

贾向桐,李建珊. 自然权利论——环境伦理学的理论基础[J]. 自然辩证法通 讯,2001,23(6):85-92.

李建珊,刘限. 环境伦理学的新平等观[J]. 求实,2003(4):27-30.

李建珊,胡军. 价值的泛化与自然价值的提升——对罗尔斯顿自然价值论的 辨析[J]. 自然辩证法通讯,2003,25(6):13-20.

李培超,刘湘溶. 论"可持续发展"的环境伦理学基础[J]. 求索,1998(2): 67-72.

李培超. 论环境伦理学的现代化价值理念[J]. 道德与文明,2000(1): 16-20.

李培超,周俊武. 也论"环境伦理学何以可能"[J]. 长沙电力学院学报, 2002,17(4):6-10.

李培超,周俊武. 西方环境伦理思潮的理论渊源[J]. 湖南师范大学社会科学 学报,2002,31(6):22-37.

李培超. 环境伦理学的合法性辩护[J]. 道德与文明,2001(3):28-37.

李友梅,刘春燕. 环境问题的社会学探索[J]. 上海大学学报,2003,10(1): 29-34.

林兵. 西方环境伦理学的理论误区及其实质[J]. 吉林大学社会科学学报, 2003(2):92-97.

刘耳. 环境社会学:生态哲学对社会学的挑战与启示[J]. 哈尔滨工业大学学报,2001,3(2):109-113.

刘耳. 试论环境问题的社会维度[J]. 自然辩证法研究,2001,17(12):27-30.

刘耳. 西方当代环境哲学概观[J]. 自然辩证法研究,2000,16(12):11-14.

刘耳. 从西雅图的信看美洲印第安人的自然观[J]. 学术交流,2002(5):123-126.

刘凤玲. 人类面对生态危机的出路——高兹的生态重建理论[J]. 当代世界社会主义问题,2001(3):85-89.

卢风. 环境哲学的基本思想[J]. 湖南社会科学,2004(1):40-46.

罗卜. 国粹·复古·文化——评一种值得注意的思想倾向[J]. 哲学研究,1994(6):33-36.

吕涛. 环境社会学研究综述——对环境社会学学科定位问题的讨论[J]. 社会学研究,2004(4):8-17.

佘正荣. 环境伦理学的价值论依据[J]. 科学技术与辩证法,2002,19(4):8-12.

孙港波. 保护野狼——美国环境保护意识和政策的根本转变[J]. 大连大学学报,2003,24(1):82-85.

谭江华,侯钧生. 环境问题的社会建构与法学表达——价值、利益博弈图景中的环境退化应对及环境法[J]. 社会科学研究,2004(1):83-88.

唐纳德·沃斯特. 为什么我们需要环境史[J]. 侯深,译. 世界历史,2004(3):4-13.

田海平. 环境哲学如何可能[J]. 江海学刊,2002(1):19-24.

田径,张北建. 一场旷日持久的"争论"——对人类中心主义和非人类中心主义之争的反思[J]. 学术交流,2004(2):27-30.

王芳. 西方环境运动及主要环保团体的行动策略研究[J]. 华东理工大学学报,2003(2):10-16.

王晓华. 建构超越人类中心主义的大伦理学[J]. 深圳大学学报(人文社会科学版),1999,16(2):52-58.

王正平. 深生态学:一种新的环境价值理念[J]. 上海师范大学学报(社会科学版),2000,29(4):1-14.

肖显静. 环境伦理学:走进还是走出"人类中心主义"[J]. 山西大学学报(哲学社会科学版),1998(2):13-18.

谢成海．环境危机反思：重估人与自然的关系[J]．浙江社会科学，2001(2)：
94－98．

欣翰．用智慧之光照亮新千年——第二十一届世界哲学大会综述[J]．学术
月刊，2003(11)：96－99．

徐嵩龄．环境伦理学研究论纲[J]．学术研究，1999(4)：3－9．

薛勇民．论环境伦理的后现代意蕴[J]．自然辩证法研究，2003，19(9)：
10－13．

薛勇民．深生态学与哲学范式的转换[J]．山西大学学报(哲学社会科学
版)，2004，27(5)：33－37．

郇庆治．欧美生态主义与儒学"生态学"[J]．文史哲，2003(6)：115－120．

郇庆治．自然尊崇与敬畏：生态主义的高新技术哲学观[J]．国外社会科学，
2001(4)：50－54．

杨通进．基督教思想中的人与自然[J]．首都师范大学学报(社会科学版)，
1994(3)：78－85．

杨通进．人类中心论与环境伦理学[J]．中国人民大学学报，1998(6)：
54－59．

杨通进．环境伦理与绿色文明[J]．生态经济，2000(1)：44－47．

杨通进．中西动物保护伦理比较论纲[J]．道德与文明，2000(4)：30－33．

杨通进．环境伦理学的基本理念[J]．道德与文明，2000(1)：6－10．

杨通进．环境伦理学的三个理论焦点[J]．哲学动态，2002(5)：26－30．

杨通进．大地伦理学及其哲学基础[J]．玉溪师范学院学报，2003，19(3)：
26－30．

叶平．生态哲学视野下的荒野[J]．哲学研究，2004(10)：64－69．

叶文虎，陈国谦，涂又光．和谐：可持续发展观的灵魂[J]．中国人口·资源与
环境，1999，9(4)：1－4．

余谋昌．环境伦理学从分立走向整合[J]．北京化工大学学报(社会科学
版)，2000(2)：5－9．

詹献斌．对环境伦理学的反思[J]．北京大学学报(哲学社会科学版)，1997
(6)：24－29．

张传有．近代西方哲学与环境伦理学[J]．中州学刊，2002(5)：153－156．

章建刚．环境伦理学中一种"人类中心主义"的观点[J]．哲学研究，1997
(11)：49－57．

张岂之．关于生态环境问题的历史思考[J]．史学集刊，2001(3)：5－10．

赵力. 人类生存环境的哲学思考[J]. 实事求是,2001(6):17-20.

周毅. 人口与环境可持续发展[J]. 武汉科技大学学报(社会科学版),2003,5(1):1-6.

庄穆. 生态环境哲学之思:趋向、性质与意旨[J]. 哲学动态,2004(5):17-20.

著作:

阿尔·戈尔. 濒临失衡的地球[M]. 北京:中央编译出版社,1997.

阿尔贝特·施韦泽. 敬畏生命[M]. 上海:上海社会科学出版社,1992.

奥德姆. 系统生态学[M]. 北京:科学出版社,1993.

奥里雷奥·佩切依. 未来的一百页[M]. 北京:中国展望出版社,1984.

巴里·康芒纳. 封闭的循环[M]. 长春:吉林人民出版社,1997.

彼得·拉塞尔. 觉醒的地球[M]. 北京:东方出版社,1991.

比尔·麦克基本. 自然的终结[M]. 长春:吉林人民出版社,2000.

查尔斯·哈珀. 环境与社会——环境问题中的人文视野[M]. 天津:天津人民出版社,1998.

迟田大作. 佩西:21世纪的警钟[M]. 北京:中国国际广播出版社,1988.

丹尼尔·A. 科尔曼. 生态政治——建设一个绿色社会[M]. 上海:上海译文出版社,2002.

弗·卡普拉. 转折点:科学、社会、兴起中的新文化[M]. 北京:中国人民大学出版社,1989.

弗·卡普拉,查·斯普雷纳克. 绿色政治——全球的希望[M]. 北京:东方出版社,1988.

弗·卡普拉. 现代物理学与东方神秘主义[M]. 成都:四川人民出版社,1984.

冯沪祥. 环境伦理学——中西环保哲学比较研究[M]. 台北:学生书局,1991.

何怀宏. 生态伦理——精神资源与哲学基础[M]. 保定:河北大学出版社,2002.

侯文蕙. 征服的挽歌[M]. 北京:东方出版社,1995.

卡洛林·麦钱特. 自然之死[M]. 长春:吉林人民出版社1999.

蕾切尔·卡逊. 寂静的春天[M]. 长春:吉林人民出版社,1997.

雷毅. 深层生态学思想研究[M]. 北京:清华大学出版社,2001.

利奥波德．沙乡年鉴[M]．长春:吉林人民出版社,1997.

李培超．自然的伦理尊严[M]．南昌:江西人民出版社,2001.

裴广川．环境伦理学[M]．北京:高等教育出版社,2002.

罗尔斯顿．环境伦理学[M]．北京:中国社会科学出版社,2000.

佘正荣．生态智慧论[M]．北京:中国社会科学出版社,1996.

世界环境与发展委员会．我们共同的未来[M]．长春:吉林人民出版社,1997.

梭罗．瓦尔登湖[M]．长春:吉林人民出版社,1997.

汤因比．池田大作,展望二十一世纪[M]．北京:国际文化出版公司,1985.

徐嵩龄．环境伦理学进展:评论与阐释[M]．北京:社会科学文献出版社,1999.

杨生茂．美国历史学家特纳及其学说[M]．北京:商务印书馆,1983.

叶平．生态伦理学[M]．哈尔滨:东北林业大学出版社,1994.

余谋昌．生态学哲学[M]．昆明:云南人民出版社,1991.

余谋昌．生态文化的理论阐释[M]．哈尔滨:东北林业大学出版社,1996.

余谋昌．惩罚中的觉醒——走向生态伦理学[M]．广州:广东教育出版社,1995.

庄庆信．中西环境哲学——一个整合的进路[M]．台北:五南图书出版公司,2002.

后　记

　　本书内容来源于本人博士论文。1999—2005 年，我在北京大学环境学院陈国谦先生名下求学。求学 6 年中，每每出现困难与疑惑，陈先生总是给予我安慰和鼓励，帮我渡过许多难关，最终我才能按照要求完成学业和毕业论文。特别是在学位论文上，从选题到选材、定稿，每一步陈先生都耐心细致地进行指导并反复推敲，为论文的完成付出了很多心血。他严谨细致、一丝不苟的学风一直是我工作和学习中的榜样，他循循善诱的教导和不拘一格的思路给予我无穷的启迪。

　　此次接到"光明社科文库"出版工作申报之后，本人对论文相关部分做了订正和修改，对美国环境主义和环境运动的建构历程再次做了梳理。20 世纪 60 年代以来，在环境问题的讨论和解决过程中，自然科学一直起着主导作用，但由于自然科学的局限性，加之科学家的认识水平及社会背景的差异等，西方社会对用自然科学解决环境问题方法的批判，催生了环境建构主义方法的诞生。建构主义关注环境问题如何引发人类的关注与思考，如何走进人们的视线、意识之中。强调环境问题并不是客观赋予的，而是通过文化符号建构起来的。环境问题的根源在于西方社会对人与自然关系问题的基本观念。西方传统文化主张主客二分，从柏拉图时代开始强调"灵性的提升"，轻视现实世界。近代以来，建立在笛卡儿二元论型自然观上的西方科学，一直局限于物质与能源的世界，科学技术的发展则更使西方世界产生了征服万物和自然的雄心，以至环境问题接踵而来。因此，解决环境问题的出路在于反思与批判西方传统征服自然的观念，构建尊重环境、保护环境的思想观念。环境主义与环境运动在美国的兴起和发展即是这一观念的具体体现。

　　虽然环境运动 20 世纪 60 年代在美国兴起，"环境主义"一词 20 世纪 70 年代才在美国首次出现，但其在美国具有深厚的理论背景和实践基础。环境主义批判性建构基本上伴随美国历史发展的全过程，它既具有欧洲思想的渊源，又具有美国社会的特色，也具有全球化特点。环境主义思潮在对西方传统思想的不断批判中建构、发展起来，使源于欧洲的理性主义和浪漫主义思想在美国找到发展空间，并与美国的自然环境相结合,产生了美国的环境主义思潮和环境运动,提出了一些新的概念系统和理论框架,丰富了西方文化思想,并对世界产生影响。这一批判性建构过程始终与美国历史的发展相伴随,并且还会一直延续下去。通过对美国环境主义与环境运动与美国历史发展相伴随的整体解读,可以使读者对美国社会思想史的演变、环境观念的演变产生全新认识。

环境主义与环境运动拓展性建构同样在美国具有深厚的社会思想基础——天赋权利观念和自由主义传统,这一思想基础在美国面临现代环境问题的挑战时,可以为当代美国思想界所继承并拓展,将权利观念和自由主义传统延伸拓展至整个大自然,从而为美国环境主义与环境运动提供思想基础,同时也为当代欧洲思想界所继承并不断拓展。西方环境伦理学家按照自由主义传统,从自由主义和天赋人权等观念出发,同时吸收生态学和环境科学的研究成果,将权利观念和自由主义传统延伸拓展,把权利、价值等观念从白人拓展到黑人、从男人到女人,再拓展到整个动物,接着拓展到整个植物界,然后拓展至整个大自然乃至整个生态系统,肯定自然万物也有与人类相同的平等权利,自然生态系统有其自身存在的价值,在此基础上强调人与自然的和谐,从而为美国环境主义与环境运动提供哲学思想基础。环境主义的拓展性建构20世纪70年代开始在美国出现,这种建构主要是在学术、理性的层面上进行哲学、伦理学的论证,并试图将其理论化、学科化乃至体系化,催生出作为独立学科的环境伦理学,其代表人物和代表著作不断涌现。正是在不断寻求解决环境问题的过程中,美国人意识到,除了技术的改进、法律的约束、经济杠杆的调控外,人类的观念意识的改变对环境问题的解决更为根本。因此,环境伦理学的发展极大地拓展了西方传统伦理学的思维空间,将伦理学从处理人与人之间的关系拓展到关注人与自然关系的新范围,同时也拓展了西方传统的思维方式,使西方开始走出传统的征服自然观念,认真思考如何走向人与自然的共存与和谐,传统伦理学的理论积累不断丰厚。但是由于学者生存状态的差异和拓展方向、深度的不同,环境伦理学并未形成统一的学派和学说,而是观点各异,见解不同,但最终目标是要实现人与自然的和谐。通过对美国环境主义与环境运动拓展性建构历程的了解,读者可以看到美国环境主义与环境运动形成发展过程中的欧洲思想渊源、美国自然地理环境特色以及全球其他地区文化的不同影响。

关注美国环境主义与环境运动产生的影响,可以为其他国家实施可持续发展战略提供一定的借鉴。美国环境主义与环境运动也存在自身的不足以及来自自身内部与社会各方面的挑战——既有来自资本主义企业的反环境运动,也有来自社会基层民众的环境正义运动的挑战。自身的不足体现在理论层面,是其理论体系不够完备、不够系统,缺乏对环境问题的整体哲学思考;体现在实践层面,是其主流组织日益体制化、基层组织行动的激进化等。如何从理论到实践层面克服自身的局限性,如何化解来自社会各方面的挑战,如何利用全球化的影响吸纳世界各地文化中人与自然和谐关系思想的有益成分,是美国环境主义与环境运动必须面对的问题,也是环境主义与环境运动的出路所在。

环境主义与环境运动的批判性建构一直伴随着美国历史的发展,具有一定程度的颠覆色彩,虽然在批判的过程中产生了一系列的理论成果,也取得了阶段性的成就,但美国已有的环境问题并没有得到根本解决,新的环境问题仍在不断出现,说明环境主义的批判性建构并没有达到预期的解决环境问题的目的,也没有实现人与自然的和谐,仍然需要进行理论与实践方面的新突破。

截至本书最后探讨的 20 世纪末,虽然环境主义与环境运动在美国取得较大成就,也对西方思想传统形成某些突破,但由于西方社会长期缺乏人与自然和谐统一的传统,始终以征服自然为主流思潮,环境主义和环境运动的出现虽然意味着对传统观念的突破与颠覆,但突破仍仅局限于环境伦理学领域,而且类型与流派众多,每个派别关注的焦点问题不尽相同,至今没有建立自己完整的理论体系和实践体系,更没有建构起系统的环境哲学体系。尽管环境主义者从自由主义传统方面对环境主义进行拓展性建构,但美国至今仍缺乏人与自然和谐统一的观念,这是美国环境主义面临的挑战,也是美国走向可持续发展的重大挑战。建立人与自然和谐相处的世界观,是美国环境主义和环境运动的前进方向,也是可持续发展的目标。对美国环境主义和环境运动的整体性研究,可以使我们对美国环境主义和环境运动有进一步的了解,使我们在实施可持续发展战略中有所借鉴和参照。

王雪琴

2020 年 4 月 25 日于北京